高等职业教育机械类专业"十二五"规划教材
中国高等职业技术教育研究会推荐

金 工 实 训

李招应　刘振昌　主编

国防工业出版社
·北京·

内 容 简 介

本书根据机械类及工科类相关专业人才培养方案,结合当前高职教育办学和现代工业发展轨迹编写而成,主要内容有金属材料、工具测量、钳工、车削、铣削、磨削、焊工、锻压和数控加工技术基本操作知识。为提高学生综合能力,各工种实训内容按教学要求分别由常用设备及基本知识、操作技能知识等组成,并根据由浅到深、由易到难讲述的教学原则进行编排。本书可作为职业院校机电、模具、数控技术等专业的教学用书,也可作为技术培训用书。

图书在版编目(CIP)数据

金工实训/李招应,刘振昌主编.—北京:国防工业
出版社,2017.4 重印
高等职业教育机械类专业"十二五"规划教材
ISBN 978-7-118-08598-3

Ⅰ.①金… Ⅱ.①李… ②刘… Ⅲ.①金属加工—实
习—高等职业教育—教材 Ⅳ.①TG-45

中国版本图书馆 CIP 数据核字(2013)第 011184 号

※

图防工業出版社出版发行

(北京市海淀区紫竹院南路 23 号 邮政编码 100048)
天利华印刷装订有限公司印刷
新华书店经售

*

开本 787×1092 1/16 印张 17 字数 384 千字
2017 年 4 月第 1 版第 3 次印刷 印数 6001—8000 册 定价 32.00 元

(本书如有印装错误,我社负责调换)

国防书店:(010)88540777　　　　发行邮购:(010)88540776
发行传真:(010)88540755　　　　发行业务:(010)88540717

高等职业教育制造类专业"十二五"规划教材
编审专家委员会名单

主任委员　方　新（北京联合大学教授）

　　　　　　刘跃南（深圳职业技术学院教授）

委　　员　（按姓氏笔画排列）

　　　　　　白冰如（西安航空职业技术学院副教授）

　　　　　　刘克旺（青岛职业技术学院教授）

　　　　　　刘建超（成都航空职业技术学院教授）

　　　　　　米国际（西安航空技术高等专科学校副教授）

　　　　　　李景仲（辽宁省交通高等专科学校教授）

　　　　　　段文洁（陕西工业职业技术学院副教授）

　　　　　　徐时彬（四川工商职业技术学院副教授）

　　　　　　郭紫贵（张家界航空工业职业技术学院副教授）

　　　　　　黄　海（深圳职业技术学院副教授）

　　　　　　蒋敦斌（天津职业大学教授）

　　　　　　韩玉勇（枣庄科技职业学院副教授）

　　　　　　颜培钦（广东交通职业技术学院教授）

总　策　划　江洪湖

总　序

　　在我国高等教育从精英教育走向大众化教育的过程中，作为高等教育重要组成部分的高等职业教育快速发展，已进入提高质量的时期。在高等职业教育的发展过程中，各院校在专业设置、实训基地建设、双师型师资的培养、专业培养方案的制定等方面不断进行教学改革。高等职业教育的人才培养还有一个重点就是课程建设，包括课程体系的科学合理设置、理论课程与实践课程的开发、课件的编制、教材的编写等。这些工作需要每一位高职教师付出大量的心血，高职教材就是这些心血的结晶。

　　高等职业教育制造类专业赶上了我国现代制造业崛起的时代，中国的制造业要从制造大国走向制造强国，需要一大批高素质的、工作在生产一线的技能型人才，这就要求我们高等职业教育制造类专业的教师们担负起这个重任。

　　高等职业教育制造类专业的教材一要反映制造业的最新技术，因为高职学生毕业后马上要去现代制造业企业的生产一线顶岗，我国现代制造业企业使用的技术更新很快；二要反映某项技术的方方面面，使高职学生能对该项技术有全面的了解；三要深入某项需要高职学生具体掌握的技术，便于教师组织教学时切实使学生掌握该项技术或技能；四要适合高职学生的学习特点，便于教师组织教学时因材施教。要编写出高质量的高职教材，还需要我们高职教师的艰苦工作。

　　国防工业出版社组织一批具有丰富教学经验的高职教师所编写的机械设计制造类专业、自动化类专业、机电设备类专业、汽车类专业的教材反映了这些专业的教学成果，相信这些专业的成功经验又必将随着本系列教材这个载体进一步推动其他院校的教学改革。

方新

前　言

　　"金工实训"是工科类高职院校机电各专业学生必修的实践性课程，"金工实训"是沿机械制造的一般过程及常用的工艺方法去展开实践教学。

　　本书的内容体系是以当今大多数高职院校金工实训的基本条件为依据，本着实用、精炼的原则，将机械制造过程中的材料选用、毛坯生产、机械加工等加工工艺的基本操作技能和方法归纳和总结。

　　"金工实训"旨在传授学生了解机械制造的一般生产过程，熟悉有关的工程术语，了解主要的技术文件、加工精度、产品质量的公差和技术测量等方面的初步知识，使学生了解机械制造工艺和一些新工艺、新技术在机械制造中的应用。

　　本书突出对学生技能的培养和增强学生的职业能力，能培养出更好的具有创新意识和创新能力的高素质人才，符合高职院校职业教育主要目标。

　　本书有助于教师更好地把握教学的基本方向，有利于广大教师在理解本书内容精髓的前提下，创造性地开展教学实施，努力提高教学质量。

　　本书由李招应、刘振昌任主编，刘志东、尹辉彦、杨成鑫任副主编，江艺辉、杨光、赵玉超参编。其中，李招应编写知识模块1、知识模块3、知识模块7、知识模块9，同时对本书进行整体规划和设计；刘振昌负责编写知识模块2、知识模块4、知识模块5、知识模块6，并参与了本书其他部分章节的编写和修改；刘志东、杨成鑫负责编写知识模块10；尹辉彦负责编写知识模块8；王忠杰、焦爱胜任主审，对本书给予了很大的帮助。

　　本书在编写过程中得到了厦门海洋职业技术学院、甘肃畜牧工程职业技术学院的大力支持与帮助，在此表示衷心感谢。

　　由于本书编写时间仓促及编者水平有限，书中难免有错误和遗漏之处，恳请读者提出批评和建议。

编　者

目　录

知识模块1　工程材料及热处理

【导读】

我们从历史课上知道：人类社会产生和发展不可或缺的一样东西是生产工具，最初从简单地依靠自然物质，再到使用磨砺过的石器，接着发现并使用青铜，然后是铁器的广泛使用，而这些生产工具的每次选择都代表着人类社会的进步，所以我们总以其时代的生产工具来命名该阶段的人类社会，如石器时代、青铜器时代。其实，不管是石器还是青铜器，它们都是我们所谓的材料，因此，材料就是人类社会不可或缺的物质基础，是对人类有用的固体物质。

随着人类社会的不断发展，材料也衍化出很多的种类，其中研究最广也尤为重要的一类是工程材料。工程材料就是各个工程领域所使用的材料，如机械、建筑、水利、航天、化工、能源等工程领域，它随着科技的不断进步也形成了一门科学，是许多工业化国家的重点发展学科之一。近代(即20世纪)工程材料的发展主要有以下三个阶段。

20世纪初到四五十年代机械化生产代替简单的手工生产，各种机械和机械结构件的制造带动了整个社会的生产，因此，当时发展的主要对象是一般性能的金属材料。

60年代后，世界的军事竞赛从海洋转移到了太空，作为物质基础的材料，一般性能的金属材料已不再适用了，这时需要耐高温高压、高强度和比模量等高性能的材料，所以，发展的主要对象转移到了陶瓷材料、高分子材料和复合材料。

80年代后，信息和能源已成为时代的主流发展，各种信息和能源材料广泛运用到各类产业当中，如光电子材料、纤维材料、薄膜材料、生物材料。

随着科技的不断发展，相信会出现更多新型材料，使材料这门科学得到更充分更完整的拓展。

另外，由于本知识模块内容为后续知识模块提供一定的理论依据，所以，在金工实训前，一般要求每位同学事先学习好本知识模块内容，这样对学习后续的实训内容能起到良好的功效。

【能力要求】

本知识模块内容主要是为了让同学们初步了解工程材料的基础知识，包括工程材料的种类、常用牌号及其选择与应用，并对热处理技术和热处理设备的操作方法有一定程度的认知。

课题1　工程材料概述

1.1.1　工程材料的分类

工程材料的种类繁多，用途广泛，有许多分类方法。工程上通常按照化学成分和结合键的特点来划分,主要分为三大类:金属材料、非金属材料和复合材料。更详细的归类如图 1-1 所示。

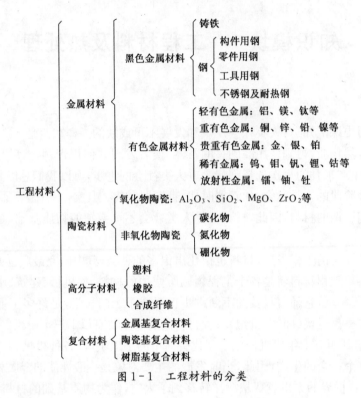

图 1-1 工程材料的分类

1.1.2 金属材料

金属材料是各大产业中使用率最高的一种材料,我们生活生产中各类大大小小的工具有 50% 以上都是用金属材料制作成的,还有大型的重工设备其零部件基本上都是由金属材料加工成的。金属材料是指由金属元素或以金属元素为主构成的具有金属特性的材料的统称。金属材料的品种繁多,工程上常用的金属材料主要有黑色及有色金属材料。

1. 黑色金属材料

黑色金属也称为钢铁,钢铁是世界上的头号金属材料,年产量高达数亿吨,广泛用于工农业生产及国民经济各部门。通常所说的钢铁是钢与铁的总称,实际上钢铁材料是以铁为基体的铁碳合金,当 $w_C \leqslant 2.11\%$ 时称为钢,当 $w_C > 2.11\%$ 时称为铁。

1) 碳钢

碳钢是指 $w_C \leqslant 2.11\%$,并含有少量硅、锰、磷、硫等杂质元素的铁碳合金。碳钢具有一定的力学性能和良好的工艺性能,且价格低廉,在工业中广泛应用。主要分为四类,见表 1-1。

2) 合金钢

为了改善钢的性能,人们常在钢中加入硅、锰、铬、镍、钨、钼及钒等合金元素,此类钢即称为合金钢。加入的合金元素各有各的作用,有的提高强度,有的提高耐磨性,有的提高抗腐蚀性能等。合金钢种类很多,按照性能与用途不同,合金钢可分为合金结构钢、合金工具钢、不锈钢、耐热钢、超高强度钢等。常用合金钢的牌号、性能及用途见表 1-2。

表 1-1 常用碳钢的牌号、应用及说明

类别	牌号	应用举例	说明
碳素结构钢（主要用于制作各种机械零件和工程构件，一般属于低、中碳钢）	Q215A 级	承受载荷不大的金属结构件，如薄板、铆钉、垫圈、地脚螺栓及焊接件等	碳素钢的牌号是由代表钢材屈服点的汉语拼音第一个字母Q、屈服点（强度）值（MPa）、质量等级符号、脱氧方法四个部分组成。其中质量等级共分四级，分别以 A、B、C、D 表示
	Q235A 级	金属结构件、钢板、钢筋、型钢、螺母、连杆、拉杆等，Q235C 级、Q235D 级可用作重要的焊接结构	
优质碳素结构钢（有害杂质元素磷、硫受到严格限制，非金属夹杂物含量较少，塑性和韧性较好，主要制作较重要的机械零件）	15 钢	强度低、塑性好，一般用于制造受力不大的冲压件，如螺栓、螺母、垫圈等。经过渗碳处理或氰化处理可用作表面要求耐磨、耐腐蚀的机械零件，如凸轮、滑块等	牌号的两位数字表示平均含碳量的万分数，45 钢即表示平均碳的质量分数为 0.45%。含锰量较高的钢，必须加注化学元素符号 Mn
	45 钢	综合力学性能和切削加工性能均较好，用于强度要求较高的重要零件，如曲轴、传动轴、齿轮、连杆等	
铸造碳钢（$w_C = 0.15\% \sim 0.6\%$，主要用来制作形状复杂、难以进行锻造或切削加工，而要求较高强度和韧性的零件）	ZG200-400	有良好的塑性、韧性和焊接性能，用于受力不大、要求韧性好的各种机械零件，如机座、变速箱壳等	ZG 代表铸钢。其后面第一组数字为屈服点强度（MPa）；第二组数字为抗拉强度（MPa）。ZG200-400 表示屈服强度为200MPa，抗拉强度为 400MPa的碳素铸钢
碳素工具钢（$w_C = 0.65\% \sim 1.35\%$，这类钢经热处理后具有较高的硬度和耐磨性，主要用于制作低速切削刃具，以及一般模具、低精度量具等）	T8A	淬火、回火后，常用于制造要求有较高硬度和耐磨性的工具，如冲头、木工工具、剪切金属用的剪刀等	碳素工具钢的牌号用"T"和数字组成。数字表示钢的平均含碳量的千分数。若牌号末尾加"A"，则表示高级优质钢；若牌号末尾加合金元素，则表示钢中加入该合金元素的含量较高，如 T8Mn
	T10A	用于制造耐磨性要求较高、不受剧烈振动，具有一定韧性及具有锋利刃口的各种工具，如刨刀、车刀、钻头、丝锥、手锯锯条、拉丝模、冷冲模等	

表 1-2 常用合金钢的牌号、性能及用途

类别	牌号	性能及用途
低合金高强度结构钢（在低碳钢的基础上加入少量合金元素而形成的钢。钢中 $w_C \leqslant 0.2\%$，常加入的合金元素有硅、锰、钛、铌、钒等，其总含量 $w_{Me} < 3\%$）	Q295、 Q345、 Q390、Q420、Q460	强度高，塑性和韧性好，焊接性和冷成形性良好，耐蚀性较好，韧脆转变温度低，成本低，适于冷成形和焊接；广泛用于桥梁、车辆、船舶、锅炉、高压容器、输油管，以及低温下工作的构件等。最常用的是 Q345 钢
易切削结构钢（含硫、锰、磷量较高或含微量铅、钙的低碳或中碳结构钢，简称易切钢）	Y12、Y12Pb、Y15、Y30、Y40Mn、Y45Ca	切削性能好，但锻造性能和焊接性能都不好；主要用于成批、大量生产时，制作对力学性能要求不高的紧固件和小型零件，如螺钉、丝杠等

类 别	牌 号	性能及用途
低合金高耐候性钢（在钢中加入少量合金元素，使其在钢表面形成一层致密的保护膜，以提高钢材的耐候性能）	09CuPCrN-A、09CuPCrNi-B、09CuP	具有良好的抗大气腐蚀能力；主要用于铁道车辆、农业机械、起重运输机械、建筑和塔架等方面，可制作螺栓连接、铆接和焊接结构件
合金渗碳钢（$w_C = 0.10\% \sim 0.25\%$，其加入铬、锰、镍、硼等合金元素以提高淬透性，并保证钢经渗碳、淬火后，心部得到低碳马氏体组织）	20MnV、20Cr、20CrMnTi、20MnVB、20Cr2Ni4、18Cr2Ni4WA	具有高的硬度和耐磨性，心部有足够强度和好的韧性；主要用于冲击力和表面受到强烈摩擦、磨损的零件，如汽车、拖拉机齿轮，内燃机凸轮，活塞销等
合金调制钢 $w_C = 0.25\% \sim 0.50\%$，含有锰、硅、铬、镍、硼等元素的合金钢进行调质）	40Cr、40MnB、42SiMn、40CrMn、35CrMo、38CrMoAl、40CrNi、40CrMnMo、25Cr2Ni4WA	有良好的综合力学性能；主要用于制作要求综合力学性能好的重要零件，如机床主轴、汽车半轴、连杆等
合金弹簧钢（$w_C = 0.5\% \sim 0.7\%$，经一定的热处理后具有较高弹性的合金钢）	55Si2Mn、55Si2MnB、60Si2Mn、55SiMnVB、60Si2CrA、55CrMnA、50CrVA、30W4Cr2VA	具有高的弹性极限、疲劳强度，足够的韧性，良好的淬透性、耐蚀性和不易脱碳等性能。一些特殊用途的弹簧钢还要求有高的屈强比（σ_s，σ_b）。主要用于制造各种机械和仪表中的弹簧
高锰耐磨钢（在巨大压力和强烈冲击力作用下才能发生硬化的钢。这类钢的（$w_C = 0.9\% \sim 1.5\%$，$w_{Mn} = 11\% \sim 14\%$）	ZGMn13-1、ZGMn13-2、ZGMn13-3、ZGMn13-4	当受到强烈冲击、巨大压力或摩擦时，产生冷变形强化，同时还发生奥氏体向马氏体转变，使表面硬度和耐磨性大大提高，而心部仍保持良好韧性和塑性，有较高的抗冲击能力。主要用于制作受强烈冲击、巨大压力、并要求耐磨的零件，如坦克及拖拉机履带、破碎机颚板、铁路道岔、挖掘机铲齿、保险箱钢板、防弹板等
轴承钢（$w_C = 0.90\% \sim 1.10\%$，用于制造轴承部件的钢种，包括有高碳铬轴承钢、渗碳轴承钢、高碳铬不锈轴承钢、高温轴承钢、无磁轴承钢等）	GCr9、GCr15、GCr15SiMn、GSiMnV、GSiMnVRE、GSiMn-MoV	具有高的硬度、耐磨性、弹性极限和接触疲劳强度，足够的韧性和耐蚀性；主要用于制作滚动轴承的滚动体（滚珠、滚柱、滚针）和内、外套圈等，属于专用结构钢，也可用于制造耐磨件，如精密量具、冷冲模、机床丝杠等
量具用钢（用来制作各种测量工具的钢，如卡尺、千分尺、块规、塞规等）	量具用钢没有专用钢。可根据量具使用原则选取合适的钢类	要有高的硬度（62HRC～65HRC）、耐磨性和良好的尺寸稳定性
合金刃具钢（$w_C = 0.80\% \sim 1.50\%$，用于制造各类切削刀具的钢，如板牙、丝锥、铰刀等）	9SiCr、8MnSi、Cr06、Cr2、9Cr2	具有高的硬度、耐磨性、热硬性和足够的强度和韧性

类　别	牌　号	性能及用途
合金模具钢（用于制作各类模具的合金钢，一般需要热处理，按使用条件不同分为：冷作模具钢、热作模具钢和塑料模具钢等）	Cr12、Cr12MoV、5CrMnMo、5CrNiMo、3Cr2W8V、3Cr2Mo、3Cr2NiMo、5NiSCa	具有高的硬度、耐磨性和足够的强度和韧性，不同种类的模具，其性能要求又不同
高速工具钢（$w_C = 0.70\% \sim 1.25\%$，含有较多合金元素的工具钢，分为钨钼系、钨系和超硬系高速工具钢三类）	W18Cr4V、9W18Cr4V、W6Mo5Cr4V2、W6Mo5Cr4V3	具有高的热硬性、耐磨性、淬透性和足够的强韧性，应用广泛，除制造刃具外，还可制造冷冲模、冷挤压模和要求耐磨性高的零件
不锈耐蚀钢（抵抗大气或其他介质腐蚀的钢，按其组织不同分为铁素体、马氏体、奥氏体不锈耐蚀钢）	1Cr17、　1Cr13、　3Cr13、1Cr18Ni9、1Cr18Ni9Ti	具有较高的耐蚀性，不同种类的不锈耐蚀钢又具有其他性能。主要用于制造各类医疗器械、容器、管道、阀门等
耐热钢（按组织不同分为珠光体型、马氏体型、奥氏体型、铁素体型耐热钢）	15CrMo、12CrMoV、25Cr2MoVA、35CrMoV、1Cr13、1Cr11MoV、1Cr18Ni9Ti、4Cr14Ni14-W2Mo、1Cr17	主要用于制造各类耐高温元器件，如锅炉炉管、耐热紧固件、汽轮机转子、叶轮、汽轮机叶片、汽轮机零件散热器等

3）铸铁

铸铁是指在凝固过程中经历共晶转变，用于生产铸件的铁基合金的总称。铸铁含有的碳和杂质较多，力学性能要比钢差，不能锻造，但铸铁具有优良的铸造性、减振性及耐磨性，且价格低廉、生产设备和工艺简单。根据碳在铸铁中的存在形式，铸铁可分为白口铸铁、灰口铸铁、麻口铸铁，由于白口铸铁和麻口铸铁它们本身的缺陷比较大，所以工业上基本很少直接使用，一般常用的是灰口铸铁，按石墨形态不同，灰口铸铁又分为灰铸铁、球墨铸铁、可锻铸铁和蠕墨铸铁。它们常用的牌号及用途见表1-3。

表1-3　常用灰口铸铁牌号、应用及说明

类　别	牌　号	应　用	说　明
灰铸铁（主要以片状石墨形式析出的铸铁）	HT150	用于制造端盖、泵体、轴承座、阀壳、管子及管路附件、手轮；一般机床底座、床身、滑座、工作台等	"HT"为"灰铁"两字汉语拼音的字头，后面的一组数字表示φ30试样的最低抗拉强度。如HT200表示灰口铸铁的抗拉强度为200MPa
	HT200	用于承受较大载荷和较重要的零件，如汽缸、齿轮、底座、飞轮、床身等	
球墨铸铁（铁液经球化处理使石墨大部分或全部呈球状，有时少量为团絮状的铸铁）	QT400-18 QT450-10 QT500-7 QT800-2	广泛用于机械制造业中受磨损和受冲击的零件，如曲轴（一般用QT500-7）、齿轮（一般用QT450-10）、汽缸套、活塞环、摩擦片、中低压阀门、千斤顶座、轴承座等	"QT"是球墨铸铁的代号，它后面的数字表示最低抗拉强度和最低伸长率。如QT500-7即表示球墨铸铁的抗拉强度为500MPa；伸长率为7%

类 别	牌 号	应 用	说 明
可锻铸铁（白口铸铁通过石墨化或氧化脱碳退火处理，从而获得有较高韧性的铸铁，其石墨呈团絮状）	KTH300-06 KTH330-08 KTZ450-06	用于受冲击、振动等零件，如汽车零件、机床附件（如扳手）、各种管接头、低压阀门、农具等	"KTH"、"KTZ"分别是黑心和珠光体可锻铸铁的代号，它们后面的数字分别代表最低抗拉强度和最低伸长率
蠕墨铸铁（一定成分的铁液中加入适量的蠕化剂，促使石墨形成蠕虫状，然后加孕育剂进行孕育处理而成）	RuT260、 RuT300、 RuT340、 RuT380、 RuT420	主要用于制作形状复杂，要求组织致密、强度高、承受较大热循环载荷的铸件，如柴油机的汽缸盖、汽缸套、进（排）气管、钢锭模、金属型、阀体等	牌号由"RuT"（"蠕铁"二字的汉语拼音字首）和其后一组数字组成，数字表示最低抗拉强度

另外，在普通铸铁中添加一定量的合金元素，从而获得具有特殊性能的铸铁（即合金铸铁），如耐磨铸铁、耐热铸铁、耐蚀铸铁等，合金铸铁广泛用于机器制造、冶金矿山、化工、仪表工业以及冷冻技术等部门。

2. 有色金属及其合金

有色金属的种类繁多，虽然其产量和使用不及黑色金属，但是由于它具有某些特殊性能，已成为不可缺少的基础材料和重要的战略物资，农业、工业、国防和科学技术的现代化都离不开有色金属。常用有色金属及其合金的牌号、应用及说明见表1-4。

表1-4　常用有色金属机器合金的牌号、应用及说明

类别	牌号	应用	说明
纯铜	T1	电线、导电螺钉、储藏器及各种管道等	纯铜分T1～T4四种。如T1（一号铜）铜的质量分数为99.95%；T4含铜量为99.50%
黄铜	H62	散热器、垫圈、弹簧、各种网、螺钉及其他零件等	"H"表示黄铜，后面数字表示铜的质量分数，如62表示铜的质量分数为60.5%～63.5%
纯铝	1070A、1060、1050A	电缆、电器零件、装饰件及日常生活用品等	铝的质量分数为98%～99.7%
铸铝合金	ZL102	耐磨性中上等，用于制造载荷不大的薄壁零件等	"Z"表示铸，"L"表示铝，后面数字表示顺序号。如ZL102表示Al-Si系02号合金

1.1.3　陶瓷材料

陶瓷材料属于硅酸盐类材料，日常生活中所用的传统陶瓷、日用陶瓷、建筑陶瓷和电瓷都是由硅酸盐矿物经粉碎、成型、烧结等过程得到的，随着生产的需要和科学技术的进步，人们对陶瓷材料的性能要求越来越高，从而促进了很多新型陶瓷品种的研发和制造，如高温陶瓷、超硬刀具及耐磨陶瓷、介电陶瓷、压电陶瓷等，这些新品种称为特种陶瓷，特

种陶瓷在生产上虽然仍沿用传统工艺，但所使用的材料已不单单是天然硅酸盐矿物，而是扩大到化工原料和其他无极非金属材料，所以它的出现使得陶瓷从古老的工艺与技术领域进入现代材料的科学行列中。

现代陶瓷材料是以特种陶瓷为基础由传统陶瓷发展期来的、又具有与传统陶瓷不同的鲜明特点的一类新型陶瓷，是与金属和高分子材料相并列的三大类现代材料之一。

新型陶瓷按化学成分主要可分为以下几种。

（1）氧化物陶瓷。氧化物陶瓷种类繁多，在陶瓷家族中占有非常重要的低位，主要包括氧化铝、氧化锆、氧化镁、氧化铍、氧化钛及莫来石和尖晶石等。

（2）氮化物陶瓷。氮化物陶瓷中应用最广泛的是 Si_3N_4，它具有优良的综合力学性能和耐高温性能。另外，TiN、BN、AlN 等氮化物的应用也日趋广泛。

（3）碳化物陶瓷。碳化物陶瓷一般具有比氧化物陶瓷更高的熔点，最常用的是碳化硅、碳化钨、碳化硼等。

（4）硼化物陶瓷。硼化物陶瓷的应用不很广泛，主要作为添加剂和第二相加入其他陶瓷基体中，以达到改善性能的目的。常用的硼化物有 TiB、ZrB 等。

新型陶瓷若按其使用性能和用途来分，可分为结构陶瓷和功能陶瓷两大类。由于在金工实习中使用很少，所以就不作过多阐述。

1.1.4　高分子材料

高分子材料是以高分子化合物为主要组分的材料。高分子化合物是指分子量很大的化合物，其分子量一般均在 5000 以上，而低分子化合物的分子量一般小于 1000。通常高分子化合物具有较高的强度、塑性、弹性等力学性能，而低分子化合物不具备这些性能。

高分子化合物包括有机高分子化合物和无机高分子化合物两大类。有机高分子化合物又分为天然的和合成的，由人工合成方法制成的有机高分子化合物称为合成有机高分子化合物。机械工程上用的高分子材料，如塑料、橡胶、合成纤维、涂料和胶黏剂等均是合成有机高分子化合物。

1. 塑料

塑料是一类产量最大的高分子材料，其用途广泛，仅就体积而言，全世界的塑料产量已超过钢铁。塑料是以树脂为主要成分，加入一些用来改善使用性能和工艺性能的添加剂而制成的。

树脂的种类、性能、数量决定了塑料的性能。因此，塑料基本上是以树脂的名称命名的，如聚氯乙烯塑料就是以树脂聚氯乙烯命名的。工业中用的树脂主要是合成树脂。

加入添加剂的目的是弥补塑料的某些性能的不足。添加剂有填料、增强材料、增塑剂、固化剂、润滑剂、着色剂、稳定剂及阻燃剂等。要注意的是并非每种塑料都要加入上述全部的添加剂，而是根据塑料品种和使用要求加入所需要的某些添加剂。

塑料按使用性能可分为通用塑料、工程塑料和耐热塑料三类。

通用塑料是指产量大（占总产量的 75% 以上）、用途广、通用性强、价格低的一类塑料。主要制作生活用品、包装材料和一般小型零件。

工程塑料是指具有优异的力学性能（强度、刚性、韧性）、绝缘性、化学性能、耐热性和尺寸稳定性的一类塑料。与通用塑料相比，工程塑料的产量较小，价格较高。主要制作机械零件和工程结构件。通用塑料改性后，也可作为工程塑料使用。常用工程塑料见表1-5。

表1-5 常用工程塑料的名称、性能及用途

名称（代号）		主要性能	用途举例
热塑性塑料	聚乙烯（PE）	按合成方法不同，分低、中、高压三种。低压聚乙烯质地坚硬，有良好的耐磨性、耐蚀性和电绝缘性；高压聚乙烯化学稳定性高，良好的绝缘性、柔软性、耐冲击性和透明性，无毒等	低压聚乙烯用于制造塑料管、塑料板、塑料绳、承载不高的齿轮、轴承等；高压聚乙烯用于制作塑料薄膜、塑料瓶、茶杯、食品袋以及电线、电缆包皮等
	聚氯乙烯（PVC）	分为硬质和软质两种。硬质聚氯乙烯强度较高，绝缘性、耐蚀性好，耐热性差，在−15℃～60℃使用；软质聚氯乙烯强度低于硬质，但伸长率大，绝缘性较好，耐蚀性差，可在−15℃～60℃使用	硬质聚氯乙烯用于化工耐蚀的结构材料，如输油管、容器、离心泵、阀门管件；软质聚氯乙烯用于制作电线、电缆的绝缘包皮，农用薄膜，工业包装。但因有毒，不能包装食品
	聚丙烯（PP）	密度小（0.9g/cm³～0.92g/cm³），强度、硬度、刚性、耐热性均优于低压聚乙烯，电绝缘性好，且不受湿度影响，耐蚀性好，无毒、无味，但低温脆性大，不耐磨，易老化，可在100℃～120℃使用	制作一般机械零件，如齿轮、接头；耐蚀件，如泵叶轮、化工管道、容器；绝缘件，如电视机、收音机、电扇等壳体；生活用具、医疗器械、食品和药品包装等
	聚苯乙烯（PS）	耐蚀性、绝缘性、透明性好，吸水性小，强度较高，耐热性、耐磨性差，易燃，易脆裂，使用温度<80℃	制作绝缘件、仪表外壳、灯罩、玩具、日用器皿、装饰品、食品盒等
	聚酰胺（通称尼龙）（PA）	强度、韧性、耐磨性、耐蚀性、吸振性、自润滑性良好，成形性好，摩擦系数小，无毒、无味。但蠕变值较大，导热性较差（约为金属的1%），吸水性高，成形收缩率大，可在<100℃使用	常用的有尼龙6、尼龙66、尼龙610、尼龙1010等。用于制作耐磨、耐蚀的某些承载和传动零件，如轴承、机床导轨、齿轮、螺母；高压耐油密封圈或喷涂在金属表面作防腐、耐磨涂层
	聚甲基丙烯酸甲酯（俗称有机玻璃）（PMMA）	绝缘性、着色性和透光性好，耐蚀性、强度、耐紫外线、抗大气老化性较好。但脆性大，易溶于有机溶剂中，表面硬度不高，易擦伤，可在−60℃～100℃使用	制作航空、仪器、仪表、汽车和无线电工业中的透明件和装饰件，如飞机座窗、灯罩、电视和雷达的屏幕，油标、油杯，设备标牌等
	丙烯腈（A）—丁二烯（B）—苯乙烯（S）共聚物（ABS）	韧性和尺寸稳定性高，强度、耐磨性、耐油性、耐水性、绝缘性好。但长期使用易起层	制作电话机、扩音机、电视机、电机、仪表外壳，齿轮，泵叶轮，轴承，把手，管道，储槽内衬，仪表盘，轿车车身，汽车挡泥板，扶手等

	名称(代号)	主 要 性 能	用 途 举 例
热塑性塑料	聚甲醛(POM)	耐磨性、尺寸稳定性、减摩性、绝缘性、抗老化性、疲劳强度好,摩擦系数小。但热稳定性较差,成形收缩率较大,可在－40℃～100℃长期使用	制作减摩、耐磨及传动件,如轴承、齿轮、滚轮,绝缘件,化工容器,仪表外壳,表盘等。可代替尼龙和有色金属
	聚四氟乙烯(亦称塑料王)(F-4)	耐蚀性优良(可抗王水腐蚀,优于陶瓷、不锈钢、金、铂),绝缘性、自润滑性、耐老化性好,不吸水,摩擦系数小,耐热性和耐寒性好,可在－195℃～250℃长期使用。但加工成形不好,抗蠕变性差,强度低,价格较高	制作耐蚀件、减摩件、耐磨件,密封件,绝缘件,如高频电缆,电容线圈架,化工反应器、管道、热交换器等
	聚碳酸酯(PC)	强度高,尺寸稳定性、抗蠕变性、透明性好,吸水性小。耐磨性和耐疲劳性不如尼龙和聚甲醛,可在－60℃～120℃长期使用	制作齿轮、凸轮、涡轮,电气仪表零件,大型灯罩,防护玻璃,飞机挡风罩,高级绝缘材料等
热固性塑料	酚醛塑料(俗称电木)(PF)	强度、硬度、绝缘性、耐蚀性(除强碱外)、尺寸稳定性好,在水润滑条件下摩擦系数小,价格低。但脆性大,耐光性差,加工性差,工作温度＞100℃,只能模压成形	制作仪表外壳,灯头、灯座,插座,电器绝缘板,电器开关,耐酸泵,刹车片,水润滑轴承,皮带轮,无声齿轮等
	环氧塑料(俗称万能胶)(EP)	强度高,韧性、化学稳定性、绝缘性、耐热性、耐寒性好,能防水、防潮,黏结力强,成形工艺简便,成形后收缩率小,可在－80℃～155℃长期使用	制作塑料模具,量具,仪表、电器零件,灌封电器、电子仪表装置及线圈,涂覆、包封和修复机件。是很好的胶黏剂
	氨基塑料(俗称电玉)	颜色鲜艳,半透明如玉,绝缘性好。但耐水性差,可在＜80℃长期使用	制作装饰件和绝缘件,如开关,灯座,插头、旋钮,把手,钟表和电话机外壳

耐热塑料广泛应用于航天、光电、农业、国防、医疗、汽车、电子、机械等诸多工业领域,因其具有优良的耐磨、自润滑性、耐化学腐蚀性和流动加工性,工作温度高于150℃～200℃,但其成本高。典型的耐热塑料有聚四氟乙烯、有机硅树脂、芳香尼龙及环氧树脂等。

2. 橡胶

橡胶是以生胶为主要原料,加入适量配合剂而制成的高分子材料。生胶是指未加配合剂的天然胶或合成胶,它也是将配合剂和骨架材料黏成一体的黏结剂。橡胶制品的性能主要取决于生胶的性能。配合剂是指为改善和提高橡胶制品性能而加入的物质,如硫化剂、活性剂、软化剂、填充剂、防老剂、着色剂等。

橡胶一般在－40℃～80℃范围内具有高弹性,通常还具有储能、隔音、绝缘、耐磨等特性。橡胶材料广泛用于制造密封件、减振件、传动件、轮胎和导线等。常用橡胶的种类、名称和用途见表1-6。

表1-6 常用橡胶的种类、名称和用途

种类	名称(代号)	用途
通用橡胶	天然橡胶(NR)	轮胎、胶带、胶管
	丁苯橡胶(SBR)	轮胎、胶板、胶布、胶带、胶管
	顺丁橡胶(BR)	轮胎、V带、耐寒运输带、绝缘件
	氯丁橡胶(CR)	电线(缆)包皮、耐燃胶带、胶管、汽车门窗嵌条、油罐衬里
	丁腈橡胶(NBR)	耐油密封圈、输油管、油槽衬里
特种橡胶	聚氨酯橡胶(UR)	耐磨件、实心轮胎、胶辊
	氟橡胶(FPM)	高级密封件,高耐蚀件,高真空橡胶件
	硅橡胶	耐高、低温制品和绝缘件

3. 合成纤维

合成纤维是指呈黏流态的高分子材料,经过喷丝工艺制成的。合成纤维一般都具有强度高、密度小、耐磨、耐蚀、保暖和不霉烂等优点,不仅广泛用于制作衣料等生活用品,在工农业、交通、国防等领域也有重要的用途。常用的合成纤维有涤纶、锦纶和腈纶等。

4. 胶黏剂

胶黏剂是以黏性物质环氧树脂、酚醛树脂、聚酯树脂、氯丁橡胶、丁腈橡胶等为基础,加入需要的添加剂组成的,俗称为胶。工程中用胶黏剂连接两个相同或不同材料制品的工艺方法称为胶接。胶接可代替铆接、焊接、螺纹连接,具有重量轻、黏结面应力分布均匀、强度高、密封性好、操作工艺简便、成本低等优点,但胶接接头耐热性差,易老化。选择胶黏剂时,主要应考虑胶接材料的种类、受力条件、工作温度和工艺可行性等因素。

1.1.5 复合材料

由两种或两种以上性质不同的物质,经人工制成的多相固体材料称为复合材料。它具有各组成材料的优点,一般来说,材料经过适当的"复合"可得到很好的力学性能和物理性能,例如复合材料具有比强度和比模量高,抗疲劳性能好,减振性能强,高温性能好,断裂安全性高,减摩性、耐蚀性和工艺性都较好的优点。

复合材料有以下几种分类方法。

(1) 按基体不同,分为树脂基(RMC)、金属基(MMC)、陶瓷基(CMC)、碳—碳基复合材料。

(2) 按增强相种类和形状不同,分为颗粒、层叠、长纤维、短纤维或晶须增强复合材料。

(3) 按材料的作用不同,分为结构复合材料和功能复合材料两类,如图1-2所示。前者是利用其力学性能,用以制作可承受外加载荷的工程结构零件;后者是利用其独特的物理性能,制作功能性元件,如磁性复合材料等。

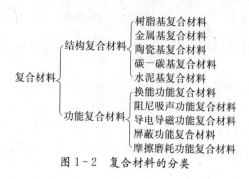

$$
复合材料 \begin{cases} 结构复合材料 \begin{cases} 树脂基复合材料 \\ 金属基复合材料 \\ 陶瓷基复合材料 \\ 碳—碳基复合材料 \\ 水泥基复合材料 \end{cases} \\ 功能复合材料 \begin{cases} 换能功能复合材料 \\ 阻尼吸声功能复合材料 \\ 导电导磁功能复合材料 \\ 屏蔽功能复合材料 \\ 摩擦磨耗功能复合材料 \end{cases} \end{cases}
$$

图 1-2　复合材料的分类

复合材料的发展历程比较短,是近代才开始研究发展起来的,但开发出来的种类并不少,其中发展前景最好的是以高强碳纤维、硼纤维、碳化硅(纤维或晶须)、氧化铝(纤维或晶须)、芳纶纤维等各种颗粒增强的树脂或金属、增韧的陶瓷以及功能复合材料。

1.1.6　生产生活中对材料性能的要求

人们在生产生活中使用材料时是有一定要求的,即材料必须达到服役条件(包括材料使用过程中的受力状态和其他工作坏境),这样材料才能"物有所值"、"物尽其用";而要选用正确的材料,就必须有一定的理论依据和参考数值,于是人们就利用材料在使用过程中所表现出来共有的且可比较大小的某一行为特征定义为材料的某一性能,如弹性、塑性;而材料的某一性能通过一定的数学模型或程序下所测量出来的数值符号称为材料的某一性能指标,如 σ_e、σ_b。

以表 1-7 为例来说明金属材料的性能。人类在生产生活中,为满足材料的服役条件,在选材时首先考虑的是材料的使用性能,然后才是材料的加工工艺性能。下面分析一下金属材料的使用性能和工艺性能。

表 1-7　金属材料的性能

性 能 名 称			性 能 内 容
使用性能		物理性能	包括密度、熔点、导电性、导热性、磁性等
		化学性能	金属材料抵抗各种介质侵蚀的能力,如抗腐蚀能力等
	力学性能	弹性极限	材料由弹性变形过度到弹—塑性变形时的应力,应力超过弹性极限后,材料开始产生塑性变形
		强度	在外力作用下抵抗变形和破坏的能力,分为抗拉强度 σ_b、抗压强度 σ_{bc}、抗弯强度 σ_{bb} 及抗剪强度 τ_b,单位均为 MPa
		塑性	在外力作用下材料产生永久变形而不发生破坏的能力。常用指标是断后伸长率 δ_5、δ_{10}(%) 和断面收缩率 ψ(%)。δ 和 ψ 越大,材料塑性越好
		硬度	材料抵抗硬物压入表面的能力,是衡量材料软硬程度的指标,较常用的硬度测定方法有布氏硬度(HB)、洛氏硬度(HR)和维氏硬度(HV)等
		冲击韧性	材料抵抗冲击力的能力。常把各种材料受到冲击破坏时,消耗能量的数值作为冲击韧度的指标,用 α_k(J/cm^2)表示。冲击韧度值主要取决于塑性、硬度,尤其是温度对冲击韧度值的影响更具有重要的意义
		疲劳强度	材料在多次交变载荷作用下而不致引起断裂的最大应力
	工 艺 性 能		热处理工艺性能、铸造性能、锻造性能、焊接性能及切削加工性能等

1. 使用性能

使用性能是指材料在使用过程中表现出来的性能,这里面包含了材料的物理性能、化学性能和力学性能。

2. 物理性能

物理性能是指材料在物理学方面所具有的特性,包括了材料的密度、熔点、热膨胀系数、导电导热性等。材料在使用过程中是要考虑到它的物理性能的,如耐高温合金钢,由于工作环境的需要,此类合金钢既要熔点高,而且还要求其热膨胀系数低。

3. 化学性能

化学性能是指材料在室温或高温时抵抗各种介质化学侵蚀的能力,如抗氧化性、耐腐蚀性。同样,材料在使用过程当中也应该考虑到化学性能,如水利建筑所用到的钢闸门就必须考虑到它的耐腐蚀性。

4. 力学性能

力学性能是指材料受到外力作用所表现出来的特性。它是衡量材料性能的重要指标,在考虑到材料基本的物理和化学性能后,就必须确定材料的力学性能,而由于材料在各种载荷、应力和工作环境以及它们之间的交互作用下,材料的力学性能表现出不可预见性。假设没有考虑到其中的某一因素,就很可能造成材料不可恢复的破坏,所以人们在材料的使用过程中,往往要综合考虑材料的各种力学性能。主要考虑以下几种力学性能。

1) 弹性极限 σ_e

讲到弹性极限时,先要知道什么是弹性。弹性是指材料在外力作用下进行可恢复变形的能力,通常所说的弹性的好坏并不是指弹性极限的大小,而是指弹性比功 a_e 的大小。从下面的公式可以看出,材料弹性的好坏取决于两个因素:弹性极限 σ_e 和弹性模量 E,而弹性模量 E 是不易改变的,尤其是金属材料,因此,提高材料弹性的主要方式是提高它的弹性极限 σ_e,比如弹簧钢通过冷加工或热处理后,它的弹性极限变大,弹性比功提高,它就可以用来制作各种弹簧。

$$a_e = \frac{1}{2}\sigma_e\varepsilon_e = \frac{\sigma_e^2}{2E}$$

另外,弹性模量 E(在一般情况下)也称作刚度。刚度是指材料抵抗弹性变形的能力,刚度越大,材料越不容易进行弹性变形。有些零件就要求材料的刚度要大,如车床的导轨。

2) 强度

在选择材料时,考虑到的强度指标主要有两个:屈服强度和抗拉强度。屈服强度又称屈服点,是指材料在应力不变(或是有较小的波动)的作用下仍然进行塑性变形时的应力值,用符号 σ_s 表示,对于没有屈服现象或是不明显的则以该材料规定残余伸长率 0.2% 作为它的屈服强度,此时以 $\sigma_{0.2}$ 来表示;抗拉强度是指材料在外力作用下直至被破坏的过程中所出现的最大应力值。为了使用时能够将塑性变形考虑进去,经常将屈服强度和抗拉强度的比值拿来作为参考,它们的比值称为屈强比,日常生活中所用的碳素钢屈强比为 0.6~0.65,低合金结构钢为 0.65~0.75,合金结构钢为 0.84~0.86。一般说来,屈强比越小则材料的塑性越好,也就是说材料受外力作用在断裂前会有一定的变形量,具有一定的安全性;而屈强比越大则说明材料抵抗塑性变形的能力高,然而在材料断裂前材料的变形量就比较小,但其安全性不一定低。如果韧性好,材料就有足够的韧塑性变形容量,所以,对于结构零件和用于承载的合金钢来说,既要求有较高的屈强比,又要有好的韧性。

3) 塑性

判定材料塑性好坏主要是根据断面收缩率 ψ 和断裂伸长率 δ 的大小。一般来说,ψ 和 δ 越大,材料的塑性就越好,塑性好的材料可用轧制、锻造、冲压等方法加工成形。另外,塑性好的零件在工作时若超载,也可因其塑性变形而避免突然断裂,提高了工作安全性。一般认为 $\delta < 5\%$ 的材料为脆性材料。

4) 硬度

通过硬度的定义知道,硬度越高,材料抵抗局部塑性变形的能力越好,测量硬度的方法主要有三种:布氏硬度(HB)、洛氏硬度(HR)和维氏硬度(HV)。在实际生产中,并没有专门测量材料强度的设备,即使有,测量起来也比较麻烦,但是可以通过简单的测量零件的硬度知道零件的大概强度,根据一般经验来说,低碳钢中的 $\sigma_b \approx 36HRC \approx 3.6HBS$,高碳钢中的 $\sigma_b \approx 34HRC \approx 3.4HBS$。另外,要说明的是硬度是一个单纯的物理量,它与轻度指标和塑形指标有一定的联系,但无理论上的联系。

5) 冲击韧性

在实际的生产中,很多零件都是在冲击作用下工作的,如作为模具的冲裁模、冲床的冲头,对于这类零件,它们在选材时除了要满足必需的强度、硬度、刚度、塑性外,还要有足够的韧性,否则零件很容易在冲击力作用下受到破坏。所谓韧性指的是材料在断裂前吸收能量的能力,一般通过测量材料的冲击韧性 a_k(或称为冲击韧度)来比较材料之间韧性的好坏,但选材时冲击韧性是不作为直接依据的,反而常用冲击吸收功 A_k 来评判材料韧性的好坏。

另外,对于金属材料来说,它的韧性对环境温度和本身缺口比较敏感,也就是说:当材料温度降低时韧性也随着减小,温度趋近于绝对 0 度时韧性也趋近于 0 或等于 0,这时材料很容易被破坏;除此之外,当材料本身的缺口变大时韧性就会变差。

6) 疲劳强度

很多传动或机构零件如轴、齿轮、连杆等,它们工作的应力状态是循环的、交变的应力,零件在这种应力循环作用下会产生局部永久性累积损伤,经一定循环次数后将产生裂纹或突然发生完全断裂,这一过程称为疲劳破坏(或疲劳断裂),零件在疲劳断裂前无明显塑性变形,因此危险性很大,常造成严重事故。据统计,大部分零件的损坏均是由疲劳造成的。为了防止疲劳破坏的产生,要求零件具有一定的疲劳强度,那么,疲劳强度是什么呢?当作用于零件的循环应力低于某一值时,零件可经无数次循环应力作用而不断裂,这一应力称为疲劳强度,对称循环交变应力的疲劳强度用符号 σ_{-1} 表示。工程上在测取疲劳强度时,通常规定钢铁材料的循环基数取 10^7,有色金属取 10^8。

材料要获得较高的疲劳强度,除了要求其内部缺陷(如气孔、疏松组织、微裂纹、杂质)尽可能少之外,一般还可以通过其他人为处理(表面渗氮、表面淬火、表面喷丸、表面滚压)来提高疲劳强度。

5. 工艺性能

工艺性能是指材料在被加工过程中所表现出来的性能,即材料的可加工性。在实际生产中,绝大部分零件都是被加工出来的,如果材料光有好的使用性能,而工艺性能差,那么,加工后的成品率肯定很低,因此,选材时既要有好的使用性能,又要有好的工艺性能。具体的工艺性能见表1-7。

6. 材料性能与化学成分和组织结构的关系

前面讲了人们选择使用什么材料,主要取决于材料的性能,而材料的性能主要取决于材料的化学成分和组织结构。

材料的化学成分是指组成材料的化学元素及各元素的百分比。如果组成材料的化学元素不同,则材料的性能也不同,如橡胶和钢铁;即使化学元素相同,但各元素所占百分比不同,则材料的性能也不一样,就好比钢和铁。在选定材料后,要通过一定的工艺来改变材料的化学成分是很难的,所以材料的化学成分一般是在选定材料时就不改变的。也有特殊的情况,如钢的化学热处理,通过改变其表层化学成分来改变表层性能,从而提高整体性能,但这种处理除了耗能大、周期较长外,其工艺也比较复杂,所以只有性能要求比较高的特殊零件才进行化学热处理。

材料的组织结构是指材料内部原子(或分子)的排列顺序、空间结构以及各组元(或分子链)的形状大小、分布情况等。相对于改变材料的化学成分来说,要改变材料组织结构的工艺较为简单且方法多种多样。就钢材而言,可通过塑性变形加工(包括挤压、锻造、冲压、拉拔等)和物理热处理(包括退火、正火、淬火、回火)来改变其组织结构,从而获得所需性能。

另外,影响材料性能的还有材料的质量,如杂质含量、气孔大小等,这主要依靠材料的制造工艺;还有就是不改变化学成分和组织结构的人为处理可以改善材料的性能(主要还是物理、化学性能),比如金属类工件涂覆一层润滑剂或特殊材料可改善它的耐磨和耐腐蚀性。

课题 2　钢的热处理

1.2.1　概述

在前面讲过,通过一定的热处理工艺可以改变金属材料的性能。那么,什么是热处理,它是如何改变金属材料的性能呢? 所谓热处理是指材料加热到某一温度保温一段时间,最后冷却使得材料组织结构发生变化而改变材料性能的工艺。绝大部分机械零件在制造的过程中包含了多道的工序(如铸造、压力加工等),而每道工序都会或多或少地给零件带来缺陷,这些缺陷会造成零件的使用寿命减短甚至是破坏作用,而当零件进行一定的热处理后,不但可以消除某些缺陷,而且还改善钢材的性能。总之,适当的热处理工艺提高了零件的力学性能,充分发挥零件的性能潜力,保证零件的内在质量,延长零件的使用寿命。

因此,热处理在现代工业中占有重要的地位,如 $60\%\sim70\%$ 的机床零件需要进行热处理、$70\%\sim80\%$ 的汽车零件都要经过热处理,而工量模具和滚动轴承则必须经过热处理才可以使用。

根据加热温度、保温时间、冷却速度和热处理设备的不同,热处理可分为以下几类,如

图1-3所示。

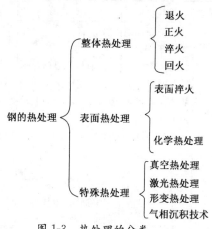

图1-3　热处理的分类

1.2.2　退火和正火

退火指的是将零件加热到某一温度,保温一段时间后随炉冷却的工艺,通过退火可以降低钢材的硬度,提高塑性,便于切削加工及冷变形,还可以细化晶粒、消除内应力并使组织变均匀。常用的退火工艺见表1-8。

表1-8　各种退火工艺的应用说明

工艺名称		加热温度	冷却方式	工艺目的	应用范围	其他说明
退火	完全退火	A_{c3} 以上 20℃~30℃	随炉冷却	消除组织缺陷(如魏氏组织、带状组织等),细化晶粒,均匀组织,消除内应力,降低硬度,提高塑性、韧性,便于切削加工,并为加工后零件的淬火做好组织准备	用于亚共析钢的铸件、锻轧件和焊件	最终获得片状珠光体,不宜用于过共析钢,因为其缓冷后会析出网状二次渗碳体,使钢的强度、塑性和韧性大大下降
	不完全退火	A_{c1} 与 A_{c3} 之间或 A_{c1} 与 A_{cm} 之间	随炉冷却	使珠光体发生重结晶,晶粒变细,同时也降低硬度、消除内应力,便于切削加工	用于中碳和高碳钢及低合金结构钢的锻轧件	使碳化物球化,获得球状珠光体,有利于钢件的拉伸、挤压、冷轧、冷镦等冷变形
	普通球化退火	A_{c1} 以上 20℃~30℃	随炉冷却到500℃后出炉空冷	使钢中碳化物球状化,消除钢中网状或片状二次渗碳体,降低硬度,为淬火做好准备	用于共析钢或过共析钢,如碳素工具钢、合金工具钢、轴承钢等	若钢的原始组织存在严重渗碳体网时,应采用正火将其消除后再进行此工艺

15

工艺名称		加热温度	冷却方式	工艺目的	应用范围	其他说明
退火	等温球化退火	A_{c1} 以上 20℃～30℃	随炉冷却到略低于 A_{r1} 的温度进行等温，等温时间为其加热保温时间的 1.5 倍，等温后随炉冷却到 500℃ 后出炉空冷	目的与普通球化退火相同，但它不仅可以缩短周期，而且球化后的组织更均匀，并能严格控制退火后的硬度	用于共析钢或过共析钢，如碳素工具钢、合金工具钢、轴承钢等	若钢的原始组织存在严重渗碳体网时，应采用正火将其消除后再进行此工艺
	扩散退火	碳钢：1100℃～1200℃ 合金钢：1200℃～1300℃	随炉冷却	消除铸锭或铸件在凝固过程中产生的枝晶偏析及区域偏析，使成分和组织均匀化	用于质量要求高的合金铸锭或铸件	由于加热温度高、保温时间长，造成晶粒粗大，所以经此工艺后必须进行完全退火或正火，使组织重新细化
	等温退火	缓慢加热到 A_{c3}（亚共析钢）或 A_{c1}（共析钢和过共析钢）以上 20℃～40℃	以较快的速度冷却到 A_{r1} 以下某一温度，保温一定时间然后空冷	目的与完全退火相同，但对于奥氏体较长且稳定的钢则可缩短其生产周期（与完全退火相比，可缩短 1/3），且组织和硬度更为均匀	主要用于高碳钢、合金工具钢及高合金钢	等温温度不可过低或过高，过低则退火后硬度偏高；过高则等温保持时间需要延长
	中间退火	一般冷轧材的中间退火温度是该钢种的再结晶温度以上 100℃～150℃	随炉冷却或空冷	消除工件形变强化效应，改善塑性，减小内应力，降低硬度，便于实施后继工序	大多用于板、管、带、丝等金属材料的冷轧、冷拔道次之间的低温退火	在一定条件下，钢质越硬，成品越薄，所需轧程越多，需要软化的中间退火次数越多
	去应力退火	一般为 500℃～600℃	随炉冷却到 300℃ 以下后出炉空冷	去应力退火因加热温度低于 A_{r1}，故不发生组织转变，只消除内应力，稳定工件尺寸及形状，减少机加工过程中形变和裂纹倾向	主要用于消除铸件、锻件、焊接件、冷冲压件以及机加工件中的残余应力	为了使工件内应力消除得更彻底，加热时应控制加热速度，一般是低温进炉，然后以 100℃/h 左右的加热速度加热到规定温度
正火		A_{c3} 或 A_{cm} 以上 30℃～50℃	出炉空冷	目的与退火基本相同，但晶粒较细、硬度也较高	$w_C \leqslant 0.45\%$ 的钢	正火的冷却速度比退火稍快，同时操作简单，生产周期短，生产效率高，成本也较低。故退火与正火同样能达到零件性能要求时，尽可能选用正火

正火指的是将钢加热到适当温度,保温一段时间后在静止的空气中冷却的工艺,其目的与退火基本相同,但正火后工件的强度、硬度会比退火高。另外,在使用正火工艺时应注意以下事项。

(1) 由于低碳钢退火后的硬度太低,切削加工时容易产生黏刀现象,因此要利用正火适当提高它的硬度。

(2) 若中碳钢正火后已达到所需的力学性能,则可直接作为最终热处理,以代替工艺复杂的调质处理。

(3) 用于工具钢、轴承钢、渗碳钢等,可以消降或抑制网状碳化物的形成,从而得到球化退火所需的良好组织。

(4) 用于球墨铸铁,使硬度、强度、耐磨性得到提高,如用于制造汽车、拖拉机、柴油机的曲轴、连杆等重要零件。

(5) 用于铸钢件,可以细化铸态组织,改善切削加工性能。

(6) 用于大型锻件,可作为最后热处理,从而避免淬火时较大的开裂倾向。

1.2.3 淬火

淬火是指钢加热到奥氏体化温度,然后快速冷却以获得马氏体(或下贝氏体)组织,从而提高钢的强硬度的工艺。常见的淬火工艺有以下几种。

(1) 单液淬火:是利用一种淬火介质直接把奥氏体化工件冷却至室温的淬火方式,常用的淬火介质有水、盐水、碱水、油或是一些专门配置的淬火剂。通常情况下,形状简单的碳钢工件采用水淬,合金钢工件则用油淬。

(2) 双液淬火:是把奥氏体化工件先放入一种淬火介质中冷却至某一温度,然后迅速移至另一种淬火介质中冷却至室温的淬火方式,这种方法经常用在碳素工模具钢的淬火过程,先采用水淬后用油冷,这样既可获得所需的强硬度,又可减小内应力的产生,防止工件变形和开裂。但唯一的缺陷是很难把握第一次淬火的终了温度,所以在应用方面具有一定的局限性。因此,只有熟练的技术员才能进行实际操作。

(3) 分级淬火:是将奥氏体化工件浸入温度稍高或稍低于钢的上马氏体点的液态介质(熔盐或熔碱)中,保温一段时间,待工件整体都达到液态介质温度后取出空冷,以获得马氏体组织的工艺。采用此工艺可以减小组织应力和热应力,有效防止工件变形和开裂倾向,适用于变形要求较高的合金钢和高合金钢工件,也可用于截面尺寸不大、形状复杂的碳钢工件。

(4) 等温淬火:是将奥氏体化工件,快冷至下贝氏体转变区(260℃~400℃)等温一段时间,而后取出空冷以获得下贝氏体组织的工艺。由于下贝氏体组织硬度较高,且强度、韧性、塑性和疲劳强度等均比相同硬度的马氏体高,所以此工艺一般适用于变形要求严格和要求具有良好强韧性的精密工件和工模具。但其缺点是由于等温熔盐或熔碱温度较高,冷却能力差,因此只能应用于尺寸不大的工件。

1.2.4 表面淬火

表面淬火是指将工件的表层奥氏体化,而后冷却以获得硬度较高的马氏体层,在这一过程中,工件的表层组织发生了变化,化学成分是不改变的。主要分为两类:感应加热表面淬火和火焰加热表面淬火。

（1）感应加热表面淬火：是利用电磁感应在工件表面产生涡流而进行加热，工件表层奥氏体化后用一定的冷却介质和冷却方式（如喷射、浸液、埋油）进行冷却的工艺。淬火后工件的表层具有较高的强度、耐磨性、抗弯和抗扭疲劳强度以及高硬度。此工艺常用于中碳钢和中碳合金钢结构工件，也可用于高碳工具钢和低合金工具钢工件以及铸铁件等，如有齿轮、凸轮、曲轴、各种轴类和轧辊等。

（2）火焰加热表面淬火：是将高温火焰喷向工件表面，使工件表面迅速加热到淬火温度，然后快速冷却的一种淬火工艺。它同样也可以使表层获得较高的强度、耐磨性和硬度，而且相对感应加热来说设备简单、成本低，使用方便灵活，适用于各种形状工件特别是大尺寸工件的局部淬火或表面淬火，最大的缺陷是加热时容易过热、淬火质量不易控制、影响因素较多。

1.2.5 回火

回火就是钢淬硬后，再加热到 A_{c1} 以下的某一温度，保温一段时间，然后冷却到室温的工艺。其主要目的是：在保证工件力学性能满足使用要求的基础上，使得工件内部组织稳定，保证工件的形状及尺寸不变，并降低或消除工件的内应力，以减少工件变形或开裂。

（1）低温回火（250℃以下）：获得回火马氏体，其硬度为 55HRC～64HRC（不包括低碳钢）。主要用于高碳钢制工件（如刀具、量具、冷变形模具和滚动轴承件）以及渗碳件和高频淬火件等。

（2）中温回火（300℃～500℃）：获得回火托氏体，其硬度一般为 40HRC～50HRC。广泛用于各类弹簧件，也可用于某些模具（塑料模具）以及要求较高强度的轴、轴套和刀杆等。

（3）高温回火（500℃～600℃）：获得回火索氏体，其硬度一般为 25HRC～35HRC。获得此组织的工件具有良好的综合力学性能，经常把淬火和高温回火的复合热处理工艺称为调质。调质广泛应用于各种重要的结构件，尤其是在交变载荷下工作的工件，如汽车、机床上的连杆、连杆螺钉、齿轮和轴类工件等。

1.2.6 化学热处理

化学热处理是指将工件置于特定的介质中，通过加热和保温使介质分解成一定的化学元素渗入其表层，改变表层化学成分，并通过适当的热处理使表层获得与心部不同的组织和性能的工艺。常用的方法及用途见表 1-9。

表 1-9 常用的化学热处理方法及用途

处理方法	渗入元素	用　　途
渗碳	C	提高硬度、耐磨性及疲劳强度
渗氮	N	提高硬度、耐磨性、疲劳强度及耐蚀性
碳氮共渗	C,N	提高硬度、耐磨性及疲劳强度
氮碳共渗	N,C	提高硬度、抗咬合性及疲劳强度
硫氮共渗	S,N	减摩，提高抗咬合性、耐磨性及疲劳强度

处理方法	渗入元素	用 途
碳氮硫三元共渗	C,N,S	减摩,提高抗咬合性、耐磨性和疲劳强度
渗硼	B	提高硬度、耐磨性及耐蚀性
渗铝	Al	提高抗氧化及耐含硫介质的腐蚀性
渗铬	Cr	提高抗氧化、耐腐蚀及耐磨性

1.2.7 特殊热处理

随着科技的不断发展,人类在高新技术领域对金属材料制造的零件提出了更高的要求,如果仅靠传统的热处理工艺是无法实现的,因此在新技术的支持下,出现了更好的热处理工艺及设备,主要有以下几种。

(1) 真空热处理:利用真空热处理炉进行热处理,此技术发展至今已可用于退火、脱气、固溶热处理、淬火、回火和沉淀硬化等工艺,在通入适当介质后也可用于化学热处理。它具有无污染、无氧化脱碳、质量高、节约能源、变形小等优点;在真空中加热可除去零件中的有害杂质和气体,从而提高了零件的性能和使用寿命。研制出的真空热处理设备也有很多种,如气冷式真空热处理炉、冷壁真空油淬炉、真空加热高压气淬炉。

(2) 激光热处理:利用激光束照射工件表面,工件表面吸收其红外线而迅速达到极高的温度,超过钢的相变点,撤掉激光束后工件表面热量迅速向心部传递而造成极大的冷却速度,靠自激冷却而使表面淬火的工艺。其优点是:硬化深度和面积可以精确控制,适应的材料种类较广,可解决其他热处理方法不能解决的复杂形状工件的表面淬火;缺点是:电光转换效率低,零件表面需预先黑化处理,成本高。

(3) 形变热处理:利用材料塑性变形和热处理有机结合起来,发挥材料形变强化和相变强化作用的工艺。其强韧化效果比普通热处理更好,且简化工序、节约能源及材料消耗,还能提高材料的综合力学性能。

(4) 气相沉积技术:利用气相中发生的物理化学过程,在材料表面形成具有特种性能的金属或化合物涂层的技术。主要有化学气相沉积法(CVD)和物理气相沉积法(PVD),具体技术可参照其他教科书,这里就不做冗繁介绍。

1.2.8 常见的热处理缺陷

在热处理过程中,相变、温差以及高温加热都会给工件造成一定的影响,这种影响主要表现在热处理缺陷上,常见的热处理缺陷主要有:

(1) 变形:指工件热处理后形状或尺寸和原来的不一样。这主要是热处理过程中出现较大的内应力而致使其发生塑性变形,主要表现在产生较大的组织应力和热应力。若变形较小可通过人为校正,变形过大一般就无法校正了。

(2) 开裂:指工件热处理过程中,由于内应力过大而产生裂纹或断裂的现象。工件一旦发现开裂,一般是无法人为补救的,只能报废,所以热处理过程中要尽量避免工件发生开裂。

（3）氧化：指工件由于高温加热而致使表层铁元素受氧化而形成一层氧化皮的现象。在普通的热处理过程中，一般都会形成氧化皮，只是不允许太厚，否则会影响工件尺寸和后续的机加工。因此，如果工件易被氧化，在热处理过程中就必须采取一定的保护措施，比如在工件表面覆盖一层铁粉或涂覆一层保护性材料。

（4）脱碳：指工件在高温加热下，表层碳元素发生化学反应而散失的现象。一般情况下，工件表层若是脱碳过于严重，除了会降低表层硬度和耐磨性外，还可能造成工件表面出现裂纹。因此，易脱碳的工件在热处理时表面应覆盖一层碳粉或涂覆一层保护性材料。

（5）过烧：由于加热温度过高而致使工件内部晶界熔化的现象，工件一旦发生过烧都是无法补救的。

（6）过热：由于加热温度较高或保温时间过久而导致工件内部晶粒变粗的现象，发生这种现象，只要对工件进行退火或正火即可使晶粒变细、组织变均匀。

总之，工件在热处理时就必须先制订合理的热处理工艺，然后再根据材料的特性判断是否要采取保护措施；一定要尽量避免工件发生不可挽救的缺陷行为，因为每个工件在热处理前的成本都是较高的，特别是一些结构性零件。

1.2.9 热处理注意事项

传统的热处理设备一般为加热炉（包括燃料炉和电阻炉），为此，在热处理时应注意一些安全事项。

（1）操作前，首先要熟悉热处理工艺规程和所要使用设备的操作方法。

（2）操作时，必须穿戴好必要的防护用品，如工作服、手套、防护眼镜等。

（3）在加热设备和冷却设备之间，不得放置任何妨碍操作的物品。

（4）设备危险区（如电炉的电源引线、汇流条、导电杆和传动机构等），应当用铁丝网、栅栏、板等加以防护。

（5）热处理用全部工具应当有条理地放置，不许使用残裂的、不合适的工具。

（6）车间内应放置灭火器。

（7）经过热处理的工件，不要用手去摸，以免造成灼伤。

（8）热处理结束后要熄灭炉内火焰或关掉电源，最后做好清洁工作。

思考与练习

1. 按照化学成分和结合键，工程材料主要分为哪几类？

2. 什么是使用性能和工艺性能？它们分别包括哪几类性能？

3. 什么是退火和正火？它们有什么区别，如何应用？

4. 为改善碳素工具钢的切削加工性能，应采用何种预备热处理？

5. 确定下列钢件的退火方法，并指出退火目的及退火后的组织：

（1）经冷轧后的 15 钢板要求降低硬度；

（2）ZG270-500 的铸造齿轮；

（3）锻造过热的 60 钢锻坯。

6. 什么是淬火？主要分为几种？

7. 某零件需经表面淬火,其材质为中碳钢,应采用何种表面淬火方式?为什么。

8. 什么是回火?主要分为哪几种?

9. 若减速器内部的齿轮为 45 钢材质,淬火后应采用何种回火方式?为什么?

10. 常见热处理缺陷有几种?

11. 某一工件经热处理后发现其硬度不足,这是由于什么原因引起的?如何补救?

知识模块 2 技术测量与测量器具

【导读】

量具的正确应用直接关系到零件的加工质量、产品性能，是生产生活中不可或缺的度量器具。本模块主要介绍技术测量基础、直尺类、游标类、螺旋类、量块和角度类量具的使用方法与保养技术。

【能力要求】

1. 掌握技术测量的概念。
2. 熟练掌握直尺类量具的使用方法。
3. 熟练掌握游标卡尺测量外径、内径和深度的方法。
4. 掌握万能角度尺测量角度的方法。
5. 能正确维护与保养常用量具。

课题 1 技术测量概述

测量技术技巧的应用直接关系到零件的加工质量及尺寸精度，直接影响生产效率及废品率的产生，是各类生产、制造过程中不可缺少的技术。

2.1.1 技术测量的概念

技术测量主要是研究对零件的几何参数进行测量和检验的一门技术。早期的测量技术主要是研究地球的形状和大小，确定地面点的坐标的学科。现在的测量技术主要是研究三维空间中各种物体的形状、大小、位置、方向和其分布的学科。

1. 测量

测量是利用合适的工具，确定某个给定对象在某个给定属性上的量的程序或过程。作为测量结果的量通常用数值表示。该数值是在一个给定的量纲或尺度系统下，由属性的量和测量单位的比值决定的。

测量包括四个方面的因素：测量对象、计量单位、测量方法和测量精度。

测量对象：零件的几何量。主要指零件的长度、角度、表面粗糙度以及形位误差等。

计量单位：用以度量同类量值的标准值。中华人民共和国法定计量单位，确定米制为我国的基本计量制度。长度的计量单位是米（m），机械制造中常用毫米（mm）作为特定计量单位。在角度的计量单位是度（°）、分（′）、秒（″）。

测量方法：测量时采用的测量原理、计量器具和测量条件的综合。对几何量的测量而言，则是根据被测参数的特点，如公差值、大小、轻重、材质、数量等，并分析研究该参数与其他参数的关系，最后确定对该参数如何进行测量的操作方法。

测量精度:指测量结果与真值的一致程度。由于任何测量过程总不可避免地会出现测量误差,误差大说明测量结果离真值远,准确度低。因此,准确度和误差是两个相对的概念。由于存在测量误差,任何测量结果都是以一近似值来表示。

2. 技术测量

技术测量是研究对零件几何量(长度、角度、形状和位置误差、表面粗糙度等)进行测量与检验,以确定零部件加工后是否符合设计图样上的技术要求。

检验:确定被测几何量是否在规定的极限范围内,从而判断其是否合格的实验过程,而不要求量值。

检定:为评定计量器具的精度指标是否合乎该计量器具的检定规程的全部过程。

2.1.2　技术测量的基本要求

(1)保证测量精度。

(2)效率要高。

(3)成本要低。

(4)避免废品的产生。

2.1.3　测量工具的分类

测量工具可按其测量原理、结构特点及用途分为以下四类。

(1)基准量具:定值基准量具;变值量具。

(2)通用量具和量仪:它可以用来测量一定范围内的任意值。按结构特点可分为以下几种:固定刻线量具、游标量具、螺旋测微量具、机械式量仪、光学量仪、气动量仪、电动量仪。

(3)极限规:为无刻度的专用量具。

(4)检验量具:它是量具量仪和其他定位元件等的组合体,用来提高测量或检验效率,提高测量精度,在大批量生产中应用较多。

2.1.4　测量方法的分类

(1)由于获得被测结果的方法不同,测量方法可分为:

直接测量法:用计量器具直接测量被测量的整个数值或相对于标准量的偏差。

间接测量法:测量与被测量有函数关系的其他量,再通过函数关系式求出被测量。

(2)根据测量结果的读值不同,测量方法可分为:

绝对量法(全值量法):在计量器具的读数装置上可表示被测量的全值,如游标卡尺测量零件轴径值。

相对量法(微差或比较量法):在计量器具的读数装置上显示被测量相对已知标准量的偏差。

(3)根据被测件的表面是否与测量工具有机械接触,测量方法可分为接触量法、不接触量法。

(4)根据同时测量参数的多少,可分为综合量法、分项量法。

(5)按测量对机械制造工艺过程所起的作用不同,测量方法分为被动测量、主动测量。

2.1.5　测量误差

1. 测量误差

被测量的实测值与真实值之间的差异,即

$$\delta = X - Q$$

式中:δ 为测量误差;X 为实际测得的被测量;Q 为被测值的真实尺寸。

由于 X 可能大于或小于 Q,因此,δ 可能是正值、负值或零。故上式可写为 $Q = X \pm \delta$。

2. 测量误差产生的原因(即测量误差的组成)

(1) 测量仪器的误差:指计量器具设计、制造和装配调整不准确而产生的误差。如游标卡尺测轴径的误差属设计原理误差(不符合阿贝原则)。即被测量长度与基准长度未置于同一直线上,由于游标柜架与主尺之间的间隙影响,可能使卡爪倾斜,则产生测量误差。

(2) 测量方法误差:指测量方法不完善(包括工件安装、定位不合理,测量方法选择不当,计算公式不准确等)。

(3) 人为误差:测量人员的人为差错造成的误差,如测量力引起的变形误差、读数误差等。

(4) 环境误差:指测量时的环境条件不符合标准条件引起的误差,如温度、湿度等。

3. 测量误差的分类

(1) 系统误差:在规定条件下,绝对值和符号保持不变(定值系统误差)或按某一确定规律变化的误差(变值系统误差)。

(2) 随机误差:绝对值和符号以不可预知的方式变化的误差。

(3) 粗大误差:由于测量时疏忽大意(如读数错误、计算错误等)或环境条件突变(冲击、振动等)造成的某些较大的误差。

4. 测量精度

(1) 精密度:反映测量结果中随机误差大小的情况。

(2) 正确度:反映测量结果中系统误差大小的情况。

(3) 精确度(准确度):反映测量结果中随机误差和系统误差综合影响的程度。

课题 2　直尺类量具

直尺类量具主要用来测量工件长度方向的尺寸,是日常生活中最常用的测量工具。常见直尺类量具包括钢直尺、卡钳和塞尺等。

2.2.1　钢直尺

钢直尺又称钢板尺,是最简单的长度量具,它的长度有 150mm、300mm、500mm 和 1000mm 四种规格。图 2-1 是常用的 150mm 钢直尺。

图 2-1　150mm 钢直尺

钢直尺用于测量零件的长度尺寸(图 2-2),它的测量结果不太精确。这是由于钢直尺的刻线间距为 1mm,而刻线本身的宽度就有 0.1mm~0.2mm,所以测量时读数误差比较大,只能读出毫米数,即它的最小读数值为 1mm,比 1mm 小的数值,只能估计而得。

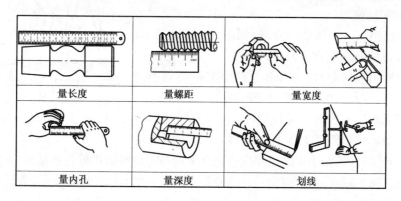

| 量长度 | 量螺距 | 量宽度 |
| 量内孔 | 量深度 | 划线 |

图 2-2 钢直尺的使用方法

如果用钢直尺直接去测量零件的直径尺寸(轴径或孔径),则测量精度更差。其原因是:除了钢直尺本身的读数误差比较大以外,还由于钢直尺无法正好放在零件直径的正确位置。所以,零件直径尺寸的测量,也可以利用钢直尺和内外卡钳配合起来进行。

2.2.2 卡钳

卡钳是最简单的比较量具,由于它具有结构简单、制造方便、价格低廉、维护和使用方便等特点,广泛应用于要求不高的零件如锻铸件毛坯尺寸的测量和检验。

图 2-3 是常见的两种卡钳即内卡钳和外卡钳。外卡钳是用来测量外径和平面的,内卡钳是用来测量内径和凹槽的。卡钳不能直接读出测量数据,而要把测量得的长度尺寸(直径也属于长度尺寸)在钢直尺上进行读数,或在钢直尺上先取下所需尺寸,再去检验零件的直径是否符合。

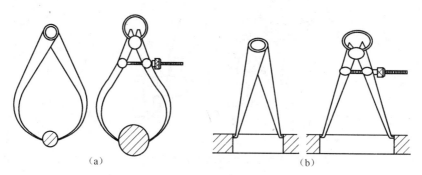

(a)   (b)

图 2-3 卡钳
(a)外卡钳;(b)内卡钳。

1. 卡钳开度的调节

首先检查钳口的形状,钳口形状对测量精确性影响很大,应注意经常修整钳口的形状。图 2-4 所示为卡钳钳口形状好与坏的对比。调节卡钳的开度时,应轻轻敲击卡钳脚的两侧面。先用两手把卡钳调整到和工件尺寸相近的开口,然后轻敲卡钳的外侧来减小卡钳的开口，敲击卡钳内侧来增大卡钳的开口。

注意：不能直接敲击钳口，这会因卡钳的钳口损伤量面而引起测量误差。更不能在机床的导轨上敲击卡钳。

2. 外卡钳的使用

外卡钳在钢直尺上量取尺寸时，如图 2-5(a)所示，一个钳脚的测量面靠在钢直尺的端面上，另一个钳脚的测量面对准所需尺寸刻线的中间，且两个测量面的连线应与钢直尺平行，人的视线要垂直于钢直尺。

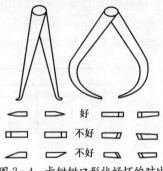

图 2-4 卡钳钳口形状好坏的对比

用已在钢直尺上取好尺寸的外卡钳去测量外径时，要使两个测量面的联线垂直零件的轴线，靠外卡钳的自重滑过零件外圆时，我们手中的感觉应该是外卡钳与零件外圆正好是点接触，此时外卡钳两个测量面之间的距离，就是被测零件的外径。所以，用外卡钳测量外径，就是比较外卡钳与零件外圆接触的松紧程度，如图 2-5(b)所示，以卡钳的自重能刚好滑下为合适。如当卡钳滑过外圆时，我们手中没有接触感觉，就说明外卡钳比零件外径尺寸大，如靠外卡钳的自重不能滑过零件外圆，就说明外卡钳比零件外径尺寸小。切不可将卡钳歪斜地放在工件上测量，这样有误差，如图 2-5(c) 所示。由于卡钳有弹性，把外卡钳用力压过外圆是错误的，更不能把卡钳横着卡上去，如图 2-5 (d) 所示。对于大尺寸的外卡钳，靠它自重滑过零件外圆的测量压力已经太大了，此时应托住卡钳进行测量。

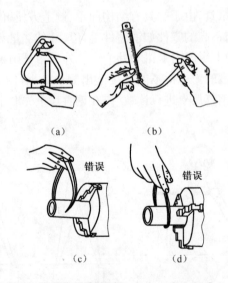

图 2-5 外卡钳在钢直尺上取尺寸和测量方法

3. 内卡钳的使用

用内卡钳测量内径时，应使两个钳脚的测量面的连线正好垂直相交于内孔的轴线，即钳脚的两个测量面应是内孔直径的两端点，如图 2-6(a)所示。因此，测量时应将下面的钳脚的测量面停在孔壁上作为支点，上面的钳脚由孔口略往里面一些逐渐向外试探，并沿孔壁圆周方向摆动，当沿孔壁圆周方向能摆动的距离为最小时，则表示内卡钳脚的两个测量面已处于内孔直径的两端点了。再将卡钳由外至里慢慢移动，可检验孔的圆度公差。

测量内径，如图 2-6(b)所示，就是比较内卡钳在零件孔内的松紧程度。如内卡钳在孔内有较大的自由摆动时，就表示卡钳尺寸比孔径内小了；如内卡钳放不进，或放进孔内后紧得不能自由摆动，就表示内卡钳尺寸比孔径大了，如内卡钳放入孔内，按照上述的测量方法能有 1mm～2mm 的自由摆动距离，这时孔径与内卡钳尺寸正好相等。测量时不要用手抓住卡钳测量，如图 2-6(c)所示，这样手感就没有了，难以比较内卡钳在零件孔内的松紧程度，并使卡钳变形而产生测量误差。

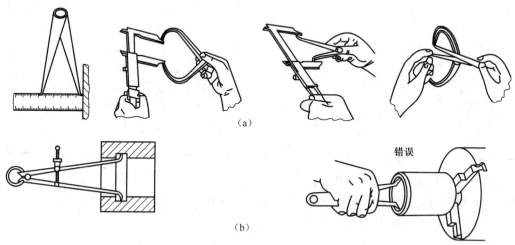

(a)

(b)

图 2-6 内卡钳取尺寸和测量方法

2.2.3 塞尺

塞尺又称厚薄规或间隙片，主要用来检验机床特别紧固面和紧固面、活塞与汽缸、活塞环槽与活塞环、十字头滑板与导板、进排气阀顶端与摇臂、齿轮啮合间隙等两个结合面之间的间隙大小。塞尺由许多层厚薄不一的薄钢片组成(图 2-7)，按照塞尺的组别制成一把塞尺，每把塞尺中的每片具有两个平行的测量平面，且都有厚度标记，以供组合使用。

图 2-7 塞尺

测量时，根据结合面间隙的大小，用一片或数片重叠在一起塞进间隙内。例如用 0.03mm 的一片能插入间隙，而 0.04mm 的一片不能插入间隙，这说明间隙为 0.03mm～0.04mm，所以塞尺也是一种界限量规(表 2-1)。

表 2-1 塞尺的规格(GB/T 22523—2008)

A 型	B 型	塞尺片长度/mm	片数	塞尺的厚度(mm)及组装顺序
组别标记				
75A13	75B13	75	13	
100A13	100B13	100		0.02;0.02;0.03;0.03;0.04;
150A13	150B13	150		0.04;0.05;0.05;0.06;0.07;
200A13	200B13	200		0.08;0.09;0.10
300A13	3000B13	300		

27

A 型	B 型	塞尺片长度/mm	片数	塞尺的厚度(mm)及组装顺序
组别标记				
5A14	75B14	75	14	1.00；0.05；0.06；0.07；0.08；
100A14	100B14	100		0.09；0.19；0.15；0.20；0.25；
150A14	150B14	150		0.30；0.40；0.50；0.75
200A14	200B14	200		
300A14	300B14	300		
75A17	75B17	75	17	0.50；0.02；0.03；0.04；0.05；
100A17	100B17	100		0.06；0.07；0.08；0.09；0.10；
150A17	150B17	150		0.15；0.20；0.25；0.30；0.35；
200A17	200B17	200		0.40；0.45
300A17	300B17	300		

使用塞尺时必须注意下列几点：

(1) 根据结合面的间隙情况选用塞尺片数，但片数越少越好。

(2) 测量时不能用力太大，以免塞尺遭受弯曲和折断。

(3) 不能测量温度较高的工件。

课题 3　游标读数量具

应用游标读数原理制成的量具有游标卡尺、高度游标卡尺、深度游标卡尺、游标量角尺（如万能量角尺）和齿厚游标卡尺等，用以测量零件的外径、内径、长度、宽度、厚度、高度、深度、角度以及齿轮的齿厚等，应用范围非常广泛。

2.3.1　游标卡尺

1. 游标卡尺的结构形式

游标卡尺是一种常用的量具，具有结构简单、使用方便、精度中等和测量的尺寸范围大等特点，可以用它来测量零件的外径、内径、长度、宽度、厚度、深度和孔距等，应用范围很广。

1）游标卡尺有三种结构形式

(1) 测量范围为 0～125mm 的游标卡尺，制成带有刀口形的上下量爪和带有深度尺的形式，如图 2-8 所示。

(2) 测量范围为 0～200mm 和 0～300mm 的游标卡尺，可制成带有内外测量面的下量爪和带有刀口形的上量爪的形式，如图 2-9 所示。

(3) 测量范围为 0～200mm 和 0～300mm 的游标卡尺，也可制成只带有内外测量面的下量爪的形式，如图 2-10 所示。而测量范围大于 300mm 的游标卡尺，只制成这种仅带有下量爪的形式。

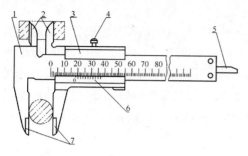

图 2-8　游标卡尺的结构形式之一

1—尺身；2—上量爪；3—尺框；4—紧固螺钉；
5—深度尺；6—游标；7—下量爪。

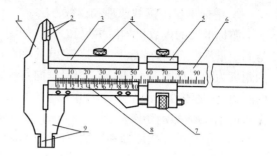

图 2-9　游标卡尺的结构形式之二

1—尺身；2—上量爪；3—尺框；
4—紧固螺钉；5—微动装置；6—主尺；
7—微动螺母；8—游标；9—下量爪。

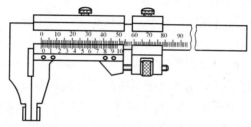

图 2-10　游标卡尺的结构形式之三

2) 游标卡尺主要由下列几部分组成

（1）具有固定量爪的尺身，如图 2-9 中的 1。尺身上有类似钢尺一样的主尺刻度，如图 2-9 中的 6。主尺上的刻线间距为 1mm。主尺的长度取决于游标卡尺的测量范围。

（2）具有活动量爪的尺框，如图 2-9 中的 3。尺框上有游标，如图 2-9 中的 8，游标卡尺的游标读数值可制成 0.1mm、0.05mm 和 0.02mm 三种。游标读数值，就是指使用这种游标卡尺测量零件尺寸时，卡尺上能够读出的最小数值。

（3）在 0～125mm 的游标卡尺上，还带有测量深度的深度尺，如图 2-8 中的 5。深度尺固定在尺框的背面，能随着尺框在尺身的导向凹槽中移动。测量深度时，应把尺身尾部的端面紧靠在零件的测量基准平面上。

（4）测量范围等于和大于 200mm 的游标卡尺，带有随尺框作微动调整的微动装置，如图 2-9 中的 5。使用时，先用紧固螺钉 4 把微动装置 5 固定在尺身上，再转动微动螺母 7，活动量爪就能随同尺框 3 作微量的前进或后退。微动装置的作用，是使游标卡尺在测量时用力均匀，便于调整测量压力，减少测量误差。

目前我国生产的游标卡尺的测量范围及其游标读数值见表 2-2。

表 2-2　游标卡尺的测量范围和游标卡尺读数值（mm）

测量范围	游标读数值	测量范围	游标读数值
0～25	0.02；0.05；0.10	300～800	0.05；0.10
0～200	0.02；0.05；0.10	400～1000	0.05；0.10
0～300	0.02；0.05；0.10	600～1500	0.05；0.10
0～500	0.05；0.10	800～2000	0.10

2. 游标卡尺的读数原理和读数方法

游标卡尺的读数机构由主尺和游标(如图2-9中的6和8)两部分组成。当活动量爪与固定量爪贴合时,游标上的"0"刻线(简称游标零线)对准主尺上的"0"刻线,此时量爪间的距离为"0",如图2-9所示。当尺框向右移动到某一位置时,固定量爪与活动量爪之间的距离,就是零件的测量尺寸,如图2-8所示。此时零件尺寸的整数部分,可在游标零线左边的主尺刻线上读出来,而比1mm小的小数部分,可借助游标读数机构来读出。现把三种游标卡尺的读数原理和读数方法介绍如下。

1) 游标读数值为0.1mm的游标卡尺

如图2-11(a)所示,主尺刻线间距(每格)为1mm,当游标零线与主尺零线对准(两爪合并)时,游标上的第10刻线正好指向主尺上的9mm,而游标上的其他刻线都不会与主尺上任何一条刻线对准。

游标每格间距＝9mm÷10＝0.9mm

主尺每格间距与游标每格间距相差1mm－0.9mm＝0.1mm

0.1mm即为此游标卡尺上游标所读出的最小数值,再也不能读出比0.1mm小的数值。

当游标向右移动0.1mm时,则游标零线后的第1根刻线与主尺刻线对准。当游标向右移动0.2mm时,则游标零线后的第2根刻线与主尺刻线对准,依次类推。若游标向右移动0.5mm,如图2-11(b)所示,则游标上的第5根刻线与主尺刻线对准。由此可知,游标向右移动不足1mm的距离,虽不能直接从主尺读出,但可以由游标的某一根刻线与主尺刻线对准时,该游标刻线的次序数乘其读数值而读出其小数值。例如,图2-11(b)的尺寸为5×0.1＝0.5(mm)。

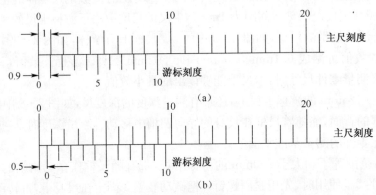

图2-11 游标读数原理

另有1种读数值为0.1mm的游标卡尺,如图2-12(a)所示,是将游标上的10格对准主尺的19mm,则游标每格＝19mm÷10＝1.9mm,使主尺2格与游标1格相差2-1.9＝0.1mm。这种增大游标间距的方法,其读数原理并未改变,但使游标线条清晰,更容易看准读数。

游标卡尺上读数时,首先要看游标零线的左边,读出主尺上尺寸的整数是多少毫米,其次是找出游标上第几根刻线与主尺刻线对准,该游标刻线的次序数乘其游标读数值,读出尺寸的小数,整数和小数相加的总值,就是被测零件尺寸的数值。

在图2-12(b)中,游标零线在2mm与3mm之间,其左边的主尺刻线是2mm,所以被测尺寸的整数部分是 2mm,再观察游标刻线,这时游标上的第 3 根刻线与主尺刻线对准。所以,被测尺寸的小数部分为 3×0.1＝0.3(mm),被测尺寸即为 2+0.3＝2.3(mm)。

2) 游标读数值为 0.05mm 的游标卡尺

如图 2-12(c)所示,主尺每小格 1mm,当两爪合并时,游标上的 20 格刚好等于主尺的 39mm,则游标每格间距＝39mm÷20＝1.95mm。

主尺 2 格间距与游标 1 格间距相差 2　1.95＝0.05(mm)。

0.05mm 即为此种游标卡尺的最小读数值。同理,也有用游标上的 20 格刚好等于主尺上的 19mm,其读数原理不变。在图 2-12(d)中,游标零线在 32mm 与 33mm 之间,游标上的第 11 格刻线与主尺刻线对准。所以,被测尺寸的整数部分为 32mm,小数部分为 11×0.05＝0.55(mm),被测尺寸为 32+0.55＝32.55(mm)。

3) 游标读数值为 0.02mm 的游标卡尺

图 2-12(e) 所示,主尺每小格 1mm,当两爪合并时,游标上的 50 格刚好等于主尺上的 49mm,则游标每格间距＝49mm÷50＝0.98mm

主尺每格间距与游标每格间距相差＝1-0.98＝0.02(mm)

0.02mm 即为此种游标卡尺的最小读数值。

在图 2-12(f)中,游标零线在 123mm 与 124mm 之间,游标上的 11 格刻线与主尺刻线对准。所以,被测尺寸的整数部分为 123mm,小数部分为 11×0.02＝0.22(mm),被测尺寸为 123+0.22＝123.22(mm)。

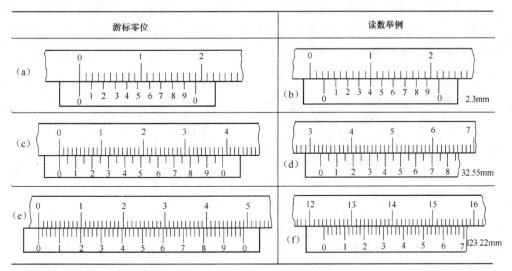

图 2-12　游标零位和读数举例

3. 游标卡尺的使用方法

量具使用得是否合理,不但影响量具本身的精度,且直接影响零件尺寸的测量精度,甚至发生质量事故,造成不必要的损失。所以,必须重视量具的正确使用,对测量技术精益求精,以获得正确的测量结果,确保产品质量。

使用游标卡尺测量零件尺寸时,必须注意下列几点。

(1) 校对游标卡尺的零位。测量前应把卡尺擦干净,检查卡尺的两个测量面和测量刃口是否平直无损,把两个量爪紧密贴合时,应无明显的间隙,同时游标和主尺的零位刻线要相互对准。

（2）移动尺框时，活动要自如，不应有过松或过紧，更不能有晃动现象。用固定螺钉固定尺框时，卡尺的读数不应有所改变。在移动尺框时，不要忘记松开固定螺钉，亦不宜过松以免脱落。

（3）当测量零件的外尺寸时：卡尺两测量面的联线应垂直于被测量表面，不能歪斜。测量时，可以轻轻摇动卡尺，放正垂直位置，如图 2-13 所示。否则，量爪若在如图 2-13 所示的错误位置上，将使测量结果 a 比实际尺寸 b 要大。测量时，应先把卡尺的活动量爪张开，使量爪能自由地卡进工件，把零件贴靠在固定量爪上，然后移动尺框，用轻微的压力使活动量爪接触零件。如卡尺带有微动装置，此时可拧紧微动装置上的紧固螺钉，再转动调节螺母，使量爪接触零件并读取尺寸。决不可把卡尺的两个量爪调节到接近甚至小于所测尺寸，把卡尺强制的卡到零件上去，这样做会使量爪变形，或使测量面过早磨损，使卡尺失去应有的精度。

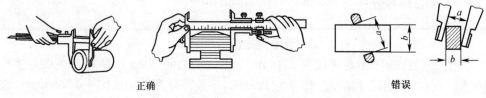

正确   错误

图 2-13 测量外尺寸

测量沟槽时，应当用量爪的平面测量刃进行测量，尽量避免用端部测量刃和刀口形量爪去测量外尺寸。而对于圆弧形沟槽尺寸，则应当用刃口形量爪进行测量，不应当用平面形测量刃进行测量，如图 2-14 所示。

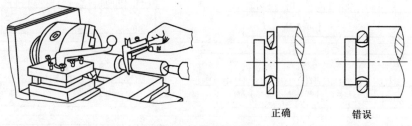

正确   错误

图 2-14 测量沟槽

测量沟槽宽度时，也要放正游标卡尺的位置，应使卡尺两测量刃的联线垂直于沟槽，不能歪斜；否则，量爪若在如图 2-15 所示的错误位置上，也将使测量结果不准确（可能大也可能小）。

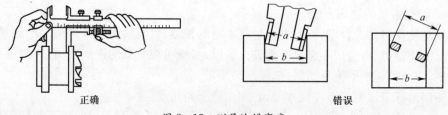

正确   错误

图 2-15 测量沟槽宽度

（4）当测量零件的内尺寸时，如图 2-16 所示。要使量爪分开的距离小于所测内尺寸，进入零件内孔后，再慢慢张开并轻轻接触零件内表面，用固定螺钉固定尺框后，轻轻取出卡尺来读数。取出量爪时，用力要均匀，并使卡尺沿着孔的中心线方向滑出，不可歪斜，以免使量爪扭伤、变形和受到不必要的磨损，同时会使尺框走动，影响测量精度。卡尺两测量刃应在孔的直径上，不能偏歪。图 2-17 为带有刀口形量爪和带有圆柱面形量爪的游标卡尺在测量内孔时正确的和错误的位置。当量爪在错误位置时，其测量结果，将比实际孔径 D 要小。

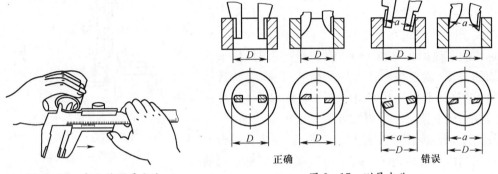

图 2-16　内孔的测量方法　　　　　　　　图 2-17　测量内孔

（5）用下量爪的外测量面测量内尺寸时，如用图 2-9 和图 2-10 所示的两种游标卡尺测量内尺寸，在读取测量结果时，一定要把量爪的厚度加上去。即游标卡尺上的读数，加上量爪的厚度，才是被测零件的内尺寸。测量范围在 500mm 以下的游标卡尺，量爪厚度一般为 10mm。但当量爪磨损和修理后，量爪厚度就要小于 10mm，读数时这个修正值也要考虑进去。

（6）用游标卡尺测量零件时，不允许过分地施加压力，所用压力应使两个量爪刚好接触零件表面。如果测量压力过大，不但会使量爪弯曲或磨损，且量爪在压力作用下产生弹性变形，使测量得的尺寸不准确（外尺寸小于实际尺寸，内尺寸大于实际尺寸）。

在游标卡尺上读数时，应把卡尺水平拿着，朝着亮光的方向，使人的视线尽可能和卡尺的刻线表面垂直，以免由于视线的歪斜造成读数误差。

（7）为了获得正确的测量结果，可以多测量几次。即在零件的同一截面上的不同方向进行测量。对于较长零件，则应当在全长的各个部位进行测量，以获得一个比较正确的测量结果。

为了使读者便于记忆，更好地掌握游标卡尺的使用方法，把上述提到的几个主要问题，整理成顺口溜，供读者参考。

> 游标卡尺的使用方法顺口溜
> 量爪贴合无间隙，主尺游标两对零。
> 尺框活动能自如，不松不紧不摇晃。
> 测力松紧细调整，不当卡规用力卡。
> 量轴防歪斜，量孔防偏歪，
> 测量内尺寸，爪厚勿忘加。
> 面对光亮处，读数垂直看。

2.3.2 高度游标卡尺

高度游标卡尺如图 2-18 所示,用于测量零件的高度和精密划线。它的结构特点是用质量较大的基座 4 代替固定量爪 5,而活动的尺框 3 则通过横臂装有测量高度和划线用的量爪,量爪的测量面上镶有硬质合金,以提高量爪使用寿命。高度游标卡尺的测量工作,应在平台上进行。当量爪的测量面与基座的底平面位于同一平面时,如在同一平台平面上,主尺 1 与游标 6 的零线相互对准。所以在测量高度时,量爪测量面的高度,就是被测量零件的高度尺寸,它的具体数值,与游标卡尺一样可在主尺(整数部分)和游标(小数部分)上读出。应用高度游标卡尺划线时,调好划线高度,用紧固螺钉 2 把尺框锁紧后,也应在平台上进行先调整再进行划线。图 2-19 为高度游标卡尺的应用。

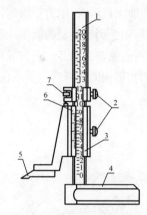

图 2-18 高度游标卡尺
1—主尺;2—紧固螺钉;3—尺框;4—基座;
5—量爪;6—游标;7—微动装置。

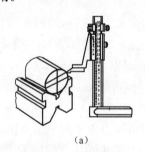 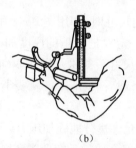 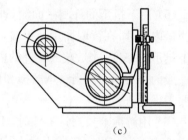

(a) (b) (c)

图 2-19 高度游标卡尺的应用
(a) 划偏心线;(b) 划拨叉轴;(c) 划箱体。

2.3.3 深度游标卡尺

深度游标卡尺如图 2-20 所示,用于测量零件的深度尺寸或台阶高低和槽的深度。它的结构特点是尺框 3 的两个量爪连成一起,成为一个带游标测量基座 1,基座的端面和尺身 4 的端面就是它的两个测量面。如测量内孔深度时应把基座的端面紧靠在被测孔的端面上,使尺身与被测孔的中心线平行,伸入尺身,则尺身端面至基座端面之间的距离,就是被测零件的深度尺寸。它的读数方法和游标卡尺完全一样。

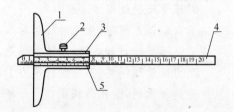

图 2-20 深度游标卡尺
1—基座;2—紧固螺钉;3—尺框;4—尺身;5—游标。

34

测量时,先把测量基座轻轻压在工件的基准面上,两个端面必须接触工件的基准面,如图 2 - 21(a) 所示。测量轴类等台阶时,测量基座的端面一定要压紧在基准面,如图 2 - 21(b)、(c) 所示,再移动尺身,直到尺身的端面接触到工件的量面(台阶面)上,然后用紧固螺钉固定尺框,提起卡尺,读出深度尺寸。多台阶小直径的内孔深度测量,要注意尺身的端面是否在要测量的台阶上,如图 2 - 21(d)所示 。当基准面是曲线时,如图 2 - 21(e)所示 ,测量基座的端面必须放在曲线的最高点上,测量出的深度尺寸才是工件的实际尺寸,否则会出现测量误差。

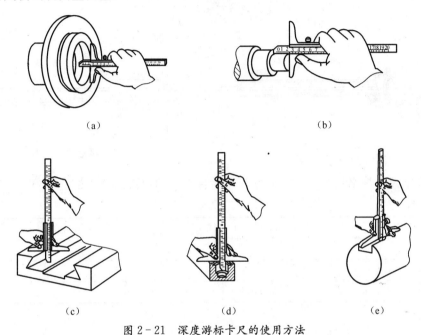

（a）   （b）

（c）   （d）   （e）

图 2 - 21　深度游标卡尺的使用方法

2.3.4　齿厚游标卡尺

齿厚游标卡尺(图 2 - 22)是用来测量蜗杆的弦齿厚和弦齿顶。这种游标卡尺由两互相垂直的主尺组成,因此它就有两个游标。A 的尺寸由垂直主尺上的游标调整;B 的尺寸由水平主尺上的游标调整。刻线原理和读法与一般游标卡尺相同。

测量蜗杆时,把齿厚游标卡尺读数调整到等于齿顶高(蜗杆齿顶高等于模数 m_s),法向卡入齿廓,测得的读数是蜗杆中径(d_2)的法向齿厚。但图纸上一般注明的是轴向齿厚,必须进行换算。法向齿厚 S_n 的换算公式如下:

$$S_n = \frac{\pi m_s}{2} \cos\tau$$

以上所介绍的各种游标卡尺都存在一个共同的问题,就是读数不很清晰,容易读错,有时不得不借助放大镜将读数部分放大。现有游标卡尺采用无视差结构,使游标刻线与主尺刻线处在同一平面上,消除了在读数时因视线倾斜而产生的视差;有的卡尺装有测微表成为带表卡尺(图 2 - 23),便于读数准确,提高了测量精度;更有一种带有数字显示装置的游标卡尺(图 2 - 24),这种游标卡尺在零件表面上量得尺寸时,就直接用数字显示出来,其使用极为方便。

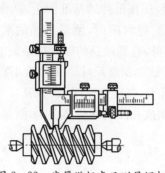

图2-22 齿厚游标卡尺测量蜗杆

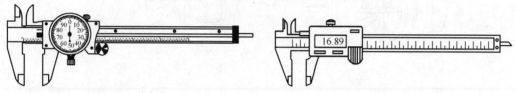

图2-23 带表卡尺   图2-24 数字显示游标卡尺

带表卡尺的规格见表2-3。数字显示游标卡尺的规格见表2-4。

表2-3 带表卡尺规格   (mm)

测量范围	指示表读数值	指示表示值误差范围
0～150	0.01	1
0～200	0.02	1;2
0～300	0.05	5

表2-4 数字显示游标卡尺

名　　称	数显游标卡尺	数显高度尺	数显深度尺
测量范围/mm	0～150;0～200 0～300;0～500	0～300;0～500	0～200
分辨率/mm	0.01		
测量精度/mm	(0～200)0.03;(200～300)0.04;(300～500)0.05		
测量移动速度/(m/s)	1.5		
使用温度/℃	0～40		

课题4　螺旋测微量具

应用螺旋测微原理制成的量具,称为螺旋测微量具。它们的测量精度比游标卡尺高,并且测量比较灵活,因此,当加工精度要求较高时多被应用。常用的螺旋读数量具有百分尺和千分尺。百分尺的读数值为0.01mm,千分尺的读数值为0.001mm。工厂习惯上把百分尺和千分尺统称为百分尺或分厘卡。目前车间里大量用的是读数值为0.01mm的百分尺。

百分尺的种类很多,机械加工车间常用的有外径百分尺、内径百分尺、深度百分尺以及螺纹百分尺和公法线百分尺等,并分别测量或检验零件的外径、内径、深度、厚度以及螺纹的中径和齿轮的公法线长度等。

2.4.1　外径百分尺的结构

各种百分尺的结构大同小异,常用外径百分尺是用以测量或检验零件的外径、凸肩厚度以及板厚或壁厚等(测量孔壁厚度的百分尺,其量面呈球弧形)。百分尺由尺架、测微头、测力装置和制动器等组成。图2-25是测量范围为0~25mm的外径白分尺。尺架1的一端装着固定测砧2,另一端装着测微头。固定测砧和测微螺杆的测量面上都镶有硬质合金,以提高测量面的使用寿命。尺架的两侧面覆盖着绝热板12,使用百分尺时,手拿在绝热板上,防止人体的热量影响百分尺的测量精度。

1. 百分尺的测微头

图2-25中的3~9是百分尺的测微头部分。带有刻度的固定刻度套筒5用螺钉固定在螺纹轴套4上,而螺纹轴套又与尺架紧配结合成一体。在固定刻度套筒5的外面有一带刻度的活动微分筒6,它用锥孔通过接头8的外圆锥面再与测微螺杆3相连。测微螺杆3的一端是测量杆,并与螺纹轴套上的内孔定心间隙配合;中间是精度很高的外螺纹,与螺纹轴套4上的内螺纹精密配合,可使测微螺杆自如旋转而其间隙极小;测微螺杆另一端的外圆锥与内圆锥接头8的内圆锥相配,并通过顶端的内螺纹与测力装置10连接。当测力装置的外螺纹旋紧在测微螺杆的内螺纹上时,测力装置就通过垫片9紧压接头8,而接头8上开有轴向槽,有一定的胀缩弹性,能沿着测微螺杆3上的外圆锥胀大,从而使微分筒6与测微螺杆和测力装置结合成一体。当用手旋转测力装置10时,就带动测微螺杆3和微分筒6一起旋转,并沿着精密螺纹的螺旋线方向运动,使百分尺两个测量面之间的距离发生变化。

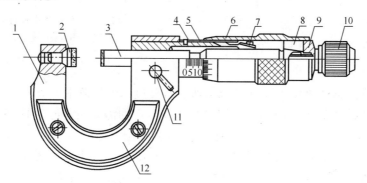

图2-25　0~25mm外径百分尺

1—尺架;2—固定测砧;3—测微螺杆;4—螺纹轴套;5—固定刻度套筒;6—微分筒;
7—调节螺母;8—接头;9—垫片;10—测力装置;11—锁紧螺钉;12—绝热板。

2. 百分尺的测力装置

百分尺测力装置的结构如图2-26所示,主要依靠一对棘轮3和4的作用。棘轮4与转帽5连接成一体,而棘轮3可压缩弹簧2在轮轴1的轴线方向移动,但不能转动。弹簧2的弹力是控制测量压力的,螺钉6使弹簧压缩到百分尺所规定的测量压力。当手握转帽5顺时针旋转测力装置时,若测量压力小于弹簧2的弹力,转帽的运动就通过棘轮传给轮轴1(带动测微螺杆旋转),使百分尺两测量面之间的距离继续缩短,即继续卡紧零件;当测量压力达到或略微超过弹簧的弹力时,棘轮3与4在其啮合斜面的作用下,压缩弹簧2,使棘轮4沿着棘轮3的啮合斜面滑动,转帽的转动就不能带动测微螺杆旋转,同时发出嘎嘎的棘轮跳动声,表示已达到了额定测量压力,从而达到控制测量压力的目的。当转帽逆时针旋转时,棘轮4是用垂直面带动棘轮3,不会产生压缩弹簧的压力,始终能带动测微螺杆退出被测零件。

3. 百分尺的制动器

百分尺的制动器,就是测微螺杆的锁紧装置,其结构如图2-27所示。制动轴4的圆周上,有一个开着深浅不均的偏心缺口,对着测微螺杆2。当制动轴以缺口的较深部分对着测量杆时,测量杆2就能在轴套3内自由活动,当制动轴转过一个角度,以缺口的较浅部分对着测量杆时,测量杆就被制动轴压紧在轴套内不能运动,达到制动的目的。

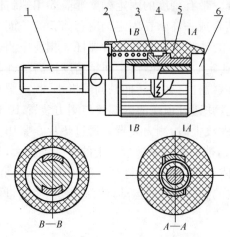

图2-26 百分尺测力装置的结构

1—轮轴;2—压缩弹簧;3、4—棘轮;5—转冒;6—螺钉。

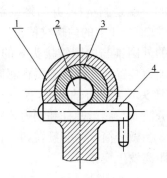

图2-27 百分尺的制动器

1—壳;2—测微螺杆;3—轴套;4—制动轴。

4. 百分尺的测量范围

百分尺测微螺杆的移动量为25mm,所以百分尺的测量范围一般为25mm。为了使百分尺能测量更大范围的长度尺寸,以满足工业生产的需要,百分尺的尺架做成各种尺寸,形成不同测量范围的百分尺。目前,国产百分尺测量范围的尺寸(mm)分段为:0～25;25～50;50～75;75～100;100～125;125～150;150～175;175～200;200～225;225～250;250～275;275～300;300～325;325～350;350～375;375～400;400～425;425～450;450～475;475～500;500～600;600～700;700～800;800～900;900～1000。

测量上限大于300mm的百分尺,也可把固定测砧做成可调式的或可换测砧,从而使此百分尺的测量范围为100mm。

测量上限大于1000mm的百分尺,也可将测量范围制成500mm,目前国产最大的百分尺测量范围为2500mm～3000mm。

2.4.2 百分尺的精度及其调整

1. 百分尺的工作原理

外径百分尺的工作原理就是应用螺旋读数机构,它包括一对精密的螺纹——测微螺

38

杆与螺纹轴套(如图 2-25 中的 3 和 4)和一对读数套筒——固定套筒与微分筒(如图 2-25 中的 5 和 6)。

用百分尺测量零件的尺寸,就是把被测零件置于百分尺的两个测量面之间,所以两测砧面之间的距离,就是零件的测量尺寸。当测微螺杆在螺纹轴套中旋转时,由于螺旋线的作用,测量螺杆就有轴向移动,使两测砧面之间的距离发生变化。如测微螺杆按顺时针的方向旋转一周,两测砧面之间的距离就缩小一个螺距。同理,若按逆时针方向旋转一周,则两砧面的距离就增大一个螺距。常用百分尺测微螺杆的螺距为 0.5mm。因此,当测微螺杆顺时针旋转一周时,两测砧面之间的距离就缩小 0.5mm。当测微螺杆顺时针旋转不到一周时,缩小的距离就小于一个螺距,它的具体数值,可从与测微螺杆结成一体的微分筒的圆周刻度上读出。微分筒的圆周上刻有 50 个等分线,当微分筒转一周时,测微螺杆就推进或后退 0.5mm,微分筒转过它本身圆周刻度的一小格时,两测砧面之间转动的距离为 $0.5 \div 50 = 0.01 (\text{mm})$。

由此可知:百分尺上的螺旋读数机构,可以正确地读出 0.01mm,也就是百分尺的读数值为 0.01mm。

2. 百分尺的读数方法

在百分尺的固定套筒上刻有轴向中线,作为微分筒读数的基准线。另外,为了计算测微螺杆旋转的整数转,在固定套筒中线的两侧,刻有两排刻线,刻线间距均为 1mm,上下两排相互错开 0.5mm。

百分尺的具体读数方法可分为以下三步。

(1) 读出固定套筒上露出的刻线尺寸,一定要注意不能遗漏应读出的 0.5mm 的刻线值。

(2) 读出微分筒上的尺寸,要看清微分筒圆周上哪一格与固定套筒的中线基准对齐,将格数乘 0.01mm 即得微分筒上的尺寸。

(3) 将上面两个数相加,即为百分尺上测得尺寸。

如图 2-28(a)所示,在固定套筒上读出的尺寸为 8mm,微分筒上读出的尺寸为 27(格)×0.01mm＝0.27mm,上两数相加即得被测零件的尺寸为 8.27mm;如图 2-28(b)所示,在固定套筒上读出的尺寸为 8.5mm,在微分筒上读出的尺寸为 27(格)×0.01mm＝0.27mm,上两数相加即得被测零件的尺寸为 8.77mm。

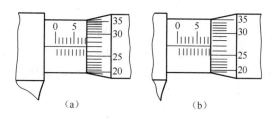

(a)   (b)

图 2-28　百分尺的读数

2.4.3　百分尺的精度及其调整

百分尺是一种应用很广的精密量具,按它的制造精度,可分 0 级和 1 级两种:0 级精度较高,1 级次之。百分尺的制造精度,主要由它的示值误差和测砧面的平面平行度公差的大小来决定,小尺寸百分尺的精度要求,见表2-5。从百分尺的精度要求可知,用百分尺测量IT6级～IT10级精度的零件尺寸较为合适。

表2-5　百分尺的精度要求　　　　　　　　　（mm）

测量上限	示 值 误 差		两测量面平行度	
	0级	1级	0级	1级
15;25	±0.002	±0.004	0.001	0.002
50	±0.002	±0.004	0.0012	0.0025
75;100	±0.002	±0.004	0.0015	0.003

百分尺在使用过程中,由于磨损,特别是使用不妥当时,会使百分尺的示值误差超差,所以应定期进行检查,进行必要的拆洗或调整,以便保持百分尺的测量精度。

1. 校正百分尺的零位

百分尺如果使用不妥,零位就要走动,使测量结果不正确,容易造成产品质量事故。所以,在使用百分尺的过程中,应当校对百分尺的零位。"校对百分尺的零位",就是把百分尺的两个测砧面擦干净,转动测微螺杆使它们贴合在一起(这是指0～25mm的百分尺而言,若测量范围大于0～25mm时,应该在两测砧面间放上校对样棒),检查微分筒圆周上的"0"刻线,是否对准固定套筒的中线,微分筒的端面是否正好使固定套筒上的"0"刻线露出来。如果两者位置都是正确的,就认为百分尺的零位是对的,否则就要进行校正,使之对准零位。

如果零位是由于微分筒的轴向位置不对,如微分筒的端部盖住固定套筒上的"0"刻线,或"0"刻线露出太多,0.5的刻线搞错,必须进行校正。此时,可用制动器把测微螺杆锁住,再用百分尺的专用扳手,插入测力装置轮轴的小孔内,把测力装置松开(逆时针旋转),微分筒就能进行调整,即轴向移动一点,使固定套筒上的"0"线正好露出来,同时使微分筒的零线对准固定套筒的中线,然后把测力装置旋紧。

如果零位是由于微分筒的零线没有对准固定套筒的中线,也必须进行校正。此时,可用百分尺的专用扳手,插入固定套筒的小孔内,把固定套筒转过一点,使之对准零线。

但当微分筒的零线相差较大时,不应当采用此法调整,而应该采用松开测力装置转动微分筒的方法来校正。

2. 调整百分尺的间隙

百分尺在使用过程中,由于磨损等原因,会使精密螺纹的配合间隙增大,从而使示值误差超差,必须及时进行调整,以便保持百分尺的精度。

经过上述调整的百分尺,除必须校对零位外,还应当用表2-6所列的第7套检定量块,检验百分尺的五个尺寸的测量精度,确定百分尺的精度等级后,才能移交使用。例如,用5.12、10.24、15.36、21.5、25等五个块规尺寸检定0～25mm的百分尺,它的示值误差应符合表2-5的要求,否则应继续修理。

2.4.4　百分尺的使用方法

百分尺使用得是否正确,对保持精密量具的精度和保证产品质量的影响很大,指导人员和实习的学生必须重视量具的正确使用,使测量技术精益求精,务使获得正确的测量结果,确保产品质量。

使用百分尺测量零件尺寸时,必须注意下列几点。

(1) 使用前,应把百分尺的两个测砧面擦干净,转动测力装置,使两测砧面接触(若测量上限大于25mm时,在两测砧面之间放入校对量杆或相应尺寸的量块),接触面上应没有间隙和漏光现象,同时微分筒和固定套筒要对准零位。

(2) 转动测力装置时,微分筒应能自由灵活地沿着固定套筒活动,没有任何轧卡和不灵活的现象。如有活动不灵活的现象,应送计量站及时检修。

(3) 测量前,应把零件的被测量表面擦干净,以免有脏物存在时影响测量精度。绝对不允许用百分尺测量带有研磨剂的表面,以免损伤测量面的精度。也不得用百分尺测量表面粗糙的零件,这样易使测砧面过早磨损。

(4) 用百分尺测量零件时,应当手握测力装置的转帽来转动测微螺杆,使测砧表面保持标准的测量压力,即听到"嘎嘎"的声音,表示压力合适,并可开始读数。要避免因测量压力不等而产生测量误差。

绝对不允许用力旋转微分筒来增加测量压力,使测微螺杆过分压紧零件表面,致使精密螺纹因受力过大而发生变形,损坏百分尺的精度。有时用力旋转微分筒后,虽因微分筒与测微螺杆间的连接不牢固,对精密螺纹的损坏不严重,但是微分筒打滑后,百分尺的零位走动了,就会造成质量事故。

(5) 使用百分尺测量零件时(图 2-29),要使测微螺杆与零件被测量的尺寸方向一致。如测量外径时,测微螺杆要与零件的轴线垂直,不要歪斜。测量时,可在旋转测力装置的同时,轻轻地晃动尺架,使测砧面与零件表面接触良好。

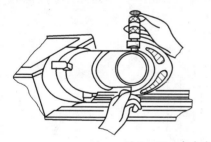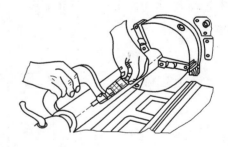

图 2-29 在车床上使用外径百分尺的方法

(6) 用百分尺测量零件时,最好在零件上进行读数,放松后取出百分尺,这样可减少测砧面的磨损。如果必须取下读数时,应用制动器锁紧测微螺杆后,再轻轻滑出零件,把百分尺当卡规使用是错误的,因为这样做不但易使测量面过早磨损,甚至会使测微螺杆或尺架发生变形而失去精度。

(7) 在读取百分尺上的测量数值时,要特别留心不要读错 0.5mm。

(8) 为了获得正确的测量结果,可在同一位置上再测量一次。尤其是测量圆柱形零件时,应在同一圆周的不同方向测量几次,检查零件外圆有没有圆度误差,再在全长的各个部位测量几次,检查零件外圆有没有圆柱度误差等。

(9) 对于超常温的工件,不要进行测量,以免产生读数误差。

(10) 用单手使用外径百分尺时,如图 2-30(a)所示,可用大拇指和食指或中指捏住活动套筒,小指勾住尺架并压向手掌上,大拇指和食指转动测力装置就可测量。用双手测

41

量时,可按图 2-30(b)所示的方法进行。图 2-31 为错误操作方法。

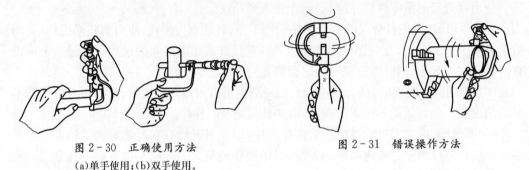

图 2-30 正确使用方法　　　　　　　图 2-31 错误操作方法
(a)单手使用;(b)双手使用。

课题 5 量 块

2.5.1 量块的用途和精度

量块又称块规,它是机器制造业中控制尺寸的最基本的量具,是从标准长度到零件之间尺寸传递的媒介,是技术测量上长度计量的基准。

长度量块是用耐磨性好、硬度高而不易变形的轴承钢制成矩形截面的长方块,如图2-32所示。它有上、下两个测量面和四个非测量面。两个测量面是经过精密研磨和抛光加工的很平、很光的平行平面。量块的矩形截面尺寸是:基本尺寸 0.5mm～10mm 的量块,其截面尺寸为 30mm×9mm;基本尺寸大于 10mm～1000mm,其截面尺寸为35mm×9mm。

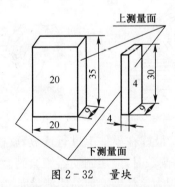

图 2-32 量块

量块的工作尺寸不是指两测面之间任何处的距离,因为两测面不是绝对平行的,因此量块的工作尺寸是指中心长度,即量块的一个测量面的中心至另一个测量面相粘合面(其表面质量与量块一致)的垂直距离。在每块量块上,都标记着它的工作尺寸:当量块尺寸等于或大于 6mm 时,工作标记在非工作面上;当量块在 6mm 以下时,工作尺寸直接标记在测量面上。

量块的精度,根据它的工作尺寸(即中心长度)的精度和两个测量面的平面平行度的准确程度,分成五个精度级:00 级、0 级、1 级、2 级和 3 级。0 级量块的精度最高,工作尺寸和平面平行度等都做得很准确,只有零点几微米的误差,一般仅用于省市计量单位作为检定或校准精密仪器使用。1级量块的精度次之,2级更次之。3级量块的精度最低,一般作为工厂或车间计量站使用的量块,用来检定或校准车间常用的精密量具。

量块是精密的尺寸标准,不容易制造。为了使工作尺寸偏差大的量块,仍能作为精密的长度标准使用,可将量块的工作尺寸检定得准确些,在使用时加上量块检定的修正值。这样做,虽在使用时比较麻烦,但它可以将偏差稍大的量块,仍作为尺寸的精密标准。

2.5.2 成套量块和量块尺寸的组合

量块是成套供应的,并每套装成一盒。每盒中有各种不同尺寸的量块,其尺寸编组有一定的规定。常用成套量块的块数和每块量块的尺寸,见表2-6。

表2-6 成套量块的编组（GB/T 6093－2001）

套别	总块数	精度级别	尺寸系列/mm	间隔/mm	块数
1	91	00,0,1	0.5,1	—	2
			1.001,1.002,…,1.009	0.001	9
			1.01,1.02,…,1.49	0.01	49
			1.5,1.6,…,1.9	0.1	5
			2.0,2.5,…,9.5	0.5	16
			10,20,…,100	10	10
2	83	00,0,1,2,(3)	0.5,1,1.005	—	3
			1.01,1.02,…,1.49	0.01	49
			1.5,1.6,…,1.9	0.1	5
			2.0,2.5,…,9.5	0.5	16
			10,20,…,100	10	10
3	46	0,1,2	1	—	1
			1.001,1.002,…,1.009	0.001	9
			1.01,1.02,…,1.09	0.01	9
			1.1,1.2,…,1.9	0.1	9
			2,3,…,9	1	8
			10,20,…,100	10	10
4	38	0,1,2,(3)	1,1.005	—	2
			1.01,1.02,…,1.09	0.01	9
			1.1,1.2,…,1.9	0.1	9
			2,3,…,9	1	8
			10,20,…,100	10	10
5	10^-	00,0,1	0.991,0.992,…,1	0.001	10
6	10^+		1,1.001,…,1.009	0.001	10
7	10^-		1.991,1.992,…,2	0.001	10
8	10^+		2,2.001,…,2.009	0.001	10
9	8	00,0,1,2,(3)	125,150,175,200,250, 300,400,500	—	8
10	5		600,700,800,900,1000	—	5

在总块数为83块和38块的两盒成套量块中,有时带有四块护块,所以每盒成为87

43

块和42块了。护块即保护量块,主要是为了减少常用量块的磨损,在使用时可放在量块组的两端,以保护其他量块。

每块量块只有一个工作尺寸。但由于量块的两个测量面做得十分准确而光滑,具有可黏合的特性。即将两块量块的测量面轻轻地推合后,这两块量块就能黏合在一起,不会自己分开,好像一块量块一样。由于量块具有可黏合性,每块量块只有一个工作尺寸的缺点就克服了。利用量块的可黏合性,就可组成各种不同尺寸的量块组,大大扩大了量块的应用。但为了减少误差,希望组成量块组的块数不超过4块~5块。

为了使量块组的块数为最小值,在组合时就要根据一定的原则来选取块规尺寸,即首先选择能去除最小位数的尺寸的量块。例如,若要组成87.545mm的量块组,其量块尺寸的选择方法如下:

量块组的尺寸:87.545mm

选用的第一块量块尺寸:1.005mm

剩下的尺寸:86.54mm

选用的第二块量块尺寸:1.04mm

剩下的尺寸:85.5mm

选用的第三块量块尺寸:5.5mm

剩下的即为第四块尺寸:80mm

量块是很精密的量具,使用时必须注意以下几点。

(1) 使用前,先在汽油中洗去防锈油,再用清洁的麂皮或软绸擦干净。不要用棉纱头去擦量块的工作面,以免损伤量块的测量面。

(2) 清洗后的量块,不要直接用手去拿,应当用软绸衬起来拿。若必须用手拿量块时,应当把手洗干净,并且要拿在量块的非工作面上。

(3) 把量块放在工作台上时,应使量块的非工作面与台面接触。不要把量块放在蓝图上,因为蓝图表面有残留化学物,会使量块生锈。

(4) 不要使量块的工作面与非工作面进行推合,以免擦伤测量面。

(5) 量块使用后,应及时在汽油中清洗干净,用软绸擦干后,涂上防锈油,放在专用的盒子里。若经常需要使用,可在洗净后不涂防锈油,放在干燥缸内保存。绝对不允许将量块长时间地黏合在一起,以免由于金属黏结而引起不必要损伤。

课题6 角度量具

2.6.1 万能角度尺

万能角度尺是用来测量精密零件内外角度或进行角度划线的角度量具,它有游标量角器、万能角度尺等。

万能角度尺的读数机构,如图2-33所示,由刻有基本角度刻线的尺座1和固定在扇形板6上的游标3组成。扇形板可在尺座上回转移动(有制动器5),形成了和游标卡尺相似的游标读数机构。

万能角度尺尺座上的刻度线每格1°。由于游标上刻有30格,所占的总角度为29°,

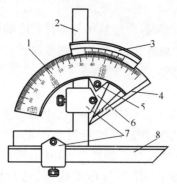

图 2-33 万能角度尺

1—尺座;2—角尺;3—游标;4—基尺;5—制动尺;6—扇形尺;7—卡尺;8—直尺。

因此,两者每格刻线的度数差是 $1° - \frac{29°}{30} = \frac{1°}{30} = 2'$,即万能角度尺的精度为 $2'$。

万能角度尺的读数方法和游标卡尺相同,先读出游标零线前的角度是几度,再从游标上读出角度"分"的数值,两者相加就是被测零件的角度数值。

在万能角度上,基尺 4 是固定在尺座上的,角尺 2 是用卡块 7 固定在扇形板上,可移动尺 8 是用卡块固定在角尺上。若把角尺 2 拆下,也可把直尺 8 固定在扇形板上。由于角尺 2 和直尺 8 可以移动和拆换,使万能角度尺可以测量 $0° \sim 320°$ 的任何角度,如图2-34所示。

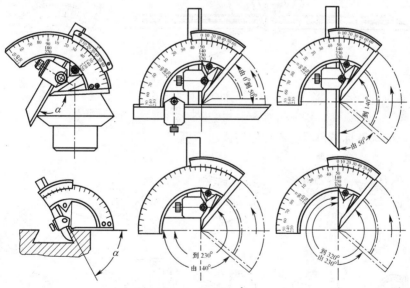

图 2-34 万能量角尺的应用

由图 2-35 可见,角尺和直尺全装上时,可测量 $0° \sim 50°$ 的外角度,仅装上直尺时,可测量 $50° \sim 140°$ 的角度,仅装上角尺时,可测量 $140° \sim 230°$ 的角度,把角尺和直尺全拆下时,可测量 $230° \sim 320°$ 的角度(即可测量 $40° \sim 130°$ 的内角度)。

万能量角尺的尺座上,基本角度的刻线只有 $0° \sim 90°$,如果测量的零件角度大于 $90°$,则在读数时,应加上一个基数($90°$;$180°$;$270°$)。当零件角度为 $90° \sim 180°$ 时,被测角度 = $90°$ + 量角尺读数;为 $180° \sim 270°$ 时,被测角度 = $180°$ + 量角尺读数;为 $270° \sim 320°$ 时,被测角度＝270°＋量角尺读数。

用万能角度尺测量零件角度时,应使基尺与零件角度的母线方向一致,且零件应与量角尺的两个测量面的全长上接触良好,以免产生测量误差。

2.6.2 游标量角器

游标量角器的结构如图 2-35(a)所示。它由直尺 1、转盘 2、固定角尺 3 和定盘 4 组成。直尺 1 可顺其长度方向在适当的位置上固定,转盘 2 上有游标刻线 5。它的精度为 5′。产生这种精度的刻线原理如图 2-35(b)所示。定盘上每格角度线是 1°,转盘上自零度线起,左右各刻有 12 等分角度线,其总角度是 23°。所以游标上每格的度数是

$$\frac{23°}{12} = 115' = 1°55'$$

定盘上 2 格与转盘上 1 格相差度数是

$$2° - 1°55' = 5'$$

即这种量角器的精度为 5′。

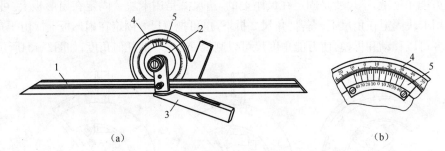

（a）　　　　　　　　　　　　　　　　　（b）

图 2-35　游标量角器

1—直尺;2—转盘;3—固定角尺;4—定盘;5—游标刻线。

图 2-36 为游标量角器的各种使用方法示例。

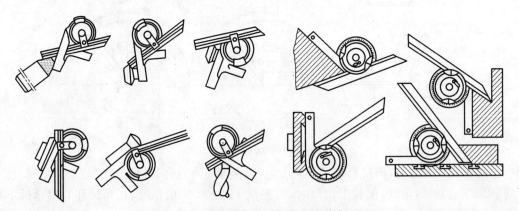

图 2-36　游标量角器的各种使用方法示例

2.6.3　万能角尺

万能角尺如图 2-37 所示。主要用于测量一般的角度、长度、深度、水平度以及在圆

形工件上定中心等。又称万能钢角尺、万能角度尺、组合角尺。它由钢尺1、活动量角器2、中心角规3、固定角规4组成。其钢尺的长度为300mm。

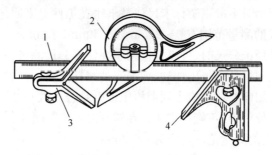

图2-37 万能角尺

1—钢尺；2—活动量角器；3—中心角规；4—固定角规。

1. 钢尺

钢尺是万能角尺的主件，使用时与其他附件配合。钢尺正面刻有尺寸线，背面有一条长槽，用来安装其他附件。

2. 活动量角器

活动量角器上有一转盘，盘面刻有0°～180°的刻度，当中还有水准器。把这个量角器装上钢尺以后，可量出0°～180°范围内的任意角度。扳成需要角度后，用螺钉紧固。

3. 中心角规

中心角规的两条边成90°。装上钢尺后，尺边与钢尺成45°，可用来求出圆形工件的中心。

4. 固定角规

固定角规有一长边，装上钢尺后成90°。另一条斜边与钢尺成45°。在长边的一端插一根划针作划线用。旁边还有水准器。

图2-38为万能角尺应用示例。

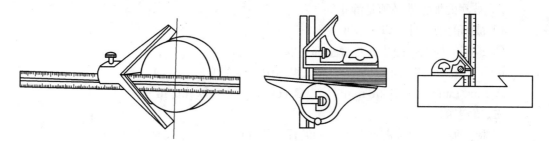

图2-38 万能角尺应用示例

思考与练习

一、判断题

（　　）1. 卡尺只有上下量爪可以测试尺寸，其他地方不可以测试尺寸。

（　　）2. 卡尺使用后应将卡尺放在工具盒内，不乱拿乱放。

（　　　）3. 检查游标卡尺零位，使游标卡尺两量爪紧密贴合，用眼睛观察应无明显的光隙，不应有可见的白光，可见白光此卡尺为不合格卡尺。

（　　　）4. 卡尺使用时不准以游标卡尺代替卡钳在工件上来回拖拉。

（　　　）5. 千分尺的测量范围有 0～25mm、0～50mm、25mm～100mm。

（　　　）6. 使用外径千分尺时，可以直接用手握住千分尺测量。

（　　　）7. 百分表测量杆上可以加油，加油有助测杆滑动。

（　　　）8. 量具使用前要认真检查周期检定证书是否有效和外观质量。

（　　　）9. 百分表使用中，不能在机床还在转动时就去测量工件。

（　　　）10. 百分表的测量范围一般为 0～3mm、0～5mm 和 0mm～1000mm。

二、选择题

1. 卡尺有几种，分别是（　　　）。

A. 游标卡尺、带表卡尺　　　　　　B. 电子数显卡尺

C. 高度卡尺、深度卡尺　　　　　　D. 以上几种都包括

2. 卡尺的用途是测量工件（　　　）。

A. 卡尺只能测量产品内、外尺寸

B. 卡尺不能测试 厚度、深度和孔距尺寸

C. 卡尺可以测量产品内、外尺寸、宽度、厚度、深度和孔距尺寸

3. 卡尺的测量范围（　　　）。

A. 卡尺测量范围只有 150mm　　　　B. 卡尺测量范围只有 150mm～200mm

C. 卡尺测量范围可以根据使用者要求制定

4. 使用卡尺测量工件时使用的力度（　　　）。

A. 使用压力既不太大，也不太小，刚好使测量面与工件接触

B. 使用卡尺测试时要用大力推压，推压至工件拉不动为止

C. 使用卡尺测试时要用小力推压，推压至工件不用手扶可以掉出

5. 使用千分尺测量被加工的工件时，（　　　）。

A. 被测的加工件必须是静止的

B. 被测的加工件可以不静止

C. 被测的加工件静止或不静止都可以

6. 国标规定长度单位是（　　　），工程图中标注单位是（　　　）。

A. mm/mm　　　　　B. m/mm　　　　　C. cm /m　　　　　D. dm/m

三、填空题

1. 检定游标卡尺或游标深度尺的游标刻线面的棱边至主尺刻线面的距离，是为了控制_____。检定千分尺微分筒锥面的端面至固定套管毫米刻线右边缘的相对位置，是为了防止_____。

2. 在检定量块测量面研合性时，研合面之间可以有不显著的_____，研合以后应能察觉到_____的存在。

3. 量块在检定或_____时，它的各项技术指标都是以 20℃为标准温度的测量结果为准。

4. 测量误差是测量结果与被测量_____之差。

5. 测量是以确定_____为目的的全部操作过程。

6. 角度规是利用游标读数原理进行读数的一种计量器具,主要有_____类型。

7. 量块的实测值是通过一定测量方法,对量块_____所得到的长度。

8. 百分表的工作原理,是将被测工件尺寸变化引起的测杆微小_____,借助齿条_____机构的传动和放大,变为指针回转运动,从而在刻度盘上读出被测件尺寸的大小。

知识模块 3 钳 工

【导读】

钳工是一门历史悠久的加工技术。其历史可以追溯到二三千年以前,如古代铜镜,就是用研磨、抛光工艺最终制成的。在金属切削机床中最早出现的车床,它的产生也是钳工技术的功劳。目前随着现代化科技的发展,很多钳工工作被机械所代替,但钳工作为机械制造中一种必不可少的工序仍然具有相当重要的地位。在我们工作和生活中依然离不开它的影子,如机床设备维修、安装调试;部件、零件加工、装配及模具制作、生产等。

【能力要求】

1. 了解钳工在工业生产发展中的工作任务。

2. 了解钳工实训场所的设备和本工种操作中常用的工量刃具。

3. 熟悉应用钳工各种工、量、刃具及加工工艺。

4. 了解实训场所的各项规章制度及安全文明生产要求。

课题 1 入 门 知 识

钳工是切削加工中重要的工种之一。它是手持各种工具及机床辅助设备对金属进行切削加工的一种方法。它的特点是工作范围广,灵活性强,技艺要求高。因此,在目前机械制造和修配工作中,它仍是不可缺少的重要工种。根据钳工工种工作性质可细分为工具钳工、划线钳工、模具钳工、装配钳工、维修钳工等。但是它们同样具备钳工专业应有的划线、錾削、锯削、锉削、钻孔、铰孔、攻丝、套丝、刮削及研磨等技能。

钳工的应用范围很广,可以完成下列工作。

(1) 担任零件加工前的准备工作,如清理毛坯、在工件上划线等。

(2) 完成一般零件的某些加工工序,如钻孔、攻丝及去除毛刺等。

(3) 进行某些精密零件的精加工,如精密量具、夹具、模具等。

(4) 机械设备的维修和修理,以及进行装配和调试。

3.1.1 钳工的主要工作任务

钳工的工作范围很广。如各种机械设备的制造,首先是从毛坯经过加工和热处理等步骤成为零件,然后通过钳工把这些零件按机械的各项技术精度要求组件、部件装配和总装配,才能成为一台完整的机械;有些零件在加工前还要通过钳工来进行划线;有些零件的技术要求,采用机械加工方法不太适宜或不能解决,也要通过钳工工作来完成。

许多机械设备在使用过程中,出现损坏,产生故障或长期使用后失去使用精度,影响使用,也要通过钳工进行维护和修理。

在工业生产中,各种工夹量具以及各种专用设备等的制造,要通过钳工来完成。不断进行技术革新,改进工具和工艺,以提高劳动生产率和产品质量,也是钳工的重要任务。

3.1.2 钳工技能的学习要求

随着现代化机械工业的发展,钳工的技能技术工作范围更加广大、专业工作更加细腻,如无论钳工在现代机械自动化、电子信息控制化以及钳工具体分工操作化等。首先都应掌握好钳工的各项基本操作技能,如划线、錾削、锯削、锉削、钻孔、扩孔、锪孔、铰孔、攻螺纹和套螺纹、矫正和弯曲、铆接、刮削、研磨以及基本测量技能和简单的热处理工艺等,然后再根据分工不同进行进一步学习相关机械设备工艺性能及特性技能。

钳工基本操作技能巩固是保证产品质量生产的基础,也是钳工专业技能提升的基础,因此必须熟练掌握各项基本操作技能,才能在今后工作中逐步做得到得心应手,运用自如。

钳工基本操作技能项目较多,各项技能的学习掌握又具有一定的相互关系,因此要求我们必须循序渐进,由易到难,由简单到复杂,一步一步地对每项操作严格要求学习好、掌握好,不能偏废任何一方面。还要自觉遵守纪律,有吃苦耐劳精神,严格按照每个课题要求进行实训操作,只有这样,才能很好地完成基础训练。

3.1.3 钳工常用设备及操作姿势

1. 台虎钳

它是用来夹持工件的通用夹具,安装在钳工台上,其规格用钳口宽度来表示,常用规格有 100mm、125mm、150mm 等,如图 3 - 1 所示。

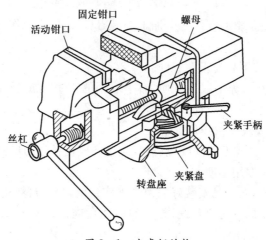

图 3 - 1 台虎钳结构

台虎钳在安装时,必须使固定钳身的钳口一部分处在钳台边缘外,保证夹持长条形工件时,工件不受钳台边缘的阻碍。钳身一定牢固地固定在钳台上,两个压紧螺钉必须扳紧,使虎钳钳身在加工时没有松动现象,否则会损坏虎钳和影响加工。

在夹紧工件时只许用手的力量扳动手柄,绝不许用锤子或其他套筒扳动手柄,以免丝杠、螺母或钳身损坏。不能在钳口上敲击工件,而应该在固定钳身的平台上,否则会损坏钳口。

台虎钳使用注意事项：

(1) 工件应尽量夹在虎钳钳口中部，以使钳口受力均匀。

(2) 当转动手柄来夹紧工件时，只能用手扳紧手柄，决不能接长手柄或用手锤敲击手柄，以免钳丝杠或螺母上的螺纹损坏或台虎钳身断裂。

(3) 锤击工件只可在砧面上进行，其他部分不许用手锤直接打击。

2. 钳工工作台

钳工工作台也称钳工桌，一般是用木材制成，要求坚实和平稳。台面高度为 800mm～900mm，台上装有防护网，如图 3-2 所示。

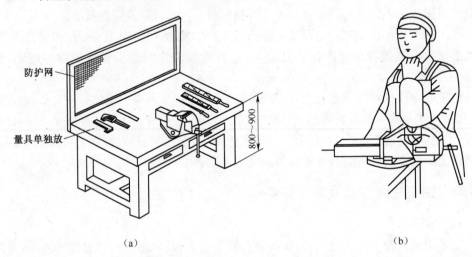

图 3-2　钳工工作台及台虎钳的合适高度

(a)工量具放置；(b)台虎钳的高度选择。

钳工台的用途主要是整齐存放各类加工工量刃具，以便钳工作业操作时取放方便，提高工作效率。

工量具的安放，应按下列要求布置(图 3-2(a))。

(1) 在钳台上作业时，为了取用方便，右手取用的工量具放在右边，左手取用的工量具放在左边，各自排列整齐，且不能使其伸出钳台边缘。

(2) 常用工量具，要放在工作位置附近。

(3) 量具不能与工具或工件混放在一起，应整齐放在各自的量具盒或专用个架上，以免造成工量具的损坏及取用不便。

台虎钳高度的选择，站在已安装好的钳工工作台前，身体自然站直，两眼平视前方，举起左手，握拳贴靠下巴，以曲时靠台虎钳口，曲肘离台虎钳口 0～3cm 都为适合钳工姿势操作高度，如图 3-2(b)所示。

3.1.4　钳工站立步位与运作姿势

锉削与锯削站立姿势及操作姿势基本相似，锉削和锯削动作是由身体和手臂运动合成的。

锉削时的站立步位和姿势(图 3-3)及动作姿势(图 3-4)：双手握住锉刀纹在工件上面，左臂弯曲，小臂与待加工工件表面的左右方向保持基本平行，有小臂要与工件待加工表面前后保持基本平行,但要自然。锉削时,身体先于锉刀并与之一起向前,右脚伸直并稍向前倾,重心在左脚,左膝部呈弯曲状态。当锉刀挫至约 2/3 行程时,身体停止前进,两臂继续将锉刀向前推进,同时,左脚自然伸直并随着锉削的反作用力,将身体的重心后移,使身体恢复原位,并将锉刀收回。自然回复到初始状态,紧接着连贯重复操作,直到加工到需要的技术要求。

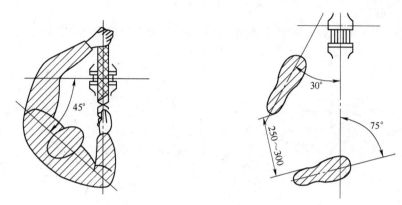

图 3-3　锉、锯削站立步位和姿势

（a）　　　　　（b）　　　　　（c）　　　　　（d）

图 3-4　锉、锯削运动动作姿势

课题 2　划　线

　　根据图样尺寸要求,用划线工具在毛坯或半成品工件上划出待加工部位的轮廓线或作为基准点、线的操作称为划线。

　　划线的作用:所划线的轮廓线即为毛坯或工件加工界限和依据,所划的基准点或线为毛坯或工件安装时的标记或校正线;借划线来检查毛坯或工件的尺寸和形状,并合理地分配各加工表面的余量,及早剔除不合格品,避免造成后续加工工时的浪费;在板料上划线下料,可以做到正确排料,使材料得到合理使用。

划线是一项复杂、细致的重要工作,如果将线划错,就会造成加工工件的报废,因此对划线的要求是:尺寸准确、位置正确、线条清晰、冲眼均匀。划线精度一般为 0.25mm～0.5mm,划线精度将直接关系到产品质量。

3.2.1 划线的种类

1. 平面划线

只需在一个平面上划线即能满足加工要求的,称为平面划线,如图 3-5(a)所示。

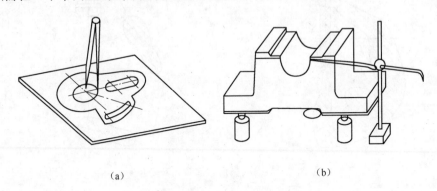

(a)   (b)

图 3-5　在工件或毛坯的一个平面上划线

(a)平面划线;(b)立体划线。

2. 立体划线

要同时在工件上几个不同方向的表面上划线才能满足加工要求的,称为立体划线,如图 3-5(b)所示。

划线要求线条清晰,尺寸准确。如划线错误,将会导致工件报废。由于划出的线条有一定宽度,划线误差为 0.25mm～0.5mm,故通常不能以划线来确定最后尺寸,需在加工过程中依靠测量来保证尺寸加工精度。

3.2.2 划线工具及应用

1. 划线平板

划线平板是划线的主要基准工具,它是用铸铁经过精细加工制成的。划线平板的基准平面平直、光滑、结构牢固、背面有若干肋板,如图 3-6 所示。

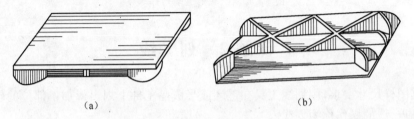

(a)   (b)

图 3-6　划线平板

(a)基准平面;(b)背面。

划线平板应平稳放置,保持水平,以便稳定支承工件。划线平板使用部位要均匀,以免局部磨损;要防止碰撞和锤击,以免降低准确度;应注意表面清洁,长期不用时应涂油防锈和加盖木板防护。

2. 划针

划针是在工件表面上划线的基本工具。划针是由弹簧钢丝或高速钢制成,直径一般为 ϕ3mm~5mm,尖端磨成 15°~20° 的尖角,并经热处理淬火使之硬化。有的划针在尖端部位焊有硬质合金,耐磨性更好。划针的形状及应用如图 3-7 所示。

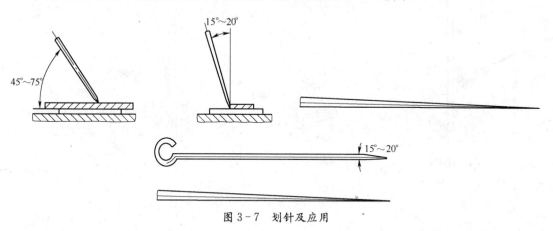

图 3-7 划针及应用

3. 直角尺

直角尺的两边呈精确的直角和检测刀口。直角尺有两种类型:图 3-8(a)为刀口直角角尺,用于平面划线中划垂直线及对工件表面平面度和垂直度的检测;图 3-8(b)为宽座直角尺,用在立体的划线中划垂直线或找正垂直面。

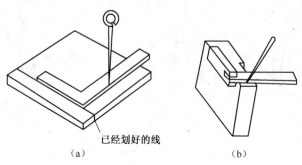

（a） （b）

图 3-8 直角尺选择及应用

4. 划规

划规可用于划圆和圆弧、等分线段、等分角度及量取尺寸等,如图 3-9 所示。

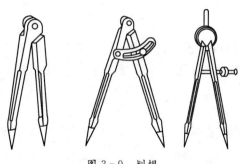

图 3-9 划规

5. 划针盘

划针盘是用于立体划线和找正工件位置用的工具。有普通划针盘和可调划针盘两种形式，如图3-10所示。调节划针高度，在平板上移动划针盘，即可在工件上划出与平板平行的线来。

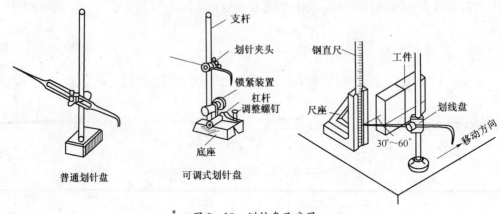

图3-10 划针盘及应用

6. 划卡

划卡又称单脚规，用以确定轴及孔中心位置，也可用来划平行线，如图3-11所示。

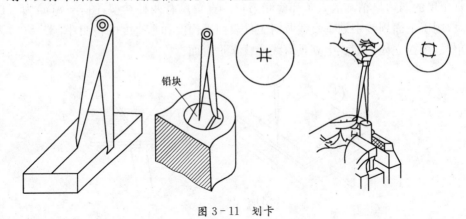

图3-11 划卡

7. 高度游标尺

高度游标尺是精密工具，既可测量高度，又可用于半成品的精密划线，其精度一般为0.02mm。但不可直接对毛坯划线，以防损坏硬质合金划线刀刃，影响划线质量，如图3-12所示。

8. 千斤顶

千斤顶是在平板上用以支承工件的部件，如图3-13(b)所示。用千斤顶支承工件平面如图3-13(a)所示。通常千斤顶是3个一组使用，其高度可以调整，以便找正工件。

9. V形铁

V形铁是在平板上用以支承工件的。工件的圆柱面用V形铁支承，要使工件轴线与平板平行，如图3-14所示。

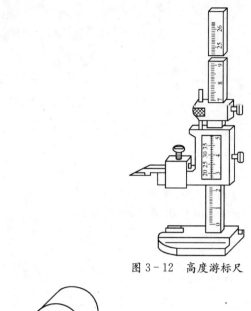

图 3-12 高度游标尺

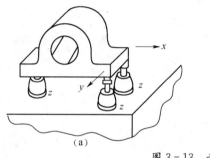

（a）

丝杠

千斤
顶座

（b）

图 3-13 千斤顶

10. 方箱

方箱是用铸铁制成的空心立方体,六面都经过精加工,相邻平面互相垂直,相对平面互相平行,如图 3-15 所示。方箱上设有 V 形槽和压紧装置,通过翻转方箱便可把工件上互相垂直的线在一次安装中全部划出来。

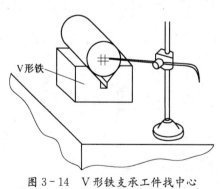

V形铁

图 3-14 V 形铁支承工件找中心

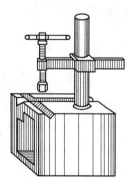

图 3-15 方箱上划线

11. 样冲

划出的线条在加工过程中容易被擦去,故要在划好的线段上用样冲打出小而分布均匀的样冲眼,如图 3-16(a)所示。钻孔前的圆心也要打样冲眼,以便钻头定位,如图 3-16(b)所示为样冲及其使用方法。

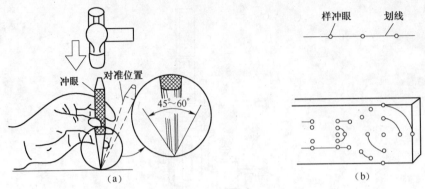

图 3-16 样冲

(a)样冲及使用方法;(b)样冲眼的作用。

3.2.3 划线基准

基准是零件上用来确定点、线、面位置的依据。作为划线依据的基准称为划线基准。一般可以选重要孔的中心线或已加工面作划线基准,如图 3-17 所示。

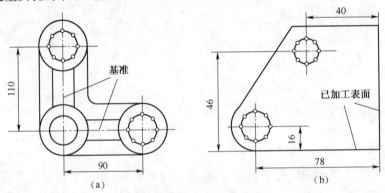

图 3-17 划线基准

3.2.4 平面划线

平面划线与机械制图相似,所不同的是前者使用划线工具。图 3-18 是在齿坯上划

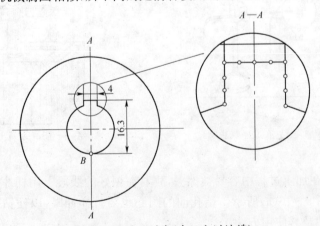

图 3-18 平面划线(齿坯上划键槽)

键槽的示例。它属于半成品划线,其步骤如下:

(1) 先划出基准线 A—A。

(2) 在 A—A 线两边间隔 2mm 划出两条平行线,为键槽宽度界线。

(3) 从 B 点量取 16.3mm 划与 A—A 线的垂直线,为键槽的深度界线。

(4) 校对尺寸无误后,打上样冲眼。

3.2.5 立体划线

1. 示例

图 3-19 所示为轴承座的立体划线方法。它属于毛坯划线。划线步骤如图 3-19 所示。

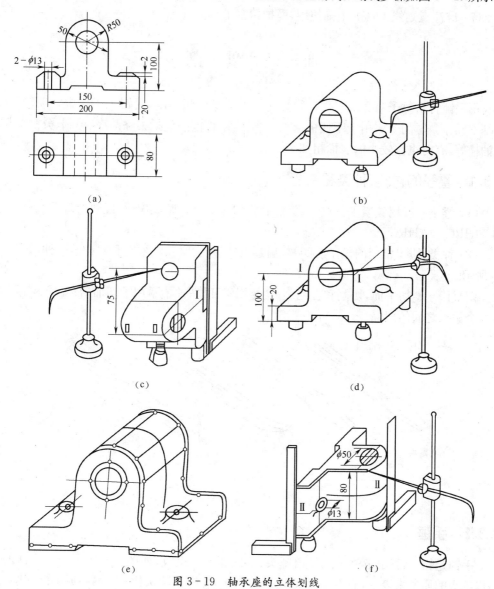

图 3-19 轴承座的立体划线

(a)轴承座零件图;(b)根据孔中心及上平面调节千斤顶,使工件水平;(c)划底面加工线和大孔的水平中心线;

(d)转 90°,用角尺找正,划大孔的垂直中心线及螺钉孔中心线;(e)再翻 90°,用直尺两个方向找正划螺钉孔;

(f)打样冲眼另一方向的中心线及大端面加工线。

59

2. 立体划线的准备工作及注意事项

（1）毛坯工件在划线前需清理，除去残留型砂及氧化皮，划线部位更应仔细清理，以便划出的线条明显、清晰。

（2）对照图纸，检查毛坯及半成品尺寸和质量，剔除不合格件。

（3）划线表面需涂上一层薄而均匀的涂料，毛坯面用大白浆；已加工面用紫色涂料（龙胆紫加虫胶和酒精）或绿色涂料（孔雀绿加虫胶和酒精）。

（4）用铅块或木块堵孔，以便确定孔的中心。

（5）工件支承要牢固、稳当，以防滑倒或移动。

（6）在一次支承中，应把需要划出的平行线划全，以免补划时费工、费时及造成误差。

（7）应注意划线工具的正确使用，爱护精密工具。

课题 3　錾　削

用手锤打击錾子对金属工件进行切削加工的操作叫錾削，是钳工工作中一项较重要的基本操作。錾削主要用于不便机械加工场合，工作范围包括去除凸缘、毛刺、分割材料、錾油槽等，有时也作较小的表面粗加工。

3.3.1　錾子的材料、种类和构造

（1）錾子一般用碳素工具钢锻成，然后将切削部分刃磨成楔形，经热处理后其硬度达到 56HRC～62HRC。

（2）种类：钳工常用的錾子有阔錾（扁錾）、狭錾（尖錾）、油槽錾和扁冲錾四种，如图 3-20 所示。

阔錾用于錾切平面，切割和去毛刺；狭錾用于开槽；油槽錾用于切油槽；扁冲錾用于打通两个钻孔之间的间隔。

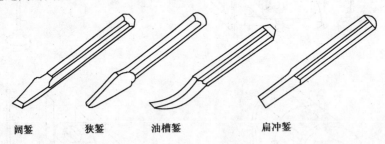

阔錾　　　狭錾　　　油槽錾　　　扁冲錾

图 3-20　常用錾子

3.3.2　手锤

手锤是钳工常用的敲击工具，由锤头、木柄和楔子组成，如图 3-21 所示。手锤的规格以锤头的质量来表示，有 0.46kg、0.69kg、0.92kg 等。锤头用 T7 钢制成，并经热处理淬硬。木柄用比较坚韧的木材制成，常用 0.69kg 手锤柄长约 350mm，木柄装在锤头中，必须稳固可靠，要防止脱落造成事故。为此，装木柄的孔做成椭圆形，且两端大中间小。

木柄敲紧在孔中后,端部再打入楔子可防松动。木柄做成椭圆形防止锤头孔发生转动以外,握在手中也不易转动,便于进行准确敲击。

图 3-21 手锤

1. 手锤的握法

(1)紧握法:用右手五指紧握锤柄,大拇指合在食指上,虎口对准锤头方向(木柄椭圆的长轴方向),木柄尾部露出 15mm～30mm。在挥锤和锤击过程中,五指始终紧握,如图 3-22(a)所示。

(2)松握法:只用大拇指和食指始终握紧手柄。在挥锤时,小指、无名指、中指依次放松;在锤击时,又以相反的方向依次收拢握紧。这种握法手不易疲劳,且锤击力大,故在本课题中作统一练习,如图 3-22(b)所示。

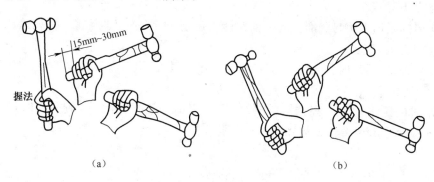

图 3-22 手锤握法
(a)手锤紧握法;(b)手锤松握法。

2. 錾子的握法

(1)正握法:手心向下,腕部伸直,用中指、无名指握住錾子,小指自然合拢,食指和大拇指自然伸直地松靠,錾子头部伸出约 20mm(图 3-23(a))。

(2)反握法:手心向上,手指自然捏住錾子,手掌悬空(图 3-23(b))。

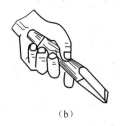

图 3-23 錾子握法
(a)正握法;(b)反握法。

3. 挥锤方法

挥锤有腕挥、肘挥和臂挥三种方法，如图 3-24 所示。

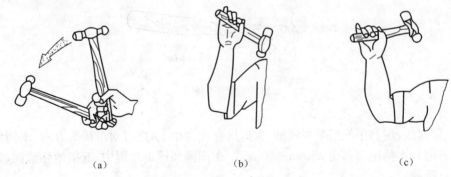

(a)　　　　　　　(b)　　　　　　　(c)

图 3-24　挥锤方法
(a)腕挥；(b)肘挥；(c) 臂挥。

（1）腕挥是仅用手腕的动作来进行锤击运动，采用紧握法握锤，一般仅用于錾削余量较少及錾削开始或结尾。

（2）肘挥是用手腕与肘部一起挥动作锤击运动，采用松握法握锤，因挥动幅度较大，锤击力大，应用最广。

（3）臂挥是手腕、肘和全臂一起挥动，其锤击力最大，用于需大力錾削的工件。

4. 锤击速度

錾削时的锤击稳、准、狠，其动作要一下一下有节奏的进行，一般肘挥时约 40 次/min，腕挥 50 次/min，錾削姿势如图 3-25 所示。

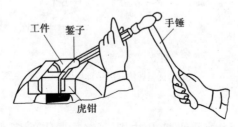

图 3-25　錾削

手锤敲下去应具有加速度，以增加锤击的力量。手锤从它的质量和手臂供给它速度（V）获得动能计算公式：$W=1/2(mV^2)$，故手锤质量增加一倍，动能增加一倍，速度增加一倍，动能将是原来的四倍。

5. 锤击要领

（1）挥锤：肘收臂提，举锤过肩，手腕后弓，三指微松，锤面朝天，稍停瞬间。

（2）锤击：目视錾刃，臂肘齐下，收紧三指，手腕加劲，锤錾一线，锤走弧形，左脚着力，右腿伸直。

（3）要求：稳——速度节奏 40 次/min，准——命中率高，狠——锤击有力。

6. 锤击安全技术

（1）练习件在台虎钳中央必须夹紧，伸出高度一般以离钳口 10mm～15mm 为宜，同时下面要加木衬垫。

（2）发现手锤木柄有松动或损坏时，要立即更换或装牢；木柄上不应沾有油，以免使用时滑出。

（3）錾子头部有明显毛刺时，应及时磨去。

（4）手锤应放置在台虎钳右边，柄不可露在钳台外面，以免掉下伤脚，錾子应放在台虎钳左边。

课题 4　锯　削

用手锯对材料或工件进行切断或切槽的操作称为锯削。

3.4.1　锯削工具选用与使用方法

用手锯分割材料或在工件上切槽的加工称为锯削。锯削精度低，常需进一步加工。

1. 手锯的构造

手锯由锯弓和锯条组成。

1）锯弓

锯弓的形式有两种，固定式和可调整式两类，如图 3-26 所示。固定式锯弓的长度不能变动，只能使用单一规格的锯条。可调整式锯弓可以使用不同规格的锯条，手把形状便于用力，故目前广泛使用。

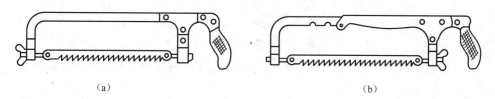

（a）　　　　　　　　　　　　　　　　（b）

图 3-26　锯弓
（a）固定式；（b）可调式。

2）锯条及其选用

（1）锯条由碳素工具钢制成，并经淬火处理。根据工件材料及厚度选择合适的锯条。锯条的齿距及用途见表 3-1。

表 3-1　锯条的齿距及用途

锯齿粗细	每 25mm 长度内含齿数目	用　途
粗　齿	14～18	锯铜、铝等软金属及厚工件
中　齿	24	加工普通钢、铸铁及中等厚度的工件
细　齿	32	锯硬钢板料及薄壁管子

（2）锯条规格以锯条两端安装孔之间的距离表示。常用的锯条约长 300mm、宽12mm、厚 0.8mm。

（3）锯条齿形如图 3-27 所示。锯条按锯齿的齿距大小，又可分为粗齿、中齿、细齿 3 种，其用途见表 3-1。

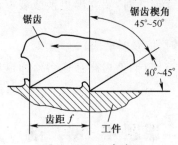

图 3-27 锯条齿形

（4）锯齿形状。锯齿粗，容屑空间大；锯齿细，齿间易堵塞。锯齿细，锯削的齿数可有 2 个～3 个；锯齿粗，锯削的齿数不到 2 个。厚工件用粗齿，薄工件用细齿。锯齿粗细的选用对锯割的影响，如图 3-28 所示。

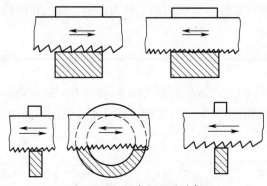

图 3-28 锯齿粗细的选择

（5）锯齿的排列有交叉形和波浪形，以减少锯口两侧与锯条间的摩擦，如图 3-29 所示。

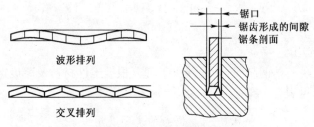

图 3-29 锯齿的排列形状

2. 锯削方法

（1）锯条的安装。锯条安装在锯弓上，锯齿应向前，如图 3-30 所示，松紧应适当，一般用两手指的力能旋紧为止。锯条安装好后，不能有歪斜和扭曲，否则锯削时易折断。

（2）工件安装。

（3）工件伸出钳口不应过长，以防止锯削时产生振动。锯线应和钳口边缘平行，并夹在台虎钳的左边，以便操作。工件要夹紧，并应防止变形和夹坏已加工的表面。

（4）手锯握法。手锯握法如图 3-31 所示，右手握锯柄，左手轻扶弓架前端。

（5）起锯方法。起锯是锯削工作的开始，起锯质量的好坏，直接影响锯削质量。如果起锯不当，一是常出现锯缝将工件拉毛或者引起锯齿崩裂，二是起锯后的锯缝与划线位置

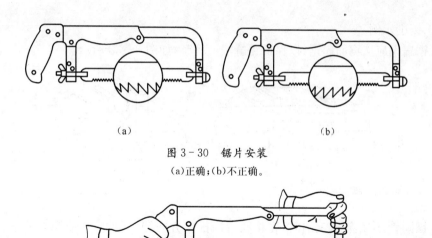

图 3-30 锯片安装

(a)正确;(b)不正确。

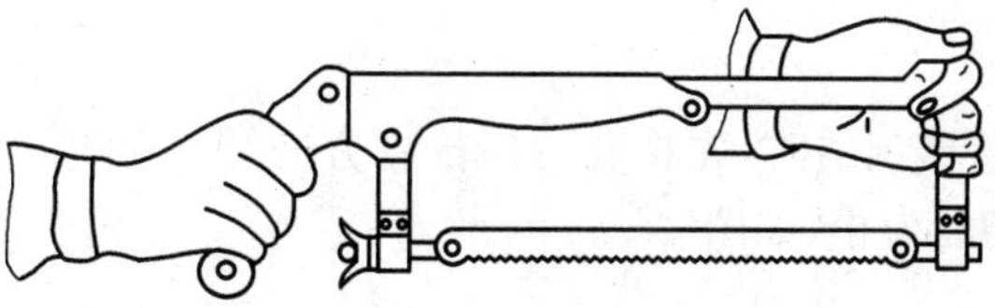

图 3-31 手锯握法

不一致,将锯削尺寸与锯割面出现偏差较大。起锯分远起锯和近起锯两种如图 3-32(a)和图 3-32(c)所示。起锯时,左手母子靠住锯条,使锯条能正确地锯在所需要的位置上,行程要短,压力要小,速度要慢。起锯角度 α 约为 15°。如果起锯角度太大,则起锯不易平稳,尤其是近起锯时锯齿会被工件棱边卡住引起崩裂,如图 3-32(b)所示。但起锯角度也不宜过小,否则,由于锯齿与工件同时接触的齿数较多,不易切入材料,多次起锯往往容易发生偏移,使工件表面锯出许多锯痕,影响表面质量。一般建议采用远起锯较好,因为远起锯锯齿是逐步切入材料,锯齿不易卡住,起锯也较方便。起锯锯到槽深有 2mm~3mm 时,手扶锯架按锯割技术要求开始锯削。每次锯削时应使锯条的锯齿尽可能多地加入锯削行程中,以免造成局部磨损。因此,让锯条发挥最大化有效锯削行程,有利于延长锯条的使用寿命,确保锯条使用价值。

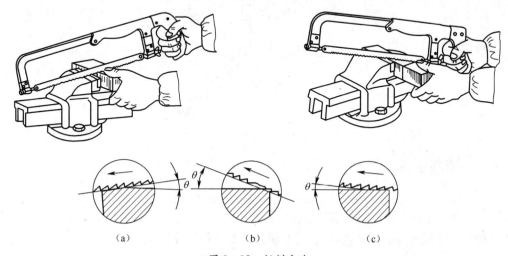

图 3-32 锯削方法

(a)远起锯;(b)起锯角太大;(c)近起锯。

锯硬材料时,应采用大压慢移动;锯软材料时,可适当加速减压。为减轻锯条的磨损,必要时可加乳化液或机油等切削液。

(6) 锯削示例。

① 锯扁钢应从宽面起锯,以保证锯缝浅而齐整,如图 3 - 33 所示。

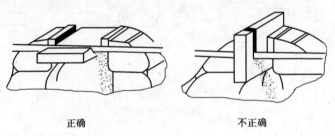

正确　　　　　　　　不正确

图 3 - 33　锯扁钢

② 锯圆管,应在管壁锯透时,先将圆管向推锯方向转一角度,从原锯缝处下锯,然后依次不断转动,直至切断为止,如图 3 - 34 所示。

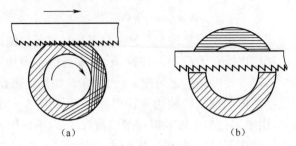

(a)　　　　　　　　(b)

图 3 - 34　锯圆管

(a)正确;(b)不正确。

③ 锯深缝时,应将锯条转 90°安装,平放锯弓作推锯,如图 3 - 35 所示。

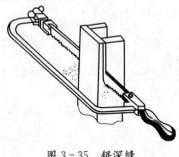

图 3 - 35　锯深缝

3.4.2　锯削注意事项

(1) 锯削时,用力要平稳,动作要协调,切忌猛推或强扭。

(2) 要防止锯条折断时从锯弓上弹出伤人。

(3) 工件装夹应正确牢靠,防止锯下部分跌落时砸伤身体。

课题 5　锉　削

用锉刀对工件表面进行切削加工,使工件达到所要求的尺寸、形状和表面粗糙度的操作叫锉削。锉削可提高工件的精度和减少表面粗糙度 Ra 值。锉削是钳工最基本的操作方法,它多用于錾削或锯切之后,应用广泛。加工范围包括平面、曲面、内孔、台阶面及沟槽等。

3.5.1 锉刀的构造

锉刀用碳素工具钢制成,并经淬硬处理。锉齿多是在剁锉机上剁出来的。齿纹呈交叉排列,构成刀齿,形成存屑槽,如图 3-36 所示。

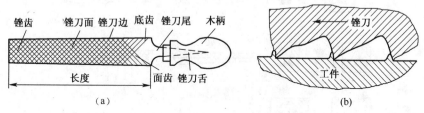

图 3-36　锉刀结构及齿形
(a)锉刀结构;(b)锉刀齿形。

锉刀规格以工作部分的长度表示。一般分 100mm、150mm、200mm、250mm、300mm、350mm、400mm 等 7 种。

3.5.2 锉刀的种类及选择

锉刀按每 10mm 锉面上齿数多少划分为粗齿锉、中齿锉、细齿锉和油光锉,其各自的特点及应用见表 3-2。

表 3-2　锉刀刀齿粗细的划分及特点和应用

锉齿粗细	齿数(10mm 长度内)	特 点 和 应 用
粗 齿	4~12	齿间大,不易堵塞,适宜粗加工或锉铜、铝等有色金属
中 齿	13~23	齿间适中,适于粗锉后加工
细 齿	30~40	锉光表面或锉硬金属
油光齿	50~62	精加工时修光表面

根据锉刀的尺寸不同,又可分为普通锉刀和什锦锉刀两类。普通锉刀形状及用途如图 3-37 所示,其中,平锉刀用得最多。什锦锉刀尺寸较小,通常以 10 把形状各异的锉刀为一组,用于修锉小型工件以及某些难以进行机械加工的部位,如图 3-38 所示。

3.5.3 锉刀的正确掌握及使用方法

1. 握锉方法

锉刀握法如图 3-39 所示。右手紧握锉刀柄,柄端抵在拇指根部的手掌上,大拇指放在锉刀柄上部,其余手指由下而上地握着锉刀柄;左手的基本握法是将拇指根部的肌肉压在锉刀头上,拇指自然伸直,其余的手指向手心自然里握,用中指、无名指捏住锉刀的末

67

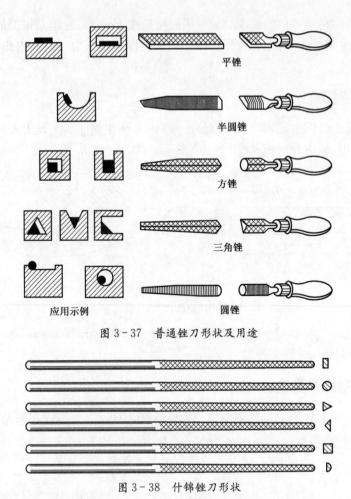

平锉

半圆锉

方锉

三角锉

应用示例　　　　　　　　　圆锉

图 3-37　普通锉刀形状及用途

图 3-38　什锦锉刀形状

梢。还可根据加工工艺及锉刀形状不同,而作不同的手握姿势,从而达到各种技能操作要求。锉刀推动时,右手决定推动方向,左手协调右手使锉刀保持平衡,完成锉削过程。

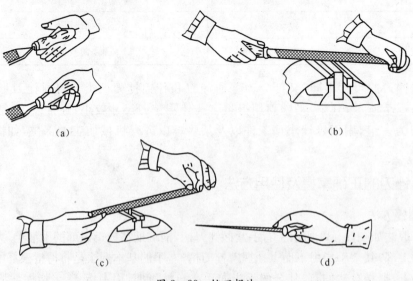

(a)　　　　　　　　　　　　　(b)

(c)　　　　　　　　　　　　　(d)

图 3-39　锉刀握法
(a)挫柄握法;(b)大挫刀握法;(c)中挫刀握法;(d)小挫刀握法。

2.锉削用力和锉削速度

锉削时,右手的压力要随锉刀的行程推进,逐渐增加向前斜下压力,左手的压力要随锉刀的行程推进逐步减小压力,按图3-40所示变化。回程时不加压力,自然收回,减少锉齿的磨损。在推出锉刀的同时,要控制锉削速度,锉削速度一般应在40次/min左右,推出时要慢,回收是稍快。同时要保证推动压力的肌能协调平衡,动作自然协调,确保锉削运动的平衡运行,达到锉削技术要求的平直面。

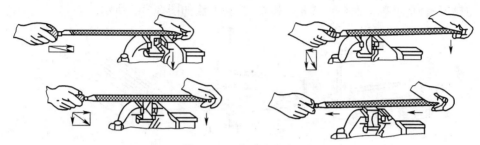

图3-40 锉刀施力变化

3.锉削方法

1)平面锉削

平面锉削是锉削中最常见的,其步骤如下。

(1)选择锉刀:锉削前应根据金属的硬度、加工表面及加工余量大小、工件表面粗糙度要求来选择锉刀。

(2)装夹工件:工件应牢固地夹在虎钳钳口中部,锉削表面需高于钳口;夹持已加工表面时,应在钳口垫以铜片或铝片。

(3)锉削:锉削平面有顺向锉、交叉锉和推锉3种方法,如图3-41所示。顺向锉是

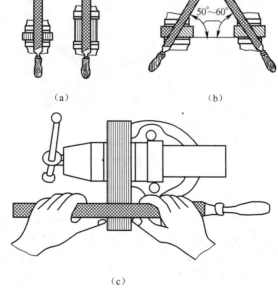

(a)　　　　　　　　　　　　(b)

图3-41 平面锉削方法

(a)顺向锉;(b)交叉锉;(c)推锉。

锉刀沿长度方向锉削,一般用于最后的锉平或锉光。交叉锉是先沿一个方向锉一层,然后再转90°锉平。交叉锉切削效率高,锉刀也容易掌握,常用于粗加工,以便尽快切去较多的余量。推锉时,锉刀运动方向与其长度方向相垂直。当工件表面已基本锉平时,可用细锉或油光锉以推锉法修光。推锉法尤其适合于加工较窄表面,以及用顺向锉法锉刀推进受阻碍的情况。顺向锉和推锉能对工件表面的锉纹达到一致,使之更加美观,同时又能提高平面锉削质量。

(4) 检验锉削时,工件的尺寸可用钢尺和卡尺检查。工件的直线度、平面度及垂直度可用刀口尺、直角尺等根据是否透光来检查,检验方法如图 3-42 所示。

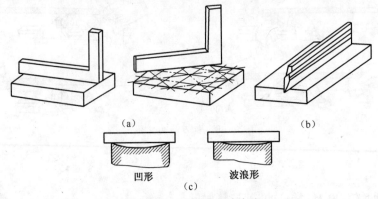

（a）　　　　　　　　　　　　　　　（b）

凹形　　　波浪形

（c）

图 3-42　锉削平面的检验
(a)用刀口尺检查;(b)用直角尺检查;(c)检查结果。

2) 曲面锉削

锉削曲面时,锉刀既需向前推进,又需绕弧面中心摆动。常用的有外圆弧面锉削时的滚锉法和顺锉法,如图 3-43 所示。内圆弧面锉削时的滚锉法和顺锉法,如图 3-44 所示。滚锉时,锉刀顺圆弧摆动锉削。滚锉常用作精锉外圆弧面。顺锉时,锉刀垂直圆弧面运动。顺锉适宜于粗锉。

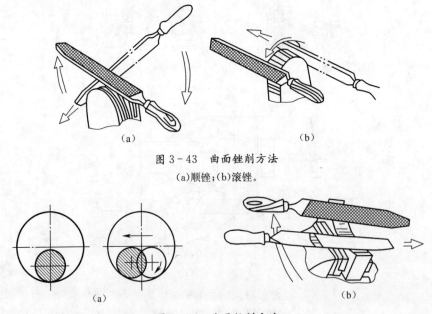

（a）　　　　　　　　　　　　　　　（b）

图 3-43　曲面锉削方法
(a)顺锉;(b)滚锉。

（a）　　　　　　　　　　　　　　　（b）

图 3-44　曲面锉削方法
(a)滚锉;(b)顺锉。

3.5.4 锉削操作注意事项

（1）有硬皮或砂粒的铸件、锻件，要用砂轮磨去后，才可用半锋利的锉刀或旧锉刀锉削。

（2）不要用手摸刚锉过的表面，以免再锉时打滑。

（3）被锉屑堵塞的锉刀，用钢丝刷顺锉纹的方向刷去锉屑，若嵌入的锉屑大，则要用铜片剔去。

（4）锉削速度不可太快，否则会打滑。锉削回程时，不要再施加压力，以免锉齿磨损。

（5）锉刀材料硬度高而脆，切不可摔落地或把锉刀作为敲击物和杠杆撬其它物件；用油光锉时，不可用力过大，以免折断锉刀。

课题 6 刮 削

刮削是指用刮刀在加工过的工件表面上刮去微量金属，以提高表面形状精度、改善配合表面间接触状况的钳工作业。刮削是机械制造和修理中最终精加工各种型面（如机床导轨面、连接面、轴瓦、配合球面等）的一种重要方法。刮削真正的作用是提高互动配合零件之间的配合精度和改善存油条件。刮削运动由于研磨挤压使工件表面的硬度有一定的提高，刮削后留在工件表面的小坑可存油从而使配合工件在往复运动时有足够的润滑不致过热而引起拉毛现象。因此，刮削可使零件配合表面增加接触面，减少摩擦磨损，提高使用寿命。刮削的缺点是劳动强度大，生产率低，故加工余量不宜过大。

3.6.1 刮刀及其用法

1. 刮刀

刮刀一般用碳素工具钢 T10A～T12A 或轴承钢锻成，也有的刮刀头部焊上硬质合金用以刮削硬金属。刮刀分为平面刮刀和曲面刮刀两种，如图 3 - 45 所示。平面刮刀用于刮削平面；曲面刮刀用于刮削工件的曲面，如轴承瓦的内表面等。

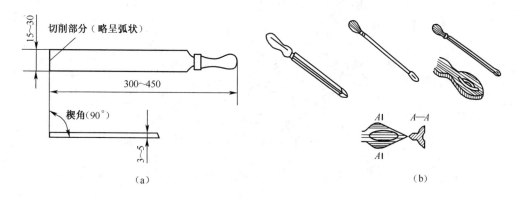

图 3 - 45 刮刀
(a)平面刮刀；(b)曲面刮刀。

图 3-46 所示为刮刀的一种握法。右手握刀柄,推动刮刀前进,左手在接近端部的位置施压,并引导刮刀沿刮削方向移动。刮刀与工件倾斜 25°～30°。刮削时,用力要均匀,避免划伤工件。

2. 平面刮削的姿势

分挺刮法和手刮法两种。

(1)图 3-46(a)所示的挺刮法是将刮刀柄顶在腹部右下侧肌肉处,双手握住刮刀前端,两腿分开,俯腰并双手按压刮刀,用腿部和臀部的力量使刮刀向前。然后,右手引导刮刀方向并释放压力,左手迅速提起,完成一次刮削。

(2)图 3-46(b)所示的手刮法是右手握在刮刀柄上,左手握在距刮刀头部约 50 mm 处,并向下压刮刀。左脚向前跨开,上身稍朝前倾,使刮刀与刮削面约成 25°～30°。当右手推动刮刀向前时,左手引导刮刀方向并迅速提起,完成一次刮削。

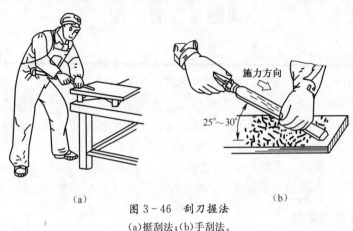

（a）   （b）

图 3-46 刮刀握法

(a)挺刮法;(b)手刮法。

3. 曲面刮削

对于要求较高的滑动轴承的轴瓦,通过刮削,可以得到良好的配合。刮削轴瓦时用三角刮刀,而研点的方法是在轴上途上研磨剂,然后与轴瓦配研。曲面刮研的原理与平面刮削一样,只是曲面刮削使用的刀具和掌握刀具的方法与平面刮削有所不同,如图 3-47 所示。

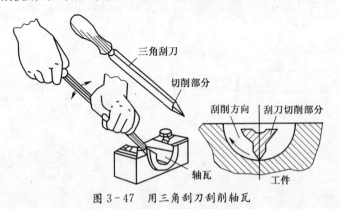

图 3-47 用三角刮刀刮削轴瓦

3.6.2 刮削质量检验

刮削表面的精度通常以研点法来检验,如图 3-48 所示。研点法是将工件刮削表面擦净,均匀涂上一层很薄的红丹油,然后与校准工具(如标准平板等)相配研。工件表面上的凸起点经配研后,被磨去红丹油而显出亮点(即贴合点)。刮削表面的精度即是以 25 mm×25 mm 的面积内贴合点的数量与分布疏密程度来表示。

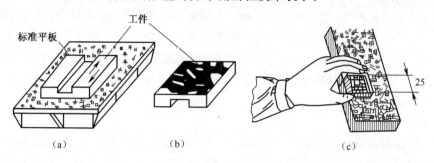

图 3-48　研点法
(a)配研;(b)显出的贴合点;(c)精度检验。

平面刮削一般要经过粗刮、细刮、精刮和刮花四个步骤。粗刮是用粗刮刀对刮削工件表面大范围凸点进行刮削,当粗刮点在 25mm×25mm 的方框内有 2 个～3 个研点时,即可转入细刮;细刮是利用细刮刀在粗刮基础上对大块稀疏的研点加以细化和均匀化,增加刮研点数,使点数在 25mm×25mm 的方框内达到 8 个～15 个,细刮完成;精刮的目的是使平面研点数达到规定要求;刮花是刮削面上用刮刀刮出装饰性的花纹,目的是使刮削面美观,并使滑动件之间形成良好的润滑条件,如图 3-49 所示。

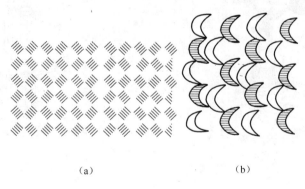

(a)　　　　　　　　　　(b)

图 3-49　刮花图案
(a)斜纹花纹;(b)鱼鳞花纹。

课题 7　钻、扩、锪、铰孔及攻、套螺纹

钳工进行的孔加工,主要有钻孔、扩孔、铰孔和锪孔。钻孔也是攻螺纹前的准备工序。孔加工常在台式钻床、立式钻床或摇臂钻床上进行。若工件大而笨重,也可使用手电钻钻孔。铰孔分机铰和手铰两种;机铰相对稳定,不易啃边;手铰不易控制,容易损坏孔壁,操作不当铰刀易崩裂,使铰孔精度质量降低,相对操作技术要求较高。攻、套螺纹是在满足攻、套螺纹的条件下,运用丝锥和板牙在铰杠的辅助作用下完成。

3.7.1 钻床

1. 台式钻床

台式钻床简称台钻,如图 3-50 所示。台钻是一种小型机床,质量小,移动方便,转速可达 400r/min～4090r/min,主轴转速一般用改变三角胶带在带轮上的位置来调节。其钻孔直径一般为 ϕ1mm～ϕ13mm,适合小型零件钻孔加工。可根据加工要求,调整转速及钻孔需求。一般钻头直径越大转速越低,相反,钻头直径越小转速越高。其切削行程进给由手动来完成。

2. 立式钻床

立式钻床简称立钻,如图 3-51 所示。一般用来钻中型工件上的孔,其规格用最大钻孔直径表示,常用的有 25mm、35mm、40mm、50mm 等几种。立式钻床主要由机座、立柱、主轴变速箱、进给箱、主轴、工作台和电动机等组成。立钻刚性好,功率大,生产效率高,加工精度也较高,因此可适应不同的刀具进行钻孔、扩孔、锪孔、铰孔、攻螺纹等多种加工。

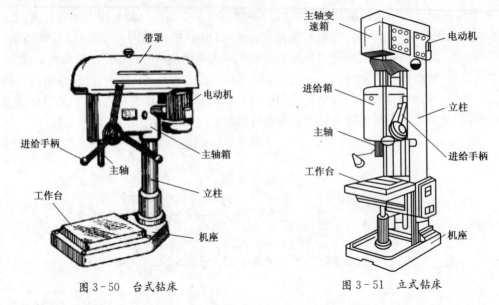

图 3-50　台式钻床　　　　　图 3-51　立式钻床

3. 摇臂钻床

摇臂钻床机构完善,它有一个能绕立柱旋转的摇臂如图 3-52 所示。主轴箱可以在摇臂上作横向移动,并随摇臂沿立柱上、下作调整运动。操作时,能很方便准确调整到所需钻削孔的中心,而不需移动工件。此外,摇臂钻床的主轴转速范围和进给量范围很大,因此适用于大件及多孔工件的加工。

4. 钻床使用与维护保养

(1) 使用过程中,工作台面必须保持清洁。

(2) 钻通孔时必须使钻头能通过工作台的让刀槽,或在工件下面垫上垫铁,以免钻坏工作台面。

(3) 立钻使用前必须先空转试车,在机床各机构都能正常工作时才能操作。

(4) 工作中不采用机动进给时,必须断开一切机动进给传动。

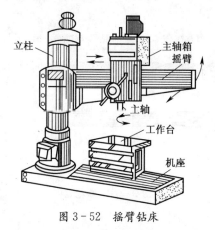

图 3-52 摇臂钻床

（5）变换主轴转速或机动进给量时，必须在停车后进行。

（6）需经常检查润滑系统的供油情况。

（7）加工完毕后必须及时清理机床设备，擦拭各工作台面，并对滑动面及各注油孔加注润滑油。

3.7.2 钻孔

用麻花钻在材料实体部位加工孔称为钻孔。钻床钻孔时，钻头旋转（主运动）并作轴向移动（进给运动），如图 3-53 所示。

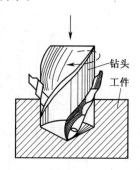

图 3-53 钻削时的运动

由于钻头结构上存在着一些缺点，如刚性差、切削条件差，故钻孔精度低，尺寸公差等级一般为 IT12 左右，表面粗糙度 Ra 值为 $12.5\mu m$ 左右。

1. 麻花钻及安装方法

1）麻花钻

麻花钻是钻孔的主要工具，其组成部分如图 3-54（a）所示。直径小于 12mm 时一般为直柄钻头，直径大于 12mm 时为锥柄钻头。

麻花钻有两条对称的螺旋槽用来形成切削刃，且作输送切削液和排屑之用。前端的切削部分如图 3-54（b）所示，有两条对称的主切削刃，两刃之间的夹角称为锋角，其值为 $2\phi=116°\sim118°$。两个顶面的交线叫作横刃，钻削时，作用在横刃上的轴向力很大，故大直径的钻头常采用修磨的方法，缩短横刃，以降低轴向力，导向部分上的两条刃带在切削时起导向作用，同时又能减少钻头与工件孔壁的摩擦。

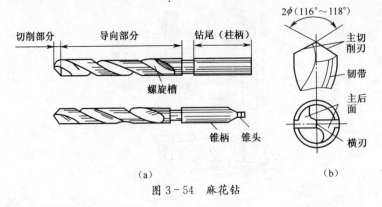

图 3-54 麻花钻

2）麻花钻的装拆方法

（1）直柄钻头的装拆方法是将直柄通过三爪卡持夹紧,其夹持长度不少于 15mm。在装拆过程中,由钻夹头钥匙旋转夹头外套来实现装拆动作,如图 3-55(a)所示。

（2）锥柄钻头的装拆方法是将锥柄通过莫式锥体直接与钻床主轴连接。连接时必须将钻头锥柄及主轴锥孔擦拭干净,且使矩形舌头与主轴腰孔轴线方向一致,利用瞬间加速冲力对接。当钻头直径小于主轴锥孔时,可通过选用合适的锥套过渡对接。对其拆卸钻头时,可通过斜铁敲入套筒或主轴腰型孔内,利用斜铁斜面向下的分力,使锥体分离,完成拆卸动作,如图 3-55(b)所示。

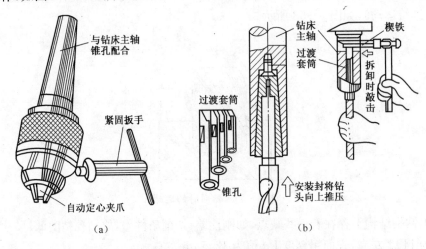

图 3-55　钻夹头及过渡套筒安装

(a)钻夹头;(b)用过渡套筒安装。

2. 钻孔方法

1）钻孔前的准备

钻孔前,工件要划线定心,在工件孔的位置划出加工圆和检查圆,并在加工圆和中心冲出样冲眼,如图 3-56 所示。

根据孔径大小选取合适的钻头,检查钻头主切削刃是否锋利和对称,如不合要求,应认真修磨。装夹时,应将钻头轻轻夹住,开车检查是否放正,若有摆动,则应纠正,最后用力夹紧。

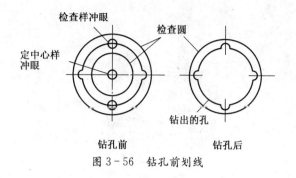

图 3-56 钻孔前划线

2) 工件的安装

对不同大小与形状的工件,可用不同的安装方法。一般可用虎钳、平口钳等装夹。在圆柱形工件上钻孔时,可放在 V 形铁上进行,亦可用平口钳装夹。较大的工件则用压板螺钉直接装夹在机床工作台上,各种装夹方法如图 3-57 所示。

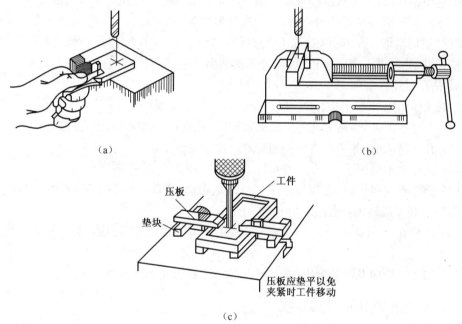

(a)　　　　　　　　(b)

(c)

图 3-57　钻孔时工件的安装
(a)手虎钳;(b)平口钳;(c)压板夹紧。

在成批和大量生产中,钻孔时广泛应用钻模夹具,如图 3-58 所示。钻模上装有淬过火的耐磨性很高的钻套,用以引导钻头。钻套的位置根据钻孔要求而确定。因而,用钻模钻孔,可以免去划线工作,且钻孔精度有所提高。

3) 钻床转速的选择

选择时首先确定钻头的允许切削速度 v。用高速钢钻头钻铸铁件时,$v=14\text{m/min}\sim 22\text{m/min}$;钻钢件时,$v=16\text{m/min}\sim 24\text{m/min}$;钻铜件时,$v=30\text{m/min}\sim 60\text{m/min}$。当工件材料的强度与硬度较高时取较小值(钢以 $\sigma_b=700\text{MPa}$ 为中值,铸铁以 200HB 为中值);钻头直径小时也取较小值(以 16mm 为中值);钻孔深度 $L>3d$ 时,还应将取值乘以 $0.7\sim 0.8$ 的修正系数。然后用下列公式求出钻床转速 n:

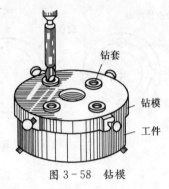

图 3-58 钻模

$$n=1000v/\pi d(\text{r/min})$$

式中：v 为切削速度（m/min）；d 为钻头直径（mm）。

4）钻孔操作

按划线钻孔时，应先对准样冲眼试钻一浅坑，如有偏位，可用样冲重新冲孔纠正，也可用錾子錾出几条槽来纠正。钻孔时，进给速度要均匀，将要钻通时，进给量要减少。钻韧性材料要加切削液。钻深孔（孔深 L 与直径 d 之比大于 5）时，钻头必须经常退出排屑。钻床钻孔时，孔径大于 30mm 的孔，需分两次钻出。

5）钻孔时注意事项

（1）操作钻床时不可带手套，袖口要扎紧，女生必须戴好工作帽。

（2）工件必须夹紧，钻大孔时务必夹紧牢固，孔将钻透时，要减小进给量。

（3）开动钻床前，务必检查钻夹钥匙及斜铁在钻轴上。

（4）钻孔时不可用手、棉布或嘴吹加工铁削，必须用专用毛刷清理。

（5）操作者在操作时，必须与钻床保持一定距离，头部不宜与旋转轴靠的太近，关机时不能用手制动旋转轴，应让主轴自然停止。

（6）严禁在开车状态下装拆工件，检验工件及变换主轴转速，必须在停车状态下进行。

（7）加工完毕应及时切断电源，并且及时清理和保养机床设备。

3.7.3 扩、铰、锪孔及攻套螺纹

1. 扩孔

用扩孔钻对已有的孔（铸孔、锻孔、钻孔）作扩大加工称为扩孔。扩孔所用的刀具是扩孔钻，如图 3-59 所示。扩孔钻的结构与麻花钻相似，但切削刃有 3 个～4 个，前端是平的，无横刃，螺旋槽较浅，钻体粗大结实，切削时刚性好，不易弯曲，扩孔尺寸公差等级可达 IT10 级～IT9 级，表面粗糙度 Ra 值可达 3.2μm。扩孔可作为终加工，也可作为铰孔前的预加工。它可以校正孔的轴线偏差，并使其获得较正确的几何形状和较小的表面粗糙度值。

2. 铰孔

铰孔是用铰刀对孔进行最后精加工的一种方法，铰孔可分粗铰和精铰，如图 3-60 所示。精铰加工余量较小，只有 0.05mm～0.15mm，尺寸公差等级可达 IT8 级～IT7 级，表面粗糙度 Ra 值可达 0.8μm～0.4μm。铰孔前，工件应经过钻孔—扩孔（或镗孔）等加工。

78

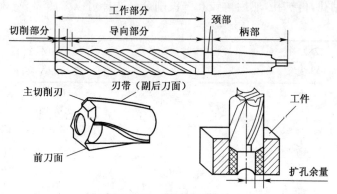

图 3-59 扩孔钻及扩孔

　　铰刀有手用铰刀和机用铰刀两种。手用铰刀为直柄,工作部分较长。机用铰刀多为锥柄,可装在钻床、车床或镗床上铰孔。按铰刀用途不同可分为圆柱铰刀和圆锥铰刀及螺旋铰刀。圆柱形铰刀可分为固定式和可调式的铰刀。圆锥形铰刀是用来铰锥孔的,通常用来加工定位销孔的铰削。铰削锥度比以 1∶50(在 50mm 长度的锥孔内,铰刀两端直径差为 1mm)。螺旋铰刀一般都用于有缺口或带槽的孔中进行铰削,其特点是在铰削工作中不会被槽边勾住,铰削平稳,容易铰削作业等。

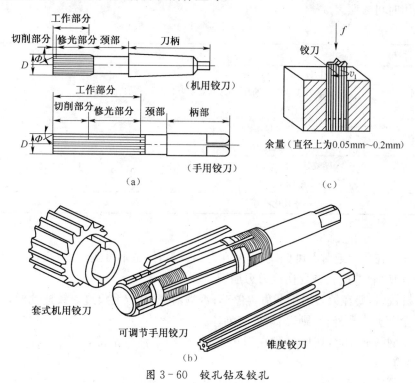

图 3-60　铰孔钻及铰孔

　　1) 铰削余量选择

　　铰孔余量是否合适,对铰出孔的表面粗糙度和精度影响很大。余量太大孔铰不光洁,且铰刀易磨损;反之,则孔壁容易留下上道刀痕,而表面粗糙度达不到要求。在一般情况下,对 IT9 级、IT8 级孔可以一次性铰出成型;对 IT7 级的应分粗、精铰削;对孔径大于

20mm 的,可先钻孔,再扩孔,然后再铰孔。铰削余量选择可以参照表 3-3。

表 3-3　铰孔余量　　　　　　　　　　　(mm)

铰刀直径	铰削余量
≤6	0.05～0.1
>6～18	一次铰:0.1～0.2 二次精铰:0.1～0.15
>18～30	一次铰:0.2～0.3 二次精铰:0.1～0.15
>30～50	一次铰:0.3～0.4 二次精铰:0.15～0.25
注:二次精铰时,粗铰余量可取一次余量的铰小值	

2)机铰铰削速度 v 及进给量 f 的选择用高速钢铰刀铰钢件是 $v=4\text{mm/min}\sim8\text{mm/min}$,铰铸铁件时 $v=6\text{mm/min}\sim8\text{mm/min}$,铰铜件时 $v=8\text{m/min}\sim12\text{m/min}$;对铰钢件及铸铁件时进给量 f 可取 $0.5\text{m/r}\sim1\text{m/r}$,铰铜、铝件可取 $1\text{mm/r}\sim1.2\text{mm/r}$。

3)铰削时的切削液选用

铰削时切削液的选择直接影响铰削工件的铰削质量,同时也对铰刀使用寿命有一定影响。选用时可参照表 3-4。

表 3-4　铰削切削液

加 工 材 料	铰 削 液
钢	1. 10%～20%乳化液 2. 30%工业植物油加70%的浓度为3%～5%的乳化液 3. 工业植物油
铸铁	1. 煤油(会引起孔径缩小) 2. 3%～5%乳化液
铝	1. 煤油 2. 5%～8%乳化液
铜	5%～8%乳化液

4)操作方法及注意事项

(1)铰刀在孔中绝对不可倒转,即使在退出铰刀时,也不可倒转;否则,铰刀和孔壁之间易于挤住切屑,造成孔壁划伤或刀刃崩裂。

(2)机铰时,要在铰刀退出孔后再停车;否则,孔壁有拉毛痕迹。铰通孔时,铰刀修光部分不可全部露出孔外;否则,出口处会划坏。

(3)铰钢制工件时,切屑易黏在刀齿上,故应经常注意清除,并用油石修光刀刃;否则,孔壁要拉毛。

3. 锪孔与锪平面

对工件上的已有孔进行孔口型面的加工称为锪削,如图 3-61 所示。锪削又分锪孔和锪平面。

圆柱形埋头孔锪钻的端刃主要起切削作用,周刃作为副切削刃,起修光作用。为了保持原有孔与埋头孔同心,锪钻前端带有导柱,可与已有的孔滑配,起定心作用。

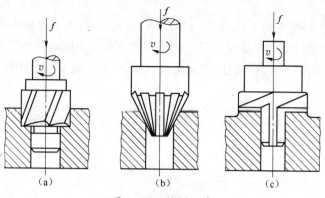

图 3-61 锪削工作

(a)锪柱孔；(b)锪锥孔；(c)锪端面。

锥形锪钻顶角有 60°、75°、90°及 120°4 种，其中 90°的用得最广泛。锥形锪钻有 6 个～12 个刀刃。

端面锪钻用于锪与孔垂直的孔口端面(凸台平面)。小直径孔口端面可直接用圆柱形埋头孔锪钻加工，较大孔口的端面可另行制作锪钻。

锪削时，切削速度不宜过高，钢件需加润滑油，以免锪削表面产生径向振纹或出现多棱形等质量问题。

4. 攻螺纹和套螺纹

用丝锥加工内螺纹的操作叫攻螺纹，也叫攻丝；用板牙在工件外表面加工的操作叫套螺纹。

1) 丝锥

丝锥是加工内螺纹的工具，如图 3-62 所示。按加工丝锥种类不同可分为普通三角螺纹丝锥、圆锥管螺纹丝锥和圆柱管螺纹丝锥三种。三角螺纹丝锥规格分别有 M6～M24 为两只一套与小于 M6 和大于 M24 的为三支一套，圆柱螺纹丝锥为两只一套，圆锥螺纹丝锥为单只。按加工方法可分机用丝锥和手用丝锥两种。

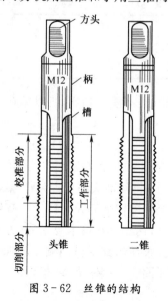

图 3-62 丝锥的结构

2）铰杠

铰杠是用来夹持丝锥的工具，如图 3-63 所示。铰杠有固定式和活动式两种，固定式铰杠常用在攻 M5 以下的螺纹，活动式铰杠可以调节夹持不同规格丝锥的尺寸。铰杠长度应根据丝锥规格的大小选择，以便控制螺纹扭矩，可参照表 3-5 选用。

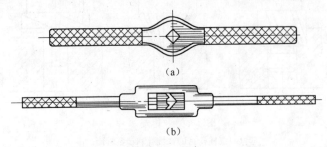

图 3-63　铰杠

(a)固定式；(b)活动式。

表 3-5　攻螺纹铰杠的长度选择

丝锥直径/mm	≤6	8～10	12～14	≥16
铰杠长度/mm	150～200	>200～250	250～300	400～450

3）攻丝方法

攻丝前必先钻孔。由于丝锥工作时除了切削金属以外，还有挤压作用，因此，钻孔的孔径应略大于螺纹的内径。可参照表 3-6 得出钻头直径，也可根据以下经验公式计算出螺纹孔的底直径。

（1）普通螺纹底孔直径的经验计算公式：

脆性材料：$D_底 = D - 1.05p$

韧性材料：$D_底 = D - p$

式中：$D_底$ 为底孔直径(mm)；D 为螺纹大径(mm)；p 为螺距(mm)。

表 3-6　钢材上钻螺纹底孔的钻头直径　　　　　　　　　　　（mm）

螺纹直径(d)	2	3	4	5	6	8	10	12	14	16	20	24
螺　　距(z)	0.4	0.5	0.7	0.8	1	1.25	1.5	1.75	2	2	2.5	3
钻头直径(d_2)	1.6	2.5	3.3	4.2	5	6.7	8.5	10.2	11.9	13.9	17.4	20.9

（2）钻不通螺纹孔时，由于丝锥不能切到底，所以钻孔深度要大于螺纹长度，其深度按以下式计算：

$$L = l + 0.7D$$

式中：L 为钻孔的深度(mm)；l 为需要的螺纹长度；D 为螺纹外径。

（3）起攻时，如图 3-64 所示，将丝锥头部垂直对着螺纹底孔，使其轴线重合，作顺时针旋转铰杠，适当施加压力，直至丝锥切削部导入待加工螺纹底孔后，作进一步的丝锥与工件表面垂直度及轴线重合检查，达到攻丝技术要求后，方可用两手平稳地转动铰杠，做攻丝动作。为了避免切屑过长而缠住丝锥，使其卡锥、断锥现象，操作时，应如图 3-65 所示，每顺转 1 圈后，轻轻倒转 1/4 圈～1/2 圈，再继续顺转。对钢料攻丝时，要加乳化液或机油润滑；对铸铁攻丝时，一般不加切削液，但若螺纹表面要求光滑时，可加些煤油。

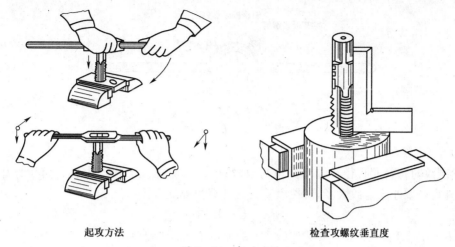

起攻方法　　　　　　　　　　　　检查攻螺纹垂直度

图 3-64　起攻方法

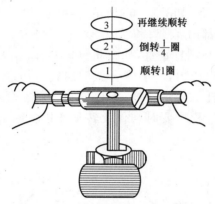

③　再继续顺转
②　倒转 $\frac{1}{4}$ 圈
①　顺转1圈

图 3-65　攻丝操作方法

4）圆板牙和铰杠

（1）圆板牙。圆板牙是加工外螺纹的工具，图 3-66 所示为开缝式板牙，其板牙螺纹孔的大小可作微量的调节。板牙孔的两端带有 60°的锥度部分，是板牙的切削部分。

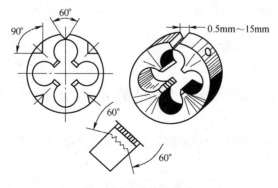

图 3-66　开缝式板牙

（2）板牙铰杠如图 3-67 所示，是用于套螺纹时传递扭矩做功的工具，通过板牙铰杠,使圆板牙做套丝工作,最终完成套丝过程。

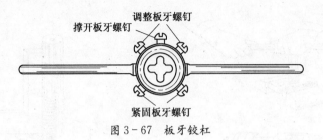

调整板牙螺钉

撑开板牙螺钉

紧固板牙螺钉

图 3-67　板牙铰杠

5) 套螺纹

套螺纹时螺杆底直径及端部倒角与攻螺纹一样,套螺纹工程当中也有挤压作用,因此,螺杆直径要小于螺纹大径,可按以下公式计算出螺杆直径:

$$d_{杆}=d-0.13p$$

式中:$d_{杆}$ 为圆杆直径(mm);d 为螺纹大径(mm);p 螺距(mm)。

6) 套螺纹方法

套螺纹时螺杆顶部要倒角,如图 3-68 所示,倒出锥半角。其倒角的最小直径,可略小于螺纹直径,避免螺纹端部出现锋口和卷边。

套螺纹时板牙端面应与圆杆垂直,如图 3-69 所示。开始旋转板牙铰杠时,与攻螺纹方法一样,一手作轴向压力,一手配合做顺向旋转切进动作,转动要慢,压力要小,并保持板牙端面与圆杆轴线垂直度,不得使其歪斜。套螺纹切入时要检查其垂直度以便校正,在套螺纹过程中要时常作反转动作以便断屑。在钢件上套扣时,应加机油润滑。

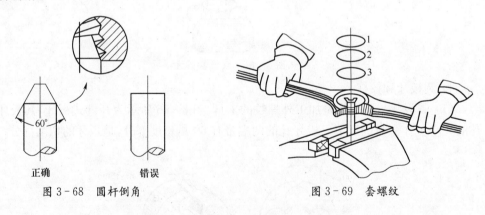

正确　　　　错误

图 3-68　圆杆倒角

图 3-69　套螺纹

课题 8　装配的基础知识

任何一台机器都是由许多零件组成的。按照规定的技术要求,将零件组装成机器的工艺过程,称为装配。

装配是机器制造的重要阶段,装配质量的好坏对机器的性能和使用寿命影响很大。装配不良的机器,将使其性能降低,消耗的功率增加,使用寿命减短。尤其是工作母机(如机床),如果装配质量差,用它制造的产品,则会精度低,表面质量差。

3.8.1 产品装配的步骤

1. 装配前的准备

（1）研究和熟悉产品的图纸，了解产品的结构以及零件作用和相互连接关系，掌握其技术要求。

（2）确定装配方法、程序和所需的工具。

（3）备齐零件，并进行清洗，涂防护润滑油。

2. 装配

装配工作的过程一般分为组件装配、部件装配和总装配。

（1）组件装配：将两个以上的零件连接组合成为组件的过程。

（2）部件装配：将组件和零件或组件与组件连接组合成独立部件的过程。

（3）总装配：将部件和零件或部件与部件连接组合成为整台机器的过程。

3. 调试

对机器进行调试、调整、精度检验和试车，使产品达到质量要求。

4. 喷漆和装箱

3.8.2 装配单元系统图

如图 3-70 所示，为某减速器低速轴组件装配示意图。装配过程可用装配单元系统图来表示，如图 3-71 所示，其绘制方法如下：

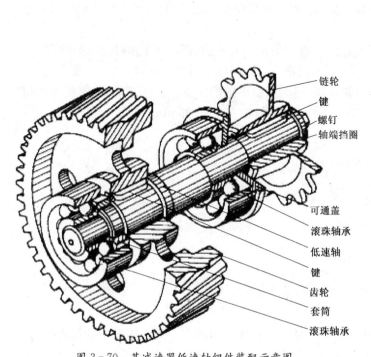

图 3-70 某减速器低速轴组件装配示意图

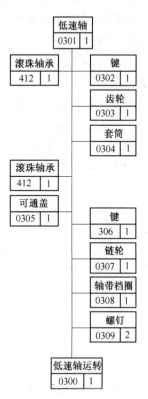

图 3-71 装配单元系统图

85

（1）先画一条竖线。

（2）竖线左端画一长方格，代表基准件。在长方格中说明装配单元的名称、编号和数量。

（3）竖线右端画一长方格，代表装配的成品。

（4）竖线自上至下表示装配的顺序。

根据装配单元系统图，可以清楚地看出成品的装配过程，也便于指导和组织装配工作。装配时，应注意下述几项要求。

（1）应检查零件与装配有关的形状和尺寸精度是否合格，检查有无变形、损坏等情况。

（2）固定连接的零、部件不允许有间隙，活动连接的零件能在正常的间隙下灵活地按规定方向运动。

（3）各种运动部件的接触面必须有足够的润滑，油路需畅通。

（4）各密封件在装配后不得有渗漏现象。

（5）高速运动构件的外面不得有凸出的螺钉头或销钉头等。

（6）装配完毕，应开机试车。试车前，先检查各运动部件的操纵机构是否灵活，手柄是否在合适位置上。试车时，先开慢车，再逐步加速。

3.8.3 典型零件的装配

1. 键连接的装配

在机器的传动轴上，往往要装上齿轮、皮带轮、蜗轮等零件，并需采用键连接来传递转矩。图 3-72(a)所示为平键装配示意图。

装配时，先去除键槽锐边毛刺，选取键长并修锉两头，修配键侧使之与轴上键槽相配，将键配入键槽内。然后试装轮毂，若轮毂键槽与键配合太紧时，可修键槽，但不允许松动。装配后，键底面应与轴上键槽底部接触。键的两侧应有一定过盈量，键顶面和轮毂间必须留有一定的间隙。

图 3-72(b)为楔键连接示意图。楔键的形状和平键相似，不同的是楔键顶面带有 1：100 的斜度。装配时，相应的轮毂上键槽也要有同样的斜度。此外，键的一端有沟头，便于装卸。楔键连接，除了传递转矩外，还能承受单向轴向力。楔键装配后，应使顶面和底面分别与轮毂键槽、轴上键槽紧贴，两侧面与键槽有一定的间隙。

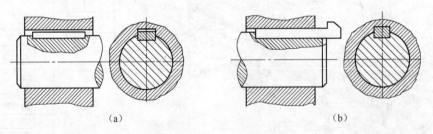

（a）   （b）

图 3-72 键的装配

(a)平键的装配；(b)楔键的装配。

2. 滚珠轴承的装配

如图 3-73 所示为滚珠轴承的装配简图。滚珠轴承的装配大多用较小的过盈配合，常用手锤或压力机压装。为了装入时施力均匀，一般采用垫套加压。若轴承与轴的配合过盈较大时,则先将轴承悬吊在80℃～90℃的热油中加热,然后再进行热装。

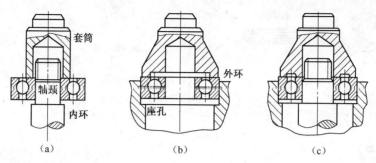

图3-73　滚珠轴承的装配

(a)压入轴颈;(b)压入座孔;(c)同时压入轴颈和座孔。

3.螺纹连接件的装配

螺纹连接具有装配简单、调整及更换方便、连接可靠等优点,因而在机械制造中广泛应用。螺纹连接的形式如图3-74所示。

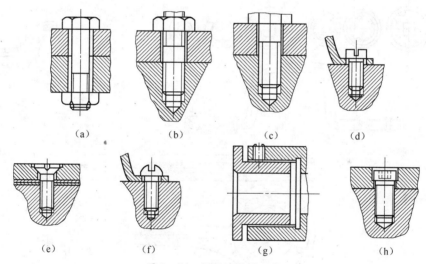

图3-74　螺纹连接的形式

(a)单头螺栓;(b)双头螺栓;(c)六角头螺钉;(d)圆柱头螺钉;
(e)沉头螺钉;(f)半圆头螺钉;(g)紧定螺钉;(h)内六角螺钉。

螺纹连接件装配的基本要求如下:

(1)螺母配合时,应能用手自由旋入,然后再用扳手拧紧。常用的扳手如图3-75所示。

(2)螺母端面应与螺纹轴线垂直,以便受力均匀。

(3)零件与螺母的贴合面应平整光洁,否则螺纹连接容易松动。

(4)装配一组螺纹连接件时,应按图3-76所示的顺序拧紧,以保证零件贴合面受力均匀。同时,对每个螺母应分2次～3次拧紧,这样才能使各个螺钉承受均匀的负荷。

4.拆卸工作

机器在运转磨损后,常需要进行拆卸修理或更换零件。拆卸时,应注意如下要求。

(1)机器的拆卸工作应按其结构不同,预先考虑操作程序,以免先后倒置;应避免猛拆、猛敲,造成零件的损伤或变形。

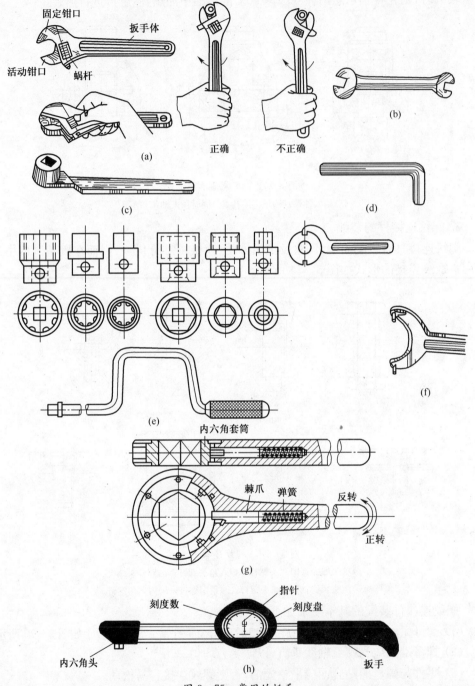

图 3-75 常用的扳手

(a)扳手及使用方法;(b)开口扳手;(c)整体扳手;(d)内六角扳手;
(e)成套套筒扳手;(f)锁紧扳手;(g)棘轮扳手;(h)测力扳手。

（2）拆卸的顺序应与装配的顺序相反,一般应遵循先外部后内部、先上部后下部的拆卸顺序,依次拆下组件或零件。

（3）拆卸时,为了保证合格零件不会损伤,应尽量使用专用工具。严禁用硬手锤直接

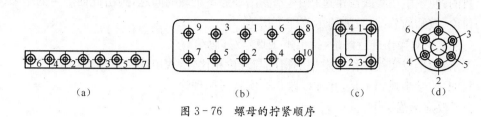

(a)　　　　　　　　　　(b)　　　　　(c)　　　(d)

图 3-76　螺母的拧紧顺序

敲击工件表面。

（4）拆卸时，必须先辨清回松方向（如左旋、右旋等）。

（5）拆下的零、部件必须按次序收放整齐。有的按原来结构套在一起；有的作上记号，以免错乱；有的易变形、弯曲的零件（如丝杠、长轴等），拆下后应吊在架子上。

课题 9　综合练习

3.9.1　平面锉削的教学目标

1．知识目标

（1）掌握钳工锉削的特点和应用，以及所用工具的构造、材料和特点。

（2）进一步了解钳工的实质、特点以及在机械装配和维修中的作用。

2．能力目标

（1）熟悉掌握钳工基本工艺的操作方法。

（2）通过实践操作，提高学生发现问题、思考问题进而解决问题的能力。

3．职业素养目标

（1）培养学生养成安全文明生产的习惯。

（2）为学生塑造良好的工作环境，如同真正的生产车间，使学生明确机械零件生产的一般过程和加工过程中应注意的问题。

（3）培养学生质量第一的观念。

锉削是钳工的一项重要的操作技能，而平面锉削是其基本功，难度大，不易掌握。因此，平面锉削是巩固、提升锉削技能的一项基础操作动作。

项目一：实训纪律与安全

（1）进训练室必须穿工作服。

（2）操作者要在指定岗位进行操作，不得串岗。

（3）遵守劳动纪律，不准迟到早退。

（4）认真遵守安全操作规程。

（5）爱护设备及工具、量具，工具、工件摆放整齐，对损坏和丢失的工具、量具要折价赔偿。

项目二：锉削姿势

锉削的相关知识，同学们已经预习过了。有同学说：这还不简单，这节内容可以不讲。接下来我先示范一次，然后请几位同学在工位进行模拟示范。

（1）学生模拟示范锉削操作。

要求：学生以学过的理论指导自己的实际。

目的:使学生在实践操作过程中,暴露出姿势不正确的问题,为由此而产生的结果、学生的讨论、教师的总结、教师的示范埋下伏笔。

(2) 学生对操作进行评论,指出不足点,教师总结。

要求:学生以实践操作中发生的情况与理论相比较,找出症结所在。

目的:使学生找到不足,并加以改正。实践对照理论。

(3) 教师示范操作。

① 示范视频一。

② 锉削的姿势与操作方法(知识点小结)。锉削时人的站立位置与錾削相似,锉削时要充分利用锉刀的全长,用全部锉齿进行工作。开始时身体要向前倾斜 10°左右,右肘尽可能收缩到后方。最初 1/3 行程时,身体逐渐前倾到 15°左右,使左膝稍弯曲;其次 1/3 行程,右肘向前推进,同时身体也逐渐前倾到 18°左右;最后 1/3 行程,用右手腕将锉刀推进,身体随锉刀的反作用力退回到 15°位置。锉削行程结束后,把锉刀略提起一些,身体恢复到起始位置姿势。锉削时为了锉出平直的表面,必须正确掌握锉削力的平衡,使锉刀平稳。锉削时的力量有水平推力和垂直压力两种,推动主要由右手控制,其大小必须大于切削阻力,才能锉去切屑;压力是由两手控制的,其作用是使锉齿深入金属表面。由于锉刀两端伸出工件的长度随时都在变化,因此两手的压力大小必须随着变化,保持力矩平衡,使两手在锉削过程中始终保持水平。

(4) 全体学生实训操作。

要求:学生再次以理论指导自己的实际操作。

目的:进一步理解理论,并以正确的理论来指导实际操作,从而改进不足。

项目三:平面锉削方法及检查

平面锉削的姿势、方法及检查,不同的操作者带来不同的操作结果,只有正确的操作姿势、方法和检查,才能根据工件的图纸要求加工出合格的工件。

3.9.2　钳工技能考核试题

1. 考核题目:锉配 8 字形体

1) 考核内容及要求

(1) 考件图样如图 3-77 所示。

(2) 考核要求。

① 尺寸公差、形位公差、表面粗糙度应达到图样要求。

② 未注公差按 GB/T 1804—2000 标准公差 IT12 级～IT14 级规定。

③ 不准使用砂布打光加工面。

2) 准备工作

设备、毛坯及工具、量具准备。

3) 考核时间

(1) 基本时间 4h。

(2) 时间允差。每超过 10min,从总分中扣除 1 分,超过 60min 不计成绩。

4) 加工参考步骤

(1) 检查坯料,并按图样要求先加工出甲、乙件的外形尺寸$(42 \times 42)_{-0.03}$ mm 和$(60$

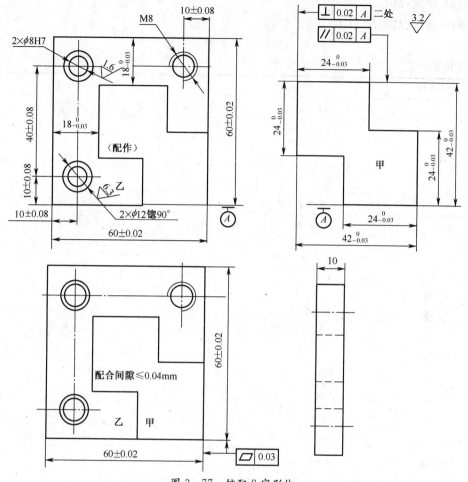

图 3-77 锉配 8 字形体

×60)±0.02mm,相关的形位误差和表面粗糙度均要达到技术要求。

(2) 划出甲、乙加工位置线,并检查划线质量。

(3) 加工件甲,先锯下一角,锉削加工达到尺寸 $24_{-0.03}^{0}$ mm 和形位误差的要求后,再根据另一角,同样完成锉削加工要求,且表面粗糙度达到要求,内直角处棱线应清晰。

(4) 加工件乙,可先完成 3 个孔的底孔钻削;再打排孔去除余料,依靠件乙的外形基准,进行尺寸控制加工,然后以件甲配锉修整件乙;锉配达到要求后,完成锪孔、铰孔、攻螺纹。

(5) 去除毛刺,清除铁屑。

2. 评分标准

锉配 8 字形体评分标准见表 3-7。

钳工备料单(每人):

(1) 61mm×61mm×10mm、43mm×43mm×10mm 各 1 块。

(2) 锯条:5 根。

(3) 锉刀:平板锉、三角锉。

(4) 钻头、铰刀:ϕ8。

(5) 锪刀:ϕ12。

(6) 丝锥:M8。

(7) 量具:高度尺、卡尺、角度尺等。

表 3-7　锉配 8 字形体评分标准

工位号_____

考核项目	考核内容	配分	评分标准
件甲	$42{-}_{0.03}^{0}$(2处)	4	1处超差扣2分
	$42{-}_{0.03}^{0}$(4处)	4	1处超差扣1分
	⊥ 0.02 | A |(2处)	4	1处超差扣2分
	∥ 0.02 | A |	2	超差扣2分
	$Ra3.2$(8处)	4	1处超差扣0.5分
件乙	60 ± 0.02(2处)	2	1处超差扣1分
	10 ± 0.08(3处)	3	1处超差扣1分
	40 ± 0.08	2	超差扣2分
	$18{-}_{0.03}^{0}$(2处)	4	1处超差扣2分
	$2\times\phi8H7$(2处)	4	1处超差扣2分
	$2\times\phi12$ 锪90°(2处)	2	1处超差扣1分
	M8	2.5	超差扣2.5分
	$Ra3.2\mu m$(9处)	4.5	1处超差扣0.5分
	$Ra1.6$(2处)	2	1处超差扣1分
	$Ra6.3$(2处)	1	1处超差扣0.5分
配合	60 ± 0.02(6处)	6	1处超差扣2分
	⟋▱ 0.03 (6处)	3	1处超差扣2分
	配合间隙≤0.04(18处)	36	1处超差扣2分
安全文明生产	根据安全文明生产有关规定	10	视情况扣1分～10分

评委:_____　_____

课题 10　钳工操作安全技术

1. 总则

(1) 学生进行钳工实训前必须学习安全操作制度,并以适当方式进行必要的安全考核。

(2) 进入车间实训必须穿戴好学校规定的劳保服装、工作鞋、工作帽等,长发学生必须将头发戴进工作帽中,不准穿拖鞋、短裤或裙子进入车间。

(3) 操作时必须思想集中,不准与别人闲谈。

(4) 车间内不得阅读书刊和收听广播,不准吃零食。

(5) 不准在车间内追逐、打闹、喧哗。

(6) 注意文明生产,下班时应收拾清理好工具、设备,打扫工作场地,保持工作环境整洁卫生。

2. 安全操作规程

（1）学生除在指定的设备上进行操作外，其它一切设备、工具未经同意不准擅自动用。

（2）设备使用前要检查，发现损坏或其他故障时应停止使用并报告指导教师。

（3）使用电器设备时，必须严格遵守操作规程，防止触电。

（4）錾削时要注意安全，挥锤时注意身后，以防伤人。

（5）要用刷子清理铁屑，不准用手直接清除，更不准用嘴吹，以免伤手指和屑沫飞入眼睛。

（6）文明实习，工作场地要保持整洁，使用的工具、工件毛坯和原材料应堆放整齐。

3. 钻孔安全操作规程

（1）操作钻床时不准戴手套，袖口要扎紧。

（2）钻孔前要根据所需要的钻削速度调节好钻床的速度，调节时必须切断钻床的电源。

（3）工件必须夹紧，孔将钻穿时要减小进给力。

（4）开动钻床前，应检查是否有钻夹头钥匙斜插在转轴上，工作台面上不能放置刀具、量具和其他工件等杂物。

（5）不能用手或嘴吹来清除切屑，要用毛刷或铁钩清除。

（6）停车时应让主轴自然停止，严禁用手捏刹钻头。

（7）严禁在开车状态下装拆工件或清洁钻床。

思考与练习

1. 划线有何作用？常用的划线工具有哪些？

2. 什么是划线基准？如何选择划线基准？

3. 立体划线时，工件的水平、垂直位置如何找正？

4. 锯削可应用在哪些场合？试举例说明。

5. 怎样选择锯条？安装锯条应注意什么？

6. 试分析锯削时崩齿和断条的原因。

7. 如何选择粗、细锉刀？

8. 锉平面为什么会锉成鼓形？如何克服？

9. 比较顺锉法、交叉锉法、推锉法的优、缺点及应用范围。

10. 台钻、立钻和摇臂钻床的结构和用途有何不同？

11. 攻丝时应如何保证螺孔质量？

12. 装配有哪些要求？

13. 滚珠轴承装配有哪些方法？

14. 试述键连接的基本要求。

知识模块 4　车　削

【导读】

车削加工是在车床上用车刀对零件进行切削加工的过程,是机械加工中最基本、最常用的加工方法。其中,主轴带动零件所作的旋转运动为主运动,刀具的移动为进给运动。它既可以加工金属材料,也可以加工塑料、橡胶、木材等非金属材料。车床在机械加工设备中占总数的 50％以上,是金属切削机床中数量最多的一种,适于加工各种回转体表面,在现代机械加工中占有重要的地位。本模块内容包括:车工安全操作规程,CA6140 的主要部件及附件,切削用量三要素,车外圆、锥度、螺纹、成型面和滚花等加工操作技术。

【能力要求】

1. 掌握车削加工范围和车削用量三要素。
2. 了解 CA6140 构造和车刀与工件安装。
3. 熟练掌握车削加工工艺操作技术。
4. 牢记车工安全操作规程。
5. 能独立完成综合类零件的分析与加工。
6. 能制定简单的车削加工工艺步骤。

课题 1　车　削　概　述

车削加工既适合于单件小批量零件的加工生产,又适合于大批量的零件加工生产。

4.1.1　加工范围

车削加工所能完成的工作如图 4-1 所示。

4.1.2　车削加工的特点

车削加工与其他切削加工方法比较有如下特点。

(1) 车削适应范围广。它是加工不同材质、不同精度的各种具有回转表面零件不可缺少的工序。

(2) 容易保证零件各加工表面的位置精度。例如,在一次安装过程中加工零件各回转面时,可保证各加工表面的同轴度、平行度、垂直度等位置精度的要求。

(3) 生产成本低。车刀是刀具中最简单的一种,制造、刃磨和安装较方便。车床附件较多,生产准备时间短。

(4) 生产率较高。车削加工一般是等截面连续切削。因此,切削力变化小,较刨、铣等切削过程平稳,可选用较大的切削用量,生产率较高。

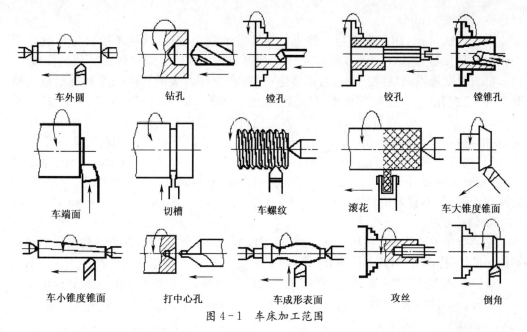

| 车外圆 | 钻孔 | 镗孔 | 铰孔 | 镗锥孔 |

| 车端面 | 切槽 | 车螺纹 | 滚花 | 车大锥度锥面 |

| 车小锥度锥面 | 打中心孔 | 车成形表面 | 攻丝 | 倒角 |

图 4-1　车床加工范围

（5）车削的尺寸精度一般可达 IT8 级～IT7 级，表面粗糙度 Ra 值为 $3.2\mu m$～$1.6\mu m$。尤其是对不宜磨削的有色金属进行精车加工可获得更高的尺寸精度和更小的表面粗糙度 Ra 值。

4.1.3　车削要素

1. 零件加工的三个表面

在切削过程中，零件上同时形成三个不同的变化着的表面，如图 4-2 所示。

待加工表面：零件上有待切除的表面。

过渡表面：在零件需加工的表面上，被主切削刃切削形成的轨迹表面。

已加工表面：零件上经刀具切削后形成的表面。

2. 切削用量三要素

切削用量是切削速度、进给量和背吃刀量的总称，三者称为切削用量三要素。它们是表示主运动和进给运动最基本的物理量，是切削加工前调整机床运动的依据，并对加工质量、生产率及加工成本都有很大影响。

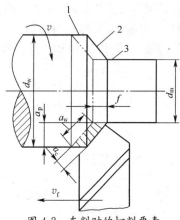

图 4-2　车削时的切削要素

1—待加工表面；

2—过渡表面；3—已加工表面。

1）切削速度 v_c

它是指在单位时间内，工件与刀具沿主运动方向的最大线速度。

车削时的切削速度由下式计算：

$$v_c = \frac{\pi \cdot d \cdot n}{1000}$$

式中：v_c 为切削速度（m/s 或 m/min）；d 为工件待加工表面的最大直径（mm）；n 为工件

每分钟的转数(r/min)。

由计算式可知,切削速度与工件直径和转数的乘积成正比,故不能仅凭转数高就误认为是切削速度高。一般应根据 n 与 d,并求出 v_c,然后再调整转速手柄的位置。

切削速度选用原则:粗车时,为提高生产率,在保证取大的切削深度和进给量的情况下,一般选用中等或中等偏低的切削速度,如取 50m/min～70m/min(切钢),或40m/min～60m/min(切铸铁);精车时,为避免刀刃上出现积屑瘤而破坏已加工表面质量,切削速度取较高(100m/min 以上)或较低(6m/min 以下),但采用低速切削生产率低,只有在精车小直径的工件时采用,一般用硬质合金车刀高速精车时,切削速度为100m/min～200m/min(切钢)或 60m/min～100m/min(切铸铁)。由于同学们对车床的操作不熟练,不宜采用高速切削。

2)进给量 f

它是指在主运动一个循环(或单位时间)内,车刀与工件之间沿进给运动方向上的相对位移量,又称走刀量,其单位为 mm/r,即工件转一转,车刀所移动的距离。

进给量选用原则:粗加工时可选取适当大的进给量,一般取 0.15mm/r～0.4mm/r;精加工时,采用较小的进给量可使已加工表面的残留面积减少,有利于提高表面质量,一般取 0.05mm/r～0.2mm/r。

3)背吃刀量(切削深度)a_p

车削时,切削深度是指待加工表面与已加工表面之间的垂直距离,又称背吃刀量,单位为 mm,其计算式为

$$a_p = \frac{d_w - d_m}{2}$$

式中:d_w 为工件待加工表面的直径(mm);d_m 为工件已加工表面的直径(mm)。

切削深度选用原则:粗加工应优先选用较大的切削深度,一般可取 2mm～4mm;精加工时,选择较小的切削深度对提高表面质量有利,但过小又使工件上原来凸凹不平的表面可能没有完全切除掉而达不到满意的效果,一般取 0.3mm～0.5mm(高速精车)或0.05mm～0.10mm(低速精车)。

课题 2 卧式车床型号与结构

4.2.1 卧式车床型号

GB/T 15375—1994 规定了车床型号的编制方法。车床依其类型和规格,可按类、组、型三级编成不同的型号,常用于实习的车床型号有 CA6140、C6136、C618,其字母与数字的含义如下:

"C"为"车"字的汉语拼音的第一个字母,直接读音为"车"

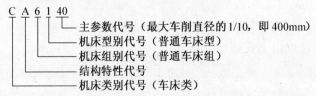

C 6 18
└── 主参数的1/10，即车床主轴轴线到导轨面的尺寸为180mm（其车削工件最大直径为360mm）
　└── 组别（普通车床）
　　└── 类别（车床类）

4.2.2　CA6140 型普通车床的主要部件名称和用途

CA6140 型普通车床的主要部件如图 4－3 所示。

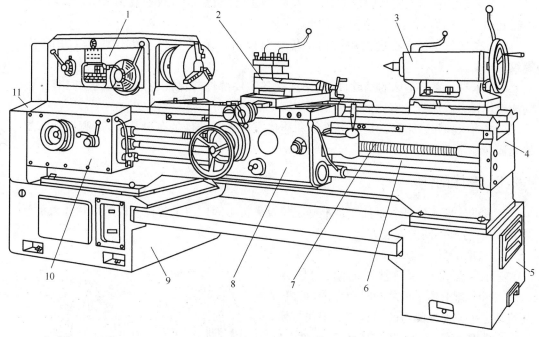

图 4－3　CA6140 车床外形图

1—主轴箱；2—刀架；3—尾座；4—床身；5、9—床腿；6—光杠；

7—丝杠；8—溜板箱；10—进给箱；11—挂轮。

（1）床头箱。又称主轴箱，内装主轴和变速机构。变速是通过改变设在床头箱外面的手柄位置，可使主轴获得 24 种正转转速（10r/min～1400r/min）和 12 种反转转速（14r/min～1580r/min）。内装有主轴实现主运动，主轴端部有三爪或四爪卡盘以夹持工件。

（2）进给箱。又称走刀箱，它是进给运动的变速机构。它固定在床头箱下部的床身前侧面。变换进给箱外面的手柄位置，可将床头箱内主轴传递下来的运动，转为进给箱输出的光杠或丝杠获得不同的转速，以改变进给量的大小或车削不同螺距的螺纹。作用是变换进给量，并把运动传给溜板箱。

（3）溜板箱。又称拖板箱，溜板箱是进给运动的操纵机构。其功用是将进给箱传来的运动传递给刀架，使刀架实现纵向进给、横向进给、快速移动和加工螺纹。溜板箱内设有互锁机构，使光杠、丝杠两者不能同时使用。

（4）刀架。它是用来装夹车刀，并可作纵向、横向及斜向运动。刀架是多层结构，它由下列组成。

① 大刀架。它与溜板箱牢固相连，可沿床身导轨作纵向移动。

97

② 中刀架。它装置在大刀架顶面的横向导轨上,可作横向移动。

③ 转盘。它固定在中刀架上,松开紧固螺母后,可转动转盘,使它和床身导轨成一个所需要的角度,而后再拧紧螺母,以加工圆锥面等。

④ 小刀架。它装在转盘上面的燕尾槽内,可作短距离的进给移动。

⑤ 方刀架。它固定在小刀架上,可同时装夹四把车刀。松开锁紧手柄,即可转动方刀架,把所需要的车刀更换到工作位置上。

(5) 尾架。它用于安装后顶尖,以支持较长工件进行加工,或安装钻头、铰刀等刀具进行孔加工。偏移尾架可以车出长工件的锥体。

(6) 光杠与丝杠。将进给箱的运动传至溜板箱。光杠用于一般车削,丝杠用于车螺纹。

(7) 床身。它是车床的基础件,用来连接各主要部件并保证各部件在运动时有正确的相对位置。在床身上有供溜板箱和尾架移动用的导轨。

(8) 前床脚和后床脚。是用来支承和连接车床各零部件的基础构件,床脚用地脚螺栓紧固在地基上。

4.2.3 车床附件

工件的安装主要任务是使工件准确定位及夹持牢固。由于各种工件的形状和大小不同,所以有各种不同的安装方法。

1. 三爪卡盘

三爪卡盘是车床最常用的附件(图4-4)。三爪卡盘上的三爪是同时动作的,可以达到自动定心兼夹紧的目的。其装夹工作方便,但定心精度不高(卡爪遭磨损所致),工件上同轴度要求较高的表面,应尽可能在一次装夹中车出。传递的扭矩也不大,故三爪卡盘适于夹持圆柱形、六角形等中小工件。当安装直径较大的工件时,可使用"反爪"。

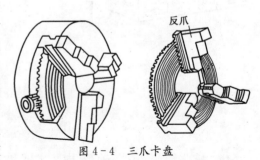

图4-4 三爪卡盘

2. 四爪卡盘

四爪卡盘也是车床常用的附件(图4-5),四爪卡盘上的四个爪分别通过转动螺杆而实现单动。根据加工的要求,利用划针盘校正后,安装精度比三爪卡盘高,四爪卡盘的夹紧力大,适用于夹持较大的圆柱形工件或形状不规则的工件。

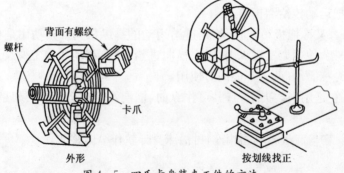

图4-5 四爪卡盘装夹工件的方法

3. 顶尖

常用的顶尖有死顶尖和活顶尖两种,如图 4-6 所示。

4. 花盘

在车削形状不规则或形状复杂的工件时,三爪、四爪卡盘或顶尖都无法装夹,必须用花盘进行装夹(图 4-7)。花盘工作面上有许多长短不等的径向导槽,使用时配以角铁、压块、螺栓、螺母、垫块和平衡铁等,可将工件装夹在盘面上。安装时,按工件的划线痕进行找正,同时要注意重心的平衡,以防止旋转时产生振动。

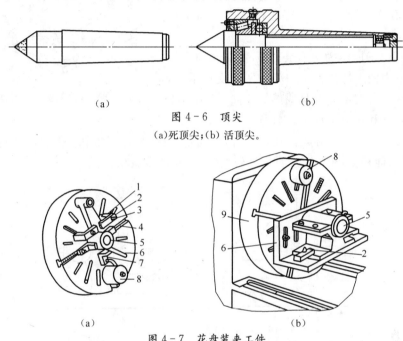

(a)   (b)

图 4-6 顶尖

(a)死顶尖;(b) 活顶尖。

(a)   (b)

图 4-7 花盘装夹工件

(a) 花盘上装夹工件;(b) 花盘与弯板配合装夹工件。

1—垫铁;2—压板;3—压板螺钉;4—T 形槽;5—工件;

6—弯板;7—可调螺钉;8—配重铁;9—花盘。

5. 中心架

当车削长度为直径 20 倍以上的细长轴或端面带有深孔的细长工件时,由于工件本身的刚性很差,当受切削力的作用时,往往容易产生弯曲变形和振动,把工件车成两头细中间粗的腰鼓形。为防止上述现象发生,需要附加辅助支承,即中心架或跟刀架。

中心架(图 4-8)主要用于加工有台阶或需要调头车削的细长轴,以及端面和内孔(钻

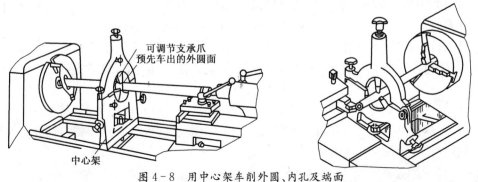

可调节支承爪
预先车出的外圆面

中心架

图 4-8 用中心架车削外圆、内孔及端面

中孔)。中心架固定在床身导轨上的,车削前调整其三个爪与工件轻轻接触,并加上润滑油。

6. 跟刀架

对不适宜调头车削的细长轴,不能用中心架支承,而要用跟刀架支承进行车削,以增加工件的刚性,如图4-9所示。跟刀架固定在床鞍上,一般有两个支承爪,它可以跟随车刀移动,抵消径向切削力,提高车削细长轴的形状精度和减小表面粗糙度值。

图4-10(a)所示为两爪跟刀架,此时车刀给工件的切削抗力使工件贴在跟刀架的两个支承爪上,但由于工件本身的重力以及偶然的弯曲,车削时工件会瞬时离开和接触支承爪,因而产生振动。比较理想的中心架是三爪中心架,如图4-10(b)所示。此时,由三爪和车刀抵住工件,使之上下、左右都不能移动,车削时工件就比较稳定,不易产生振动。

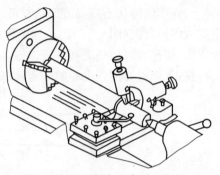

图4-9 跟刀架支承车削细长轴

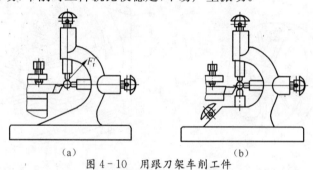

(a)   (b)

图4-10 用跟刀架车削工件

(a) 两爪跟刀架;(b) 三爪跟刀架。

4.2.4 刻度盘的使用及试切方法

车削时,为了正确和迅速掌握切深,必须熟练地使用中刀架和小刀架上的刻度盘。

1. 中刀架上的刻度盘

中刀架上的刻度盘是紧固在中刀架丝杠轴上,丝杠螺母是固定在中刀架上,当中刀架上的手柄带着刻度盘转一周时,中刀架丝杠也转一周,这时丝杆螺母带动中刀架移动一个螺距,所以中刀架横向进给的距离(即切深),可按刻度盘的格数计算。刻度盘每转一格,横向进给的距离＝丝杆螺距÷刻度盘格数(mm)。

如CA6136车床中刀架丝杠螺距为5mm,中刀架刻度盘等分为250格,当手柄带动刻度盘每转一格时,中刀架移动的距离为$5÷250＝0.02$mm,即进刀切深为0.02mm。由于工件是旋转的,所以工件上被切下的部分是车刀切深的两倍,也就是工件直径改变了0.04mm。

注意事项:进刻度时,如果刻度盘手柄过了头,或试切后发现尺寸不对而需将车刀退回时,由于丝杠与螺母之间有间隙存在,绝不能将刻度盘直接退回到所要的刻度,应反转约一周后再转至所需刻度(图4-11)。

2. 小刀架刻度盘

小刀架刻度盘的使用与中刀架刻度盘相同,应注意两个问题:CA6136 车床刻度盘每转一格,则带动小刀架移动的距离为 0.02mm;小刀架刻度盘主要用于控制工件长度方向的尺寸,与加工圆柱面不同的是小刀架移动了多少,工件的长度就改变了多少。

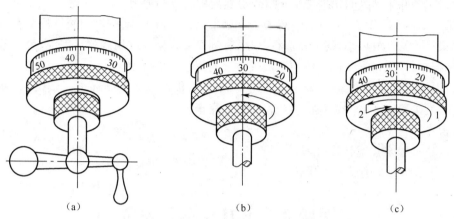

图 4-11 手柄摇过头后的纠正方法

(a) 要求手柄转至 30 但摇过头成 40;(b) 错误:直接退至 30;(c) 正确:反转约一周后再转至 30。

课题 3 试切的方法与步骤

工件在车床上安装以后,要根据工件的加工余量决定走刀次数和每次走刀的切深。半精车和精车时,为了准确地定切深,保证工件加工的尺寸精度,只靠刻度盘来进刀是不行的。因为刻度盘和丝杠都有误差,往往不能满足半精车和精车的要求,这就需要采用试切的方法。试切的方法与步骤如下(图 4-12)。

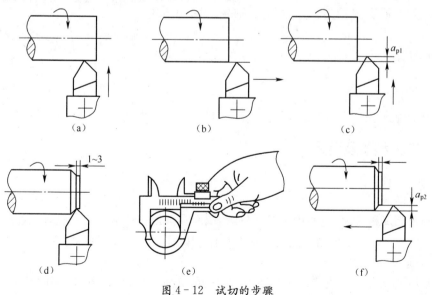

图 4-12 试切的步骤

101

第一步（图 4 - 12(a)、(b)），开车对刀，使刀尖与零件表面轻微接触，确定刀具与零件的接触点，作为进切深的起点，然后向右纵向退刀，记下中滑板刻度盘上的数值。注意对刀时必须开车，因为这样可以找到刀具与零件最高处的接触点，也不容易损坏车刀。

第二步（图 4 - 12(c)、(d)），按背吃刀量或零件直径的要求，根据中滑板刻度盘上的数值进切深，并手动纵向切进 1mm～3mm，然后向右纵向退刀。

第三步（图 4 - 12(e)、(f)），进行测量。如果尺寸合格了，就按该切深将整个表面加工完；如果尺寸偏大或偏小，就重新进行试切，直到尺寸合格。试切调整过程中，为了迅速而准确地控制尺寸，背吃刀量需按中滑板丝杠上的刻度盘来调整。

以上是试切的一个循环，如果尺寸还大，则进刀仍按以上的循环进行试切，如果尺寸合格了，就按确定下来的切深将整个表面加工完毕。

【实训操作】

1. CA6140 刻度盘操作练习。

2. 徒手练习车削试切步骤。

课题 4　车刀与车刀安装

车刀是车削加工的重要组成部分，车刀的结构与合理的角度直接影响车削加工的质量。

4.4.1　车刀

车刀有"一尖二刃三面"组成，如图 4 - 13 所示。

(1) 前刀面：是切屑流经过的表面。

(2) 主后面：是与工件切削表面相对的表面。

(3) 副后面：是与工件已加工表面相对的表面。

(4) 主切削刃：是前刀面与主后刀面的交线，担负主要的切削工作。

(5) 副切削刃：是前刀面与副后刀面的交线，起修光作用。

(6) 刀尖：是主切削刃与副切削刃的相交部分，为一小段过渡圆弧。

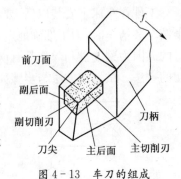

图 4 - 13　车刀的组成

4.4.2　车刀种类及用途

常见车刀种类如图 4 - 14 所示。

1. 外圆车刀

外圆车刀又称尖刀，主要用于车削外圆、端面和倒角。外圆车刀一般有三种形状。

(1) 直头尖刀。主偏角与副偏角基本对称，一般在 45°左右，前角可在 5°～30°之间选用，后角一般为 6°～12°。

(2) 45°弯头车刀。主要用于车削不带台阶的光轴，它可以车外圆、端面和倒角，使用比较方便，刀头和刀尖部分强度高。

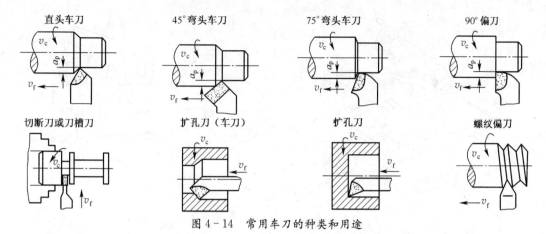

图 4-14 常用车刀的种类和用途

（3）75°强力车刀。主偏角为75°，适用于粗车加工余量大、表面粗糙、有硬皮或形状不规则的零件，它能承受较大的冲击力，刀头强度高，耐用度高。

2. 偏刀

偏刀的主偏角为90°，用来车削工件的端面和台阶，有时也用来车外圆，特别是用来车削细长工件的外圆，可以避免把工件顶弯。偏刀分为左偏刀和右偏刀两种，常用的是右偏刀，它的刀刃向左。

3. 切断刀和切槽刀

切断刀的刀头较长，其刀刃亦狭长，这是为了减少工件材料消耗和切断时能切到中心的缘故。因此，切断刀的刀头长度必须大于工件的半径。

切槽刀与切断刀基本相似，只不过其形状应与槽间一致。

4. 扩孔刀

扩孔刀又称镗孔刀，用来加工内孔。它可以分为通孔刀和不通孔刀两种。通孔刀的主偏角小于90°，一般为45°～75°，副偏角为20°～45°，扩孔刀的后角应比外圆车刀稍大，一般为10°～20°。不通孔刀的主偏角应大于90°，刀尖在刀杆的最前端，为了使内孔底面车平，刀尖与刀杆外端距离应小于内孔的半径。

5. 螺纹车刀

螺纹按牙型有三角形、方形和梯形等，相应使用三角形螺纹车刀、方形螺纹车刀和梯形螺纹车刀等。螺纹的种类很多，其中以三角形螺纹应用最广。采用三角形螺纹车刀车削公制螺纹时，其刀尖角必须为60°，前角取0°。

4.4.3 车刀的安装

车削前必须把选好的车刀正确安装在方刀架上，车刀安装的好坏，对操作顺利与加工质量都有很大关系。安装车刀时应注意下列几点（图4-15）。

（1）车刀刀尖应与工件轴线等高。如果车刀装得太高，则车刀的主后面会与工件产生强烈的摩擦；如果装得太低，切削就不顺利，甚至工件会被抬起来，使工件从卡盘上掉下来，或把车刀折断。为了使车刀对准工件轴线，可按床尾架顶尖的高低进行调整。

（2）车刀刀杆应与车床主轴轴线垂直，其底面应平放在方刀架上。

（3）车刀不能伸出太长。刀头伸出长度应小于刀杆厚度的1.5倍～2倍。因刀伸得

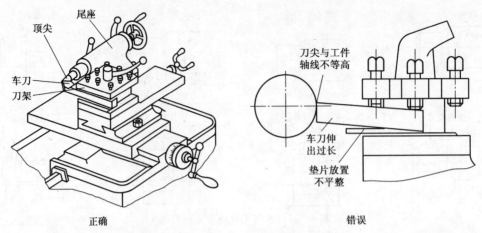

图 4-15 车刀的安装

太长,切削起来容易发生振动,使车出来的工件表面粗糙,甚至会把车刀折断。但也不宜伸出太短,太短会使车削不方便,容易发生刀架与卡盘碰撞。一般伸出长度不超过刀杆高度的1.5倍。

(4) 刀具应垫平、放正、夹牢。垫片必须平整,其宽度应与刀杆一样,长度应与刀杆被夹持部分一样,垫片数量不宜过多,以1片~3片为宜,垫片用得过多会造成车刀在车削时接触刚度变差而影响加工质量。一般用两个螺钉交替锁紧车刀。

(5) 锁紧方刀架。装好零件和刀具后,检查加工极限位置是否会干涉、碰撞。

【实训操作】

1. 外圆车刀组成认识。

2. 车刀安装练习。

课题5 车端面、车外圆与车台阶

4.5.1 车端面

圆柱体两端的平面叫做端面。对工件的端面进行车削的方法称为车端面,如图4-16所示。端面常作为轴套盘类零件的轴向基准,因此,车削时常将作为基准的端面先车出。车端面时刀具作横向进给,车刀在端面上的轨迹是螺旋线。车刀越接近工件中心切削速度越小,刀尖在工件中心时,车削速度为零。因此,刀尖与工件轴线一定要等高(特别是无孔的端面),否则工件中心余料难以切除。车端面常用的刀具有偏刀和弯头车刀两种。

(1) 用右偏刀车端面(图4-16(a))。用此右偏刀车端面时,如果是由外向里进刀,则是利用副刀刃在进行切削的,故切削不顺利,表面也车不细,车刀嵌在中间,使切削力向里,因此车刀容易扎入工件而形成凹面;用左偏刀由外向中心车端面(图4-16(b)),主切削刃切削,切削条件有所改善;用右偏刀由中心向外车削端面时(图4-16(c)),由于是利用主切削刃在进行切削,所以切削顺利,也不易产生凹面。使用右偏刀车削时,凸台是瞬间去掉的,容易损坏刀尖,此时若吃刀量较大,在切削力的作用下,易出现打刀,工件产生凹心。

(2) 用弯头刀车端面(图4-16(d))。弯头车刀车端面时,中心凸台是逐步去掉的,刀

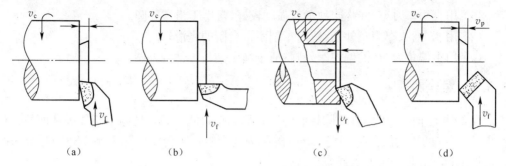

（a） （b） （c） （d）

图 4-16　车削端面

尖不易损坏,适用于车削大的端面。但精车端面时可用偏刀由中心向外进给,能提高端面的加工质量。弯头车刀的刀尖角等于 90°,刀尖强度要比偏刀大,不仅用于车端面,还可车外圆和倒角等工件。

车端面操作要点:

（1）安装零件时,要对其外圆及端面找正。

（2）安装车刀时,刀尖应对准零件中心,以免端面出现凸台（图 4-17）,造成崩刀或不易切削。

（3）端面质量要求较高时,最后一刀应由中心向外切削。

（4）车大端面时,为了车刀能准确的横向进给,应将床鞍板紧固在床身上,用小滑板调整背吃刀量。

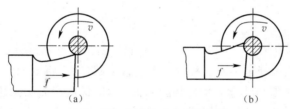

（a） （b）

图 4-17　车端面时车刀的安装

（a）车刀安装过低;（b）车刀安装过高。

（5）车削直径较大的端面,若出现凹心或凸面时,应检查车刀和方刀架是否未锁紧,以及中拖板的松紧程度。为避免车刀纵向移动,应将大拖板固定在床身上,用小拖板进给和调整切深。

4.5.2　车外圆

车削加工外圆柱面称为车外圆。在车削加工中,车削外圆是一个基础,绝大部分的工件都少不了外圆车削这道工序。车外圆时常见的方法有下列几种（图 4-18）。

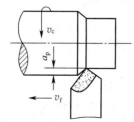 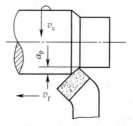 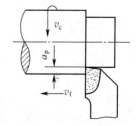

图 4-18　车削外圆

（1）用直头车刀车外圆：这种车刀强度较好，常用于粗车外圆。

（2）用45°弯头车刀车外圆：适用车削不带台阶的光滑轴。

（3）用主偏角为90°的偏刀车外圆：适于加工细长工件的外圆。

4.5.3 车台阶

在工件上车削出不同直径圆柱面的过程称为车台阶。通常把两个相邻圆柱面的直径差小于5mm的称为低台阶，大于5mm的称为高台阶。车台阶实际上是车外圆和端面的组合加工，车削时需兼顾二者的尺寸精度。

（1）低台阶车削方法。较低的台阶面可用偏刀在车外圆时一次走刀同时车出，车刀的主切削刃要垂直于工件的轴线（图4-19(a)），可用角尺对刀或以车好的端面来对刀（图4-19(b)），使主切削刃和端面贴平。

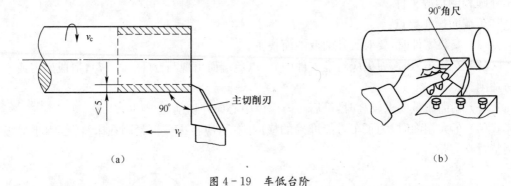

（a）　　　　　　　　　　　　　　　（b）

图4-19　车低台阶

（2）高台阶车削方法。车削高于5mm台阶的工件，因肩部过宽，车削时会引起振动。因此高台阶工件可先用外圆车刀把台阶车成大致形状，然后将偏刀的主切削刃装得与工件端面有5°左右的间隙，分层进行切削（图4-20），但最后一刀必须用横走刀完成，否则会使车出的台阶偏斜。

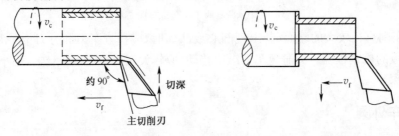

图4-20　车高台阶

为使台阶长度符合要求，可用刀尖预先刻出线痕，以此作为加工界限。

4.5.4 粗车和精车

车外圆常需经过粗车和精车两个步骤。

粗车的目的是尽快地从毛坯上切去大部分加工余量，使工件接近于最后形状和尺寸，粗车时，对加工质量要求不高，这时切削深度应大些（1mm～3mm），进给量也可取大一些（0.8mm～1.2mm），因此粗车时要优先选用较大的切深，其次根据可能适当加大进给量,最后选用中等偏低的切削速度。

精车的目的是要保证工件的尺寸精度和表面质量,精车时的切削深度较小(0.1mm
～0.3mm),进给量也较小(0.05mm～0.2mm),因此精车时切削力较小,切削速度可大
点,以提高工作效率。精车的车削用量见表4-1。

表4-1 精车切削用量

		α_p/mm	f/(mm/r)	v/(mm/min)
车削铸铁件		0.1～0.15		60～70
车削钢件	高速	0.3～0.50	0.05～0.2	100～120
	低速	0.05～0.10		3～5

粗车和精车开始前,均需进行试车。在车床上加工一个零件,往往要经过许多车削步
骤才能完成。为了提高生产效率,保证加工质量,生产中把车削加工分为粗车和精车。如
果零件精度要求高还需要磨削时,车削又可分为粗车和半精车。

【实训操作】

1. 选取 $\phi 20 \times 63$mm 的 45 钢为毛坯,车端面后保证长度 60mm。

2. 练习车削图 4-21 的台阶。

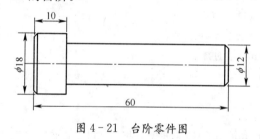

图 4-21 台阶零件图

课题 6　切槽与切断

回转体表面常有退刀槽、砂轮越程槽等沟槽,在回转体表面上车出沟槽的方法称
车槽。

切断是将坯料或零件从夹持端上分离出来,主要用于圆棒料按尺寸要求下料或把加
工完毕的零件从坯料上切下来。

4.6.1　切槽刀与切断刀

1. 切槽刀

切槽刀(图 4-22)前端为主切削刃,两侧为副切削刃。切断刀的刀头形状与切槽刀
相似,但其主切削刃较窄,刀头较长,切槽与切断都是以横向进刀为主。

2. 切断刀的安装

(1) 刀尖必须与工件轴线等高,否则不仅不能把工件切下来,而且很容易使切断刀折
断(图 4-23)。

(2) 切断刀和切槽刀必须与工件轴线垂直,否则车刀的副切削刃会与工件两侧面产

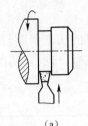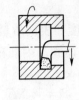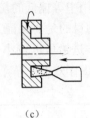

(a)   (b)   (c)

图 4-22　切槽刀及切断刀

(a) 切外槽；(b) 切内槽；(c) 切端面槽。

生摩擦(图 4-24)。

(3) 切断刀的底平面必须平直,否则会引起副后角的变化,在切断时切刀的某一副后刀面会与工件强烈摩擦。

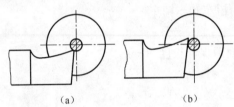 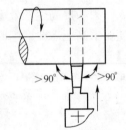

图 4-23　切断刀尖须与工件中心同高　　　图 4-24　切槽刀的正确位置

(a) 刀尖过低易被压断；(b) 刀尖过高不易切削。

4.6.2　切断

1. 操作要点

(1) 切断直径小于主轴孔的棒料时,可把棒料插在主轴孔中,并用卡盘夹住,切断刀离卡盘的距离应小于工件的直径,否则容易引起振动或将工件抬起来而损坏车刀,如图 4-25 所示。

(2) 切断在两顶尖顶住或一端卡盘夹住另一端用顶尖顶住的工件时,不可将工件完全切断。

2. 切断时应注意的事项

(1) 切断刀本身的强度很差,很容易折断,所以操作时要特别小心。

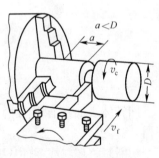

图 4-25　切断

(2) 应采用较低的切削速度、较小的进给量。

(3) 调整好车床主轴和刀架滑动部分的间隙。

(4) 切断时还应充分使用冷却液,使排屑顺利。

(5) 快切断时还必须放慢进给速度。

4.6.3　车外沟槽的操作要点

(1) 车削较窄的沟槽时,可用刀头宽度等于槽宽的切槽刀一刀车出。

(2) 在车削较宽的沟槽时,应先用外圆车刀的刀尖在工件上刻两条线,把沟槽的宽度和位置确定下来,然后用切槽刀在两条线之间进行粗车,但这时必须在槽的两侧面和槽的底部留下精车余量,最后根据槽宽和槽底进行精车。

【实训操作】

1. 切断刀安装练习。

2. 在工件上练习切外槽及断面槽。

3. 按图 4-26 零件图样要求切槽 5×3mm 和 3mm 的窄槽。

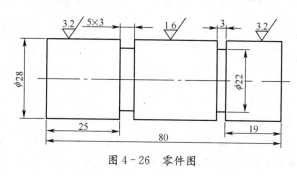

图 4-26 零件图

课题 7 钻孔与镗孔

在车床上加工圆柱孔时,可以用钻头、扩孔钻、铰刀和镗刀进行钻孔、扩孔、铰孔和镗孔工作。

4.7.1 钻孔

在实体材料上加工出孔的工作叫做钻孔,在车床上钻孔(图 4-27),钻孔的精度较低、表面粗糙,多用于对孔的粗加工。

钻削时,零件旋转运动为主运动,钻头的纵向移动为进给运动,钻孔操作步骤如下。

(1)车平端面。为防止钻头引偏,先将零件端面车平,且在端面中心预钻锥形定心坑。

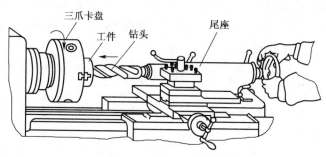

图 4-27 在车床上钻孔

(2)装夹钻头。锥柄钻头可直接装在尾座套筒锥孔中,直柄钻头用钻夹头夹持。

(3)调整尾座位置。调整尾座位置,使钻头能达到所需长度,为防止振动应使套筒伸出距离尽量短。位置调好后,固定尾座。

(4)开车钻削。钻削时速度不宜过高,以免钻头剧烈磨损,通常取 v 为 0.3m/s～

0.6m/s。

钻削时应先慢后快,将要钻通时,应降低进给速度,以防折断钻头。孔钻通后,先退出钻头再停车。钻削过程中,必须经常退出钻头进行排屑和冷却。钻削碳素钢时,必须加切削液。

扩孔常用于铰孔前或磨孔前的预加工,常使用扩孔钻作为钻孔后的预精加工。

为了提高孔的精度和降低表面粗糙度,常用铰刀对钻孔或扩孔后的工件再进行精加工。

在车床上加工直径较小、而精度要求较高和表面粗糙度要求较细的孔,通常采用钻、扩、铰的加工工艺来进行。

4.7.2 镗孔

镗孔是对钻出、铸出或锻出的孔的进一步加工,以达到图纸上精度等技术要求。在车床上镗孔要比车外圆困难,因镗杆直径比外圆车刀细得多,而且伸出很长,因此往往因刀杆刚性不足而引起振动,所以切深和进给量都要比车外圆时小些,切削速度也要小10%～20%。镗不通孔时,由于排屑困难,所以进给量应更小些。

镗孔由镗刀伸进孔内进行切削,如图4-28所示。镗刀的特点是刀杆细而长,刀头小。镗孔能较好地保证同轴度,常作为孔的粗加工、半精加工和精加工方法。

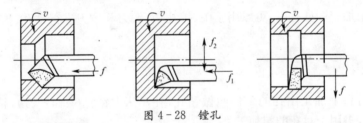

图 4-28 镗孔

镗孔的方法步骤如下:

(1) 选择和安装镗刀。镗通孔应采用通孔镗刀,不通孔用不通孔镗刀。镗刀杆应尽可能粗些,伸出刀架的长度应尽量小,以保证刀杆刚度。刀尖与孔中心等高或略高。刀杆中心线应大致平行于纵向进给方向;刀尖应对准中心,精镗或镗小孔时可略为装高一些。

(2) 选择切削用量和调整车床。镗孔时不易散热,且镗刀刚度较小,又难以加切削液,所以切削用量应比车外圆时小。

(3) 粗镗孔时,应先试切,调整切深,以自动进给进行切削。必须注意镗刀横向手柄转动方向与外圆车削时方向相反。

(4) 精镗孔时切深和进给量应更小。当孔径接近最后尺寸时,应以很小的切深重复镗几次,消除孔的锥度。

【实训操作】

1. 钻头装夹练习。

2. 镗刀安装练习。

3. 按图4-29零件图样钻 $\phi20$ 的孔和镗 $\phi40$ 的孔。

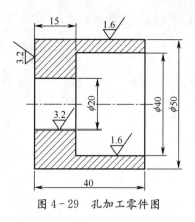

图 4-29 孔加工零件图

课题 8 车 圆 锥

在机械制造业中,除采用内外圆柱面作为配合表面外,还广泛采用内外圆锥面作为配合表面,如车床主轴的锥孔、尾座的套筒、钻头的锥柄等。这是因为圆锥面配合紧密,拆卸方便,而且多次拆卸仍能准确定心。圆锥面具有配合紧密、定位准确、装卸方便等优点,并且即使发生磨损,仍能保持精密地定心和配合作用,因此圆锥面应用广泛。

4.8.1 概述

将工件车削成圆锥表面的方法称为车圆锥。圆锥分为外圆锥(圆锥体)和内圆锥(圆锥孔)两种。

锥度:$C = \dfrac{D-d}{l} = 2\tan a$

斜度:$M = \dfrac{D-d}{2l} = \tan a = \dfrac{C}{2}$

式中:C 为锥度;M 为斜度。

4.8.2 车削圆锥面的方法

车削圆锥面的方法有 4 种:宽刀法、转动小拖板法、偏移尾座法和靠模法。

1. 宽刀法

图 4-30 为用宽刀法车削圆锥面。这种方法仅适用于车削较短的内、外圆锥面。优点是加工迅速,能加工任意角度的圆锥面。缺点是加工的圆锥面不能太长,切削面积大,要求机床与工件有较好的刚性。

2. 转动小拖板法

图 4-31 为用转动小拖板法车削圆锥面。此法是将小拖板绕转盘轴线转过 1/2 锥角(见转盘刻度),然后紧固。加工时,转动小拖板手柄,使车刀沿锥面的母线移动,从而加工出所需的圆锥面。

(1)小拖板的转动方向:车内、外圆锥工件时,当主轴正转,车刀正向装夹时,最大圆锥直径靠近主轴,最小圆锥直径靠近尾座,小滑板逆时针方向转动 $a/2$(圆锥半角)。反之，车削倒锥时，则顺时针方向转动 $\alpha/2$（圆锥半角）。

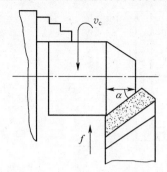
图 4-30　宽刀法车削圆锥面

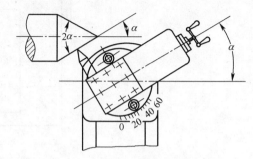
图 4-31　转动小拖板法车削圆锥面

（2）小拖板的转动角度：换算原则是把图样上所标注的角度，换算成圆锥素线与车床主轴轴线的夹角 $\alpha/2$。$\alpha/2$ 就是小滑板转过的角度。

（3）转动小拖板车圆锥的优点：调整方便，操作简单，可以加工锥角为任意大小的内外圆锥面，因此应用广泛。缺点是所加工圆锥面的长度受小拖板行程长度的限制，只能加工短锥面。且多为手动进给，故车削时进给量不均匀，表面质量较差。

3. 偏移尾座法

1）偏移尾座的基本原理

采用偏移尾座法车外圆锥面，必须将工件用两顶尖装夹，把尾座向里（车正外圆锥面）或向外（车倒外圆锥面）横向移动一段距离 S 后，使工件回转轴线与车床主轴轴线相交，并使其夹角等于工件圆锥半角 $\alpha/2$。由于床鞍是沿平行于主轴轴线的进给方向移动的，工件就车成了一个圆锥体，如图 4-32 所示。

2）尾座偏移量 S 的计算

尾座偏移量不仅与圆锥长度 L 有关，而且还与两顶尖之间的距离有关（两顶尖之间的距离一般可近似看作工件全长 L_0）。

尾座偏移量的近似公式：

$$S = L\tan\frac{\alpha}{2} = L_0 \times \frac{D-d}{2L} \text{ 或 } S = \frac{C}{2}L_0$$

式中：S 为尾座偏移量（mm）；D 为最大圆锥直径（mm）；d 为最小圆锥直径（mm）；L 为圆锥长度（mm）；L_0 为工件全长（mm）；C 为锥度（°）。

方法是把尾架顶尖偏移一个距离 S，使工件的旋转轴线与机床主轴轴线相交一个角度（1/2 圆锥角），利用车刀的纵向进给，车出所需的圆锥面。

这种方法的优点是能自动进给车削较长的圆锥面；缺点是尾架可偏移距离 S 较小，中心孔与顶尖配合不良，特别是当半圆锥角大于 6°后误差较大，尾架偏移量较大，使中心孔与顶尖的配合变坏，装夹不可靠，故一般用于车削小锥度的长锥面。且精确调整尾架偏移量较费时，也不能加工锥孔。

4. 靠模法

图 4-33 是利用靠模法车削圆锥面。对于某些较长的圆锥面和圆锥孔，当其精度要求较高而批量又较大时常用此方法。

靠模板是车床加工圆锥面的附件。一般将靠模板装置底座固定在车床床身的后面，

112

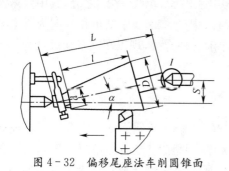

图 4-32 偏移尾座法车削圆锥面

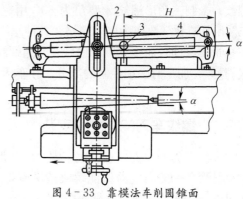

图 4-33 靠模法车削圆锥面

1—中滑板;2—滑块;3—中心轴;4—靠模板。

底座上面装有锥度靠模板,它可以绕中心轴线旋转到与工件轴线相交成 1/2 圆锥角的角度。滑板可自由地沿着靠模板滑动,滑板又用固定螺钉与中拖板连接在一起。为了使中拖板能自由滑动,必须把中拖板上的横向进给丝杠与螺母脱开。为了便于调整切削深度,小拖板必须转过 90°。当大拖板作纵向自动进给时,滑板就沿着靠模板滑动,从而使车刀的运动平行于靠模板,车出所需的圆锥面。

靠模法的优点是可在自动进给条件下车削锥体,能保证一批工件获得稳定一致的合格锥度。但目前已逐步被数控车削锥体所代替。

车削长度较短和锥度较大的圆锥体和圆锥孔时常采用转动小刀架,这种方法操作简单,能保证一定的加工精度,所以应用广泛。车床上小刀架转动的角度就是斜角 α。将小拖板转盘上的螺母松开,与基准零线对齐,然后固定转盘上的螺母,摇动小刀架手柄开始车削,使车刀沿着锥面母线移动,即可车出所需要的圆锥面。这种方法的优点是能车出整锥体和圆锥孔,能车角度很大的工件,但只能用手动进刀,劳动强度较大,表面粗糙度也难以控制,且由于受小刀架行程限制,因此只能加工锥面不长的工件。

【实训操作】

1. 练习转动小拖板车锥度。

2. 在图 4-29 基础上按图 4-34 零件图样用转动小拖板车锥度。

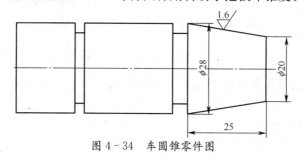

图 4-34 车圆锥零件图

课题 9　车　螺　纹

螺纹种类有很多,按牙型分为三角形、梯形、方牙螺纹等数种,按标准分有米制和英制螺纹。米制三角形螺纹牙型角为 60°,用螺距或导程来表示;英制三角形螺纹牙型角为 55°,用每英寸牙数作为主要规格。各种螺纹都有左旋、右旋、单线、多线之分,其中以米制三角形螺纹即普通螺纹应用最广。普通螺纹以大径、中径、螺距、牙型角和旋向为基本要素,是螺纹加工时必须控制的部分。在车床上能车削各种螺纹,现以车削普通螺纹为例予以说明。

4.9.1　螺纹车刀的角度和安装

螺纹车刀的刀尖角直接决定螺纹的牙形角(螺纹一个牙两侧之间的夹角),对公制螺纹其牙形角为 60°,它对保证螺纹精度有很大的关系。螺纹车刀的前角对牙形角影响较大(图 4-35),如果车刀的前角大于或小于零度时,所车出螺纹牙形会大于车刀的刀尖角,前角越大,牙形角的误差也就越大。精度要求较高的螺纹,常取前角为零度。粗车螺纹时为改善切削条件,可取正前角的螺纹车刀。

安装螺纹车刀时,应使刀尖与工件轴线等高,否则会影响螺纹的截面形状,并且刀尖的平分线要与工件轴线垂直。如果车刀装得左右歪斜,车出来的牙形就会偏左或偏右。为了使车刀安装正确,可采用样板对刀(图 4-36)。

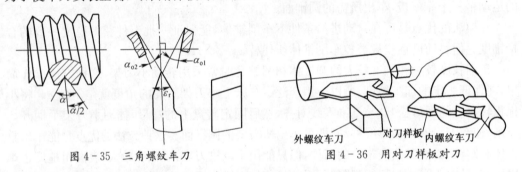

图 4-35　三角螺纹车刀　　　　　图 4-36　用对刀样板对刀

4.9.2　车螺纹的进刀方法

1. 直进刀法

用中滑板横向进刀,两切削刃和刀尖同时参加切削。直进刀法操作方便,能保证螺纹牙型精度,但车刀受力大,散热差,排屑难,刀尖易磨损。此法适用于车削脆性材料、小螺距螺纹或精车螺纹。

2. 斜进刀法

用中滑板横向进刀和小滑板纵向进刀相配合,使车刀基本上只有一个切削刃参加切削,车刀受力小,散热、排屑有改善,可提高生产率。但螺纹牙型的一侧表面粗糙度值较大,所以在最后一刀要留有余量,用直进法进刀修光牙型两侧。此法适用于塑性材料和大螺距螺纹的粗车。

在车削时,有时出现乱扣。所谓乱扣就是在第二刀时不是在第一刀的螺纹槽内。为了避免乱扣,可用丝杆螺距除以工件螺距即 P/T,若比值为 N 且为整数倍时,就不会乱扣。若不为整数,就会乱扣。因此在加工前应首先确定是否乱扣,如果不乱扣就可以采用提闸(提开合螺母)的加工方法,即在第一条螺纹槽车好以后,退刀提闸,然后用手将大拖板摇回螺纹头部,再合上开合螺母车第二刀,直至螺纹车好为止。若经计算会产生乱扣时,为避免乱扣,在车削过程和退刀时,应始终保持主轴至刀架的传动系统不变,如中途需拆下刀具刃磨,磨好后应重新对刀。对刀必须在合上开合螺母使刀架移到工件的中间停车进行。此时移动刀架使车刀切削刃与螺纹槽相吻合且工件与主轴的相对位置不能改变。

螺纹车削的特点是刀架纵向移动比较快,因此操作时既要胆大心细,又要思想集中,动作迅速协调。车削螺纹的力法有直进切削法和左右切削法两种。现介绍直进切削法。

4.9.3 螺纹的车削方法

车螺纹前要做好准备工作,首先把工件的螺纹外圆直径按要求车好(比规定要求应小于 0.1mm～0.2mm),然后在螺纹的长度上车一条标记,作为退刀标记,最后将端面处倒角,装夹好螺纹车刀。其次调整好车床,为了在车床上车出螺纹,必须使车刀在主轴每转一周得到一个等于螺距大小的纵向移动量,因此刀架是用开合螺母通过丝杆来带动的,只要选用不同的配换齿轮或改变进给箱手柄位置,即可改变丝杆的转速,从而车出不同螺距的螺纹。一般车床都有完善的进给箱和挂轮箱,车削标准螺纹时,可以从车床的螺距指示牌中,找出进给箱各操纵手柄应放的位置进行调整。车床调整好后,选择较低的主轴转速,开动车床,合上开合螺母,开正反车数次后,检查丝杠与开合螺母的工作状态是否正常,为使刀具移动较平稳,需消除车床各拖板间隙及丝杆螺母的间隙。正反车车外螺纹操作步骤如图 4-37 所示。

(1) 开车,使车刀与工件轻微接触,记下刻度盘读数,向右退出车刀(图 4-37(a))。

(2) 合上开合螺母,在工件表面工车出一条螺旋线,横向退出车刀,停车(图 4-37(b))。

(3) 开反车使车刀退到工件右端,停车,用钢直尺检查螺距是否正确(图 4-37(c))。

(4) 利用刻度盘调整切削深度,开车切削(图 4-37(d))。

(5) 车刀将至行程终了时,应做好退刀停车准备,先快速退出车刀,开反车退回刀架(图 4-37(e))。

(6) 再次横向切入,继续切削,其切削过程的路线如图 4-37(f)所示。

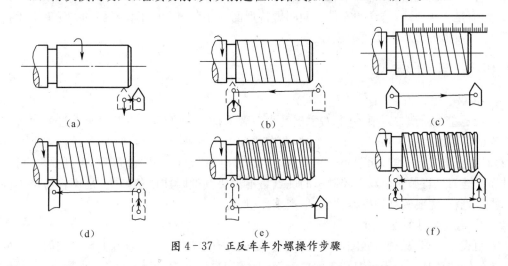

图 4-37 正反车车外螺操作步骤

4.9.4 车螺纹注意事项

（1）调整中、小滑板导轨上的斜铁，保证合适的配合间隙，使刀架移动均匀、平稳。

（2）若由顶尖上取下零件测量时，不得松开卡箍。重新安装零件时，必须使卡箍与拨盘保持原来的相对位置，并且必须对刀检查。

（3）若需在切削中途换刀，则应重新对刀。由于传动系统存在间隙，对刀时应先使车刀沿切削方向走一段距离，停车后再进行对刀。此时移动小滑板使车刀切削刃与螺纹槽相吻合即可。

（4）为保证每次走刀时，刀尖都能正确落在前次车削的螺纹槽内，当丝杠的螺距不是零件螺距的整数倍时，不能在车削过程中打开开合螺母，应采用正反车法。

（5）车削螺纹时严禁用手触摸零件或用棉纱擦拭旋转的螺纹。

【实训操作】

1. 练习开合螺母车螺纹（能被 6 整除的螺距）。

2. 练习正反车车螺纹。

3. 车削图 4-38 零件样图中 M12 外螺纹。

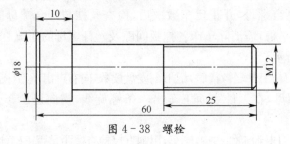

图 4-38　螺栓

课题 10　车成形面和滚花

有些机器零件，如手柄、手轮、圆球、凸轮等，它们不像圆柱面、圆锥面那样母线是一条直线，而是一条曲线，这样的零件表面叫做特形面。在车床上加工特形面的方法有双手控制法、用成形刀法和用靠模板法等。

4.10.1　车成形面

1. 双手控制法

就是左手摇动中刀架手柄，右手摇动小刀架手柄，两手配合，使刀尖所走过的轨迹与所需的特形面的曲线相同。在操作时，左右摇动手柄要熟练，配合要协调，最好先做个样板，对照它来进行车削，如图 4-39 所示。当车好以后，如果表面粗糙度达不到要求，可用砂布或锉刀进行抛光。双手控制法的优点是不需要其他附加设备，缺点是不容易将工件车得很光整，需要较高的操作技术，生产率也很低。

2. 用成形刀车成形面

用成形刀车成形面，如图 4-40 所示。要求刀刃形状与工件表面吻合，装刀时刃口要与工件轴线等高。由于车刀和工件接触面积大，容易引起振动，因此需要采用小切削量，

116

只作横向进给,且要有良好润滑条件。此法操作方便,生产率高,且能获得精确的表面形状。但由于受工件表面形状和成型尺寸的限制,且刀具制造、刃磨较困难,因此只在成批生产较短成形面的零件时采用。

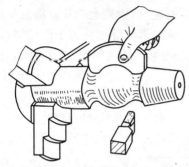

图 4-39 双手控制法车成形面

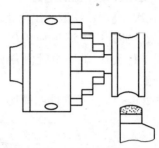

图 4-40 用成形刀车成形面

3. 用靠模板车成形面

用靠模板车成形面,如图 4-41 所示。车削成形面的原理和靠模车削圆锥面相同。加工时,只要把滑板换成滚柱,把锥度靠模板换成带有所需曲线的靠模板即可。此法加工工件尺寸不受限制,可采用机动进给,生产效率高,加工精度高,广泛用于成批量生产中。

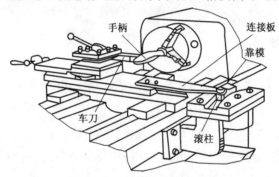

图 4-41 用靠模板车成形面

4.10.2 滚花

有些机器零件或工具,为了便于握持和外形美观,往往在工件表面上滚出各种不同的花纹,这种工艺叫滚花。这些花纹一般是在车床上用滚花刀滚压而成的,如图 4-42 所示。花纹有直纹和网纹两种,滚花刀相应有直纹滚花刀和网纹滚花刀两种。

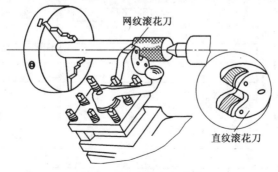

图 4-42 在车床上滚花

117

滚花时,先将工件直径车到比需要的尺寸略小 0.5mm 左右,表面粗糙度值较大。车床转速要低一些(一般为 200r/min~300r/min)。然后将滚花刀装在刀架上,使滚花刀轮的表面与工件表面平行接触,滚花刀对着工件轴线开动车床,使工件转动。当滚花刀刚接触工件时,要用较大较猛的压力,使工件表面刻出较深的花纹,否则会把花纹滚乱。这样来回滚压几次,直到花纹滚凸出为止。在滚花过程中,应经常清除滚花刀上的铁屑,以保证滚花质量。此外由于滚花时压力大,所以工件和滚花刀必须装夹牢固,工件不可以伸出太长,如果工件太长,就要用后顶尖顶紧。

【实训操作】

1. 按图 4-43 所示零件图样加工 R14 半圆球部分,允许用锉刀、砂布抛光。

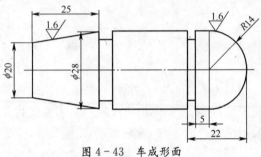

图 4-43　车成形面

2. 练习在车床上滚花。

课题 11　综合作业

综合作业是学生对某一工件的独立实践操作,通过综合作业的练习,可以检验并提高学生的实际动手能力和分析能力。同时也是评定学生车削实习操作考核成绩的主要依据。

【实训操作】

(1) 按图 4-44 所示零件图样加工调整手柄。其加工过程见表 4-2。

(2) 按图 4-45 所示零件图样加工榔头手柄。其加工过程见表 4-3。

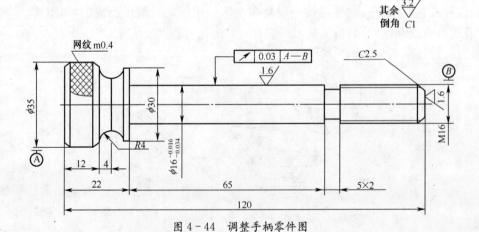

图 4-44　调整手柄零件图

118

表 4-2 调整手柄加工过程

工序号	工序名称	工 序 内 容	刀 具	设备	装夹方法
1	下料	下料 $\phi40\times135$mm		切割机	
2	车	夹 $\phi40$mm 毛坯外圆,车右端面	弯头外圆车刀	车床	三爪卡盘顶尖
		在右端面钻 A2.5 中心孔,用尾座顶尖顶住	中心钻		
		车削外圆 $\phi35$mm 至尺寸	右偏刀		
		车削 $\phi30$mm 外圆至尺寸,留长 108mm	右偏刀		
		滚花网纹 m0.4 至尺寸	滚花刀		
		车削 $\phi16^{-0.006}_{-0.014}$mm 外圆至 $\phi18$ mm 外圆,留长 98mm	右偏刀		
		车削 $\phi16^{-0.006}_{-0.014}$外圆至尺寸	右偏刀		
		车削螺纹 M16 至 $\phi15.75$mm 外圆,留长 33mm	右偏刀		
		车削槽 R4 和退刀槽 5×2	车槽刀		
		倒角 C1 和 C2.5	弯头外圆车刀		
		车削螺纹 M16 至要求	螺纹车刀		
		切断长 120mm	切断刀		
3	检验	按图样要求检验			

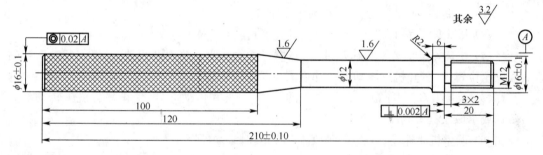

技术要求:1. 所有倒角 $1\times45°$。
2. 网纹 m=0.2。
3. 两端打60°复合中心孔。

图 4-45 榔头手柄零件图

表 4-3 榔头手柄加工过程

工序号	工序名称	工 艺 简 图	工序内容	刀具	装夹方法
1	下料		下料 $\phi18\times215$mm	切割机	
2	车		两端车端面保证长度 210mm	弯头外圆车刀	一夹一顶
			两端打中心孔	中心钻	
			车 $\phi18$ 至 $\phi16\pm0.1\times100$mm	右偏刀	
			倒角 $1\times45°$	弯头车刀	
			滚花	滚花刀	

（续）

工序号	工序名称	工艺简图	工序内容	刀具	装夹方法
2	车	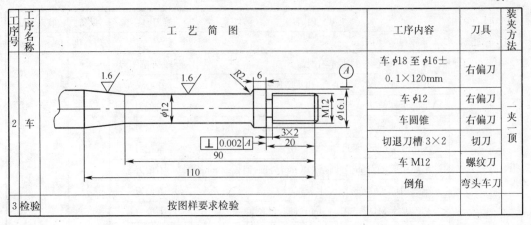	车 φ18 至 φ16± 0.1×120mm	右偏刀	一夹一顶
			车 φ12	右偏刀	
			车圆锥	右偏刀	
			切退刀槽 3×2	切刀	
			车 M12	螺纹刀	
			倒角	弯头车刀	
3	检验	按图样要求检验			

课题 12　车工安全操作规程

（1）工作前按规定穿戴好防护用品，扎好袖口，不准围围巾、戴手套，女工发辫应挽在帽子里。

（2）工具、夹具、刀具及工件必须装夹牢固。

（3）机床轨道面上，工作台上禁止摆放工具或其他东西。

（4）机床开动前要对机床注油部位进行加油，并要观察周围的动态，机床开动后要站在安全位置上，避开机床运动部位和铁屑飞溅。

（5）机床开动后，不准接触传动着的工件、刀具和传动部分，禁止隔着机床转动部分传递或拿取工具等物品。

（6）调整机床速度、行程、装夹工件和刀具时必须停车。

（7）不准用手直接清除铁屑，应使用专门化工具清扫。

（8）凡两人或两人以上在同一机床上实训时，必须有一专人负责安全，统一指挥，防止事故发生。

（9）若设备发生异常，应立即停车，报请有关人员进行检查。

（10）不准在机床运转时离开工作岗位。因故要离开时必须停车，并切断电源。

思考与练习

1．选择切削速度要考虑哪些因素？这些因素对切削速度有什么影响？

2．简述三爪卡盘和四爪卡盘适用的范围和特点。

3．简述车锥体的方法、适用范围，车锥体时车刀安装要求及锥体检验方法。

知识模块5 铣 削

【导读】

铣削加工是应用相切法成形原理，用多刃回转体刀具在铣床上对平面、台阶面、沟槽、成形表面、形腔表面、螺旋表面进行加工的一种切削加工方法。本模块主要介绍铣削加工范围、铣床、工件装夹方法及铣削平面、沟槽和键槽的操作方法。

【能力要求】

1. 了解铣削加工的基本知识。
2. 熟悉零件在机床用平口虎钳中的装夹及校正方法。
3. 熟悉卧式万能铣床主要组成部分名称、运动及其作用。
4. 掌握卧式铣床、立式铣床上加工水平面、垂直面及沟槽的操作。

课题1 铣 削 概 述

铣削加工是机械制造业中重要的加工方法。铣削，就是在铣床上以铣刀旋转作主运动，工件作进给运动的切削加工方法。

5.1.1 铣削加工范围

铣削的加工范围广泛，可加工各种平面、沟槽和成形面，还可进行切断、分度、钻孔、铰孔、镗孔等工作，如图 5-1 所示。在切削加工中，铣床的工作量仅次于车床，在成批大量生产中，除加工狭长的平面外，铣削几乎代替刨削。

铣削加工的尺寸精度为 IT8 级～IT7 级，表面粗糙度 Ra 值为 $3.2\mu m$～$1.6\mu m$。若以高的切削速度、小的背吃刀量对非铁金属进行精铣，则表面粗糙度 Ra 值可达 $0.4\mu m$。

5.1.2 铣削加工的特点

铣削加工具有加工范围广、生产率高等优点，因此得到广泛的应用。

（1）生产率高。铣刀是典型的多齿刀具，铣削时刀具同时参加工作的切削刃较多，可利用硬质合金镶片刀具，采用较大的切削用量，且切削运动是连续的，因此，与刨削相比，铣削生产效率较高。

（2）铣削时刀齿散热条件较好。每个刀齿是间歇地进行切削，切削刃的散热条件好，但切入切出时热的变化及力的冲击，将加速刀具的磨损，甚至可能引起硬质合金刀片的碎裂。

（3）容易产生振动。由于铣刀刀齿不断切入切出，使铣削力不断变化，因而容易产生振动，这将限制铣削生产率和加工质量的进一步提高。

（4）加工成本较高。由于铣床结构较复杂,铣刀制造和刃磨比较困难,使得加工成本增加。

5.1.3 铣削的基本运动

铣削是以铣刀的旋转运动为主运动,而以工件的直线或旋转运动或铣刀直线运动为进给运动的切削加工方法,即铣削时工件与铣刀的相对运动称为铣削运动,它包括主运动和进给运动。

1. 主运动

主运动是形成机床切削速度或消耗主要动力的运动。铣削运动中,铣刀的旋转运动是主运动。

2. 进给运动

进给运动是使工件切削层材料相继投入切削,从而加工出来完整表面所需要的运动。铣削运动中,工件的移动或转动、铣刀的移动等都是进给运动。另外,进给运动按运动方向可分为纵向进给、横向进给和垂直进给三种。

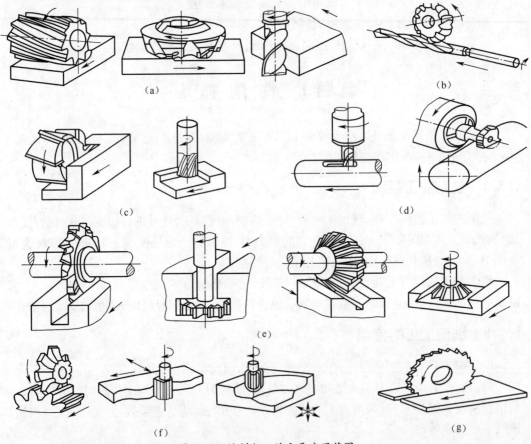

图 5-1 铣削加工的主要应用范围

(a)铣平面;(b)铣螺旋槽;(c)铣台阶面;(d)铣键槽;(e)铣直槽;(f)铣成形面;(g)切断。

3. 铣削用量

铣削用量是指在铣削过程中所选用的切削用量,是衡量铣削运动大小的参数。铣削用量包括四个要素,即铣削速度、进给量、铣削深度和铣削宽度,如图 5-2 所示。在保证被加工工件能获得所要求加工精度和表面粗糙度的情况下,根据铣床、刀具、夹具的刚度和使用条件,适宜地选择铣削速度、进给量、铣削深度和铣削宽度。

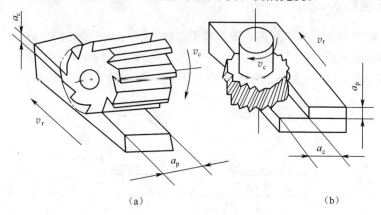

图 5-2　铣削用量
(a)周铣;(b)端铣。

1) 铣削速度

主运动的线速度即为铣削速度,也就是铣刀刀刃上离中心最远的一点 1min 内在被加工表面所走过的长度,用符号 v_c 表示,单位为 m/min。在实际工作中,应先选好合适的铣削速度,然后根据铣刀直径计算出转速。它们的相互关系为:

$$n=\frac{1000v_c}{\pi d}$$

式中:v_c 为铣削速度(m/min);d 为铣刀直径(mm);n 为转速(r/min)。

如果在铣床主轴转速盘上找不到所计算出的转速时,应根据选低不选高的原则近似确定。

2) 进给量

进给量是指刀具在进给运动方向上相对于工件的位移量。根据具体情况的需要,在铣削过程中有三种表示方法和度量方式。

(1) 每齿进给量 f_z。铣刀转过一个刀齿的时间内,在进给运动方向上工件相对于铣刀所移动的距离为每齿进给量,单位为 mm/z。

(2) 每转进给量 f。铣刀转过一整周的时间内,在进给运动方向上工件相对于铣刀所移动的距离为每转进给量,单位为 mm/r。

(3) 进给速度 v_f。铣刀转过 1min 的时间内,在进给运动方向上工件相对于铣刀所移动的距离为进给速度,单位为 mm/min。

三种进给量之间的关系为:

$$v_f=fn=f_z zn$$

3) 铣削深度

铣削深度是指通过切削刃基点并垂直于工件平面的方向上测量的吃刀量,又称为背吃刀量,用符号 a_p 表示。对于铣削而言,是沿铣刀轴线方向测量的刀具切入工件的深度。

4) 铣削宽度

铣削宽度是指在平行于工件平面并垂直于切削刃基点的进给运动方向上测量的吃刀量,又称为侧吃刀量,用符号 a_c 表示。对于铣削而言,侧吃刀量是沿垂直于铣刀轴线方向测量的工件被切削部分的尺寸。

5.1.4 铣削方式

铣削有顺铣与逆铣两种方式。铣刀对工件的作用力在进给方向上的分力与工件进给方向相同的铣削方式,称为顺铣;铣刀对工件的作用力在进给方向上的分力与工件进给方向相反的铣削方式,称为逆铣。用圆柱形铣刀周铣平面时的铣削方式如图 5-3 所示。

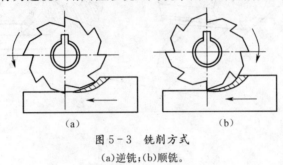

(a)   (b)

图 5-3　铣削方式
(a)逆铣;(b)顺铣。

课题 2　铣　床

铣削加工的设备是铣床。铣床是继车床之后发展起来的一种工作母机,铣床生产效率高,又能加工各种形状和一定精度的零件,在结构上日趋完整,因此在机器制造中得到了普遍应用。由于铣床的工作范围广,类型多,铣床可分为卧式铣床、立式铣床和龙门铣床三大类。

5.2.1 铣床的型号

铣床的型号是铣床的代号,根据型号可知道铣床的种类和主要参数。例如,立式升降台铣床 X5032 型号、卧式升降台铣床 X6132 型号的具体含义如下:

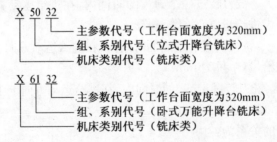

5.2.2 典型铣床结构

1. X6132 卧式升降台铣床

图 5-4 所示为 X6132 型铣床,它是国产铣床中最典型、应用最广泛的一种卧式万能升降台铣床。X6132 型铣床的主要特征是铣床主轴轴线与工作台台面平行。

(1)床身。床身用来固定和支承铣床各部件。顶面上有供横梁移动用的水平导轨。前壁有燕尾形的垂直导轨,供升降台上下移动。内部装有主电动机、主轴变速机构、主轴、

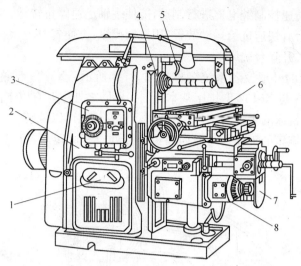

图 5-4 X6132 型卧式万能升降台铣床外形及各系统名称

1—机床电器系统;2—床身系统;3—变速操作系统;4—主轴及传动系统;
5—冷却系统;6—工作台系统;7—升降台系统;8—进给变速系统。

电器设备及润滑油泵等部件。

(2)横梁。横梁一端装有吊架,用以支承刀杆,以减少刀杆的弯曲与振动。横梁可沿床身的水平导轨移动,其伸出长度由刀杆长度来进行调整。

(3)主轴。是用来安装刀杆并带动铣刀旋转的。主轴是一空心轴,前端有 7:24 的精密锥孔,其作用是安装铣刀刀杆锥柄。

(4)纵向工作台。纵向工作台由纵向丝杠带动在转台的导轨上作纵向移动,以带动台面上的工件作纵向进给。台面上的 T 形槽用以安装夹具或工件。

(5)横向工作台。横向工作台位于升降台上面的水平导轨上,可带动纵向工作台一起作横向进给。

(6)转台。转台可将纵向工作台在水平面内扳转一定的角度(正、反均为 0°～45°),以便铣削螺旋槽等。具有转台的卧式铣床称为卧式万能铣床。

(7)升降台。升降台可以带动整个工作台沿床身的垂直导轨上下移动,以调整工件与铣刀的距离和垂直进给。

(8)底座。底座用以支承床身和升降台,内盛切削液。

X6132 型铣床的结构具有下列特点。

① 铣床工作台的机动进给操纵手柄操纵时所指示的方向,就是工作台进给运动的方向,操纵时不易产生错误。

② 铣床的前面和左侧各有一组按钮和手柄的复式操作装置,便于操作者在不同位置上进行操作。

③ 铣床采用速度预选机构来改变主轴转速和工作台的进给速度,操作简便明确。

④ 铣床工作台的纵向传动丝杠上有双螺母间隙调整机构,所以机床既可以逆铣又能顺铣。

⑤ 铣床工作台可以在水平面内的 ±45° 范围内偏转,因而可进行各种螺旋槽的铣削。

⑥ 铣床采用转速控制继电器进行制动，能使主轴迅速停止转动。

⑦ 铣床工作台有快速进给运动装置，用按钮操纵，方便省时。

2. X5032 立式升降台铣床

X5032 型铣床的外形及各系统名称如图 5-5 所示。X5032 型铣床的规格、操纵机构、传动变速情况等与 X6132 型铣床基本相同。不同之处主要有以下两点。

（1）X5032 型铣床的主轴与工作台台面垂直，安装在可以偏转的铣头壳体内。

（2）X5032 型铣床的工作台与横向溜板连接处没有回转盘，所以工作台在水平面内不能扳转角度。

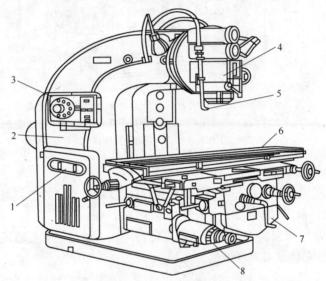

图 5-5　X5032 型立式升降台铣床外形及各系统名称
1—机床电器系统；2—床身系统；3—变速操作系统；4—主轴及传动系统；
5—冷却系统；6—工作台系统；7—升降台系统；8—进给变速系统。

5.2.3　铣削常用装夹工具

在铣床上，工件必须用夹具装夹才能铣削。最常用的夹具有平口虎钳、压板、万能分度头和回转工作台等。对于中小型工件，一般采用平口虎钳装夹；对于大中型工件，则多用压板来装夹；对于成批大量生产的工件，为提高生产效率和保证加工质量，应采用专用夹具来装夹。

1. 机用虎钳

1）机用虎钳的结构

机用虎钳是铣床上常用的附件。常用的机用虎钳主要有回转式和非回转式两种类型，其结构基本相同，主要由虎钳体、固定钳口、活动钳口、丝杠、螺母和底座等组成，如图 5-6 所示。回转式机用虎钳底座设有转盘，可以扳转任意角度，适应范围广；非回转式机用虎钳底座没有转盘，钳体不能回转，但刚度较好。

2）机用虎钳的装夹

用机用虎钳装夹工件具有稳固简单、操作方便等优点，但如果装夹方法不正确，会造

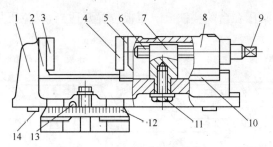

图 5-6　机用虎钳的结构

1—虎钳体；2—固定钳口；3、4—钳口铁；5—活动钳口；6—丝杠；7—螺母；8—活动座；

9—方头；10—压板；11—紧固螺钉；12—回转底盘；13—钳座零线；14—定位键。

成工件的变形等问题，为避免此问题的出现，可以采用以下几种方法。

（1）加垫铜皮。用加垫铜皮的机用虎钳装夹毛坯工件的方法如图 5-7 所示。装夹毛坯件时，应选择大而平整的面与钳口铁平面贴合。为防止损伤钳口和装夹不牢，最好在钳口铁和工件之间垫放铜皮。毛坯件的上面要用划针进行校正，使之与工作台台面尽量平行。校正时，工件不宜夹得太紧。

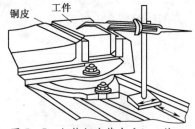

图 5-7　加垫铜皮装夹毛坯工件

（2）加垫圆棒。为使工件的基准面与固定钳口铁平面密合，保证加工质量，在装夹时，应在活动钳口与工件之间放置一根圆棒，如图 5-8 所示。圆棒要与钳口的上平面平行，其位置应在工件被夹持部分高度的中间偏上。

（3）加垫平行垫铁。为使工件的基准面与水平导轨面密合，保证加工质量，在工件与水平导轨面之间通常要放置平行垫铁，如图 5-9 所示。工件夹紧后，可用铝棒或铜锤轻敲工件上平面，同时用手试着移动平行垫铁，当垫铁不能移动时，表明垫铁与工件及水平导轨面密合。敲击工件时，用力要适当且逐渐减小，用力过大会因产生较大的反作用力而影响装夹效果。

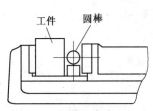

图 5-8　加垫圆棒装夹工件

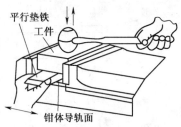

图 5-9　加垫平行垫铁装夹工件

2.压板

对于形状尺寸较大或不便于用机用虎钳装夹的工件，常用压板将其安装在铣床工作台台面上进行加工。当卧式铣床上用端铣刀铣削时，普遍采用压板装夹工件进行铣削加工。

1）压板的结构和装夹

压板的结构如图 5-10 所示。压板通过 T 形螺栓、螺母和台阶垫铁将工件压紧在工作台台面上，螺母和压板之间应垫有垫圈。压紧工件时，压板应至少选用两块，将压板的一端压在工件上，另一端压在台阶垫铁上。压板位置要适当，以免压紧力不当而影响铣削质量或造成事故。

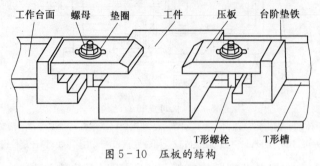

图 5-10 压板的结构

2）用压板装夹工件时的注意事项

用压板装夹工件时，应注意以下几点，如图 5-11 所示。

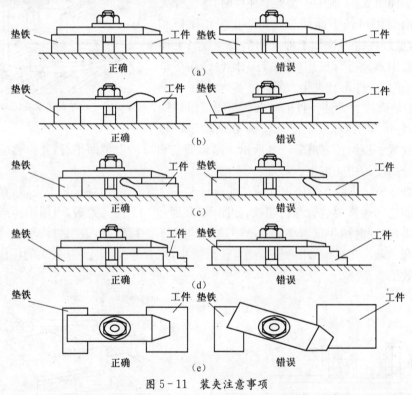

图 5-11 装夹注意事项

（1）如图 5-11（a）所示，压板螺栓应尽量靠近工件，使螺栓到工件的距离小于螺栓到垫铁的距离，这样会增大夹紧力。

（2）如图 5-11（b）所示，垫铁的选择要正确，高度要与工件相同或高于工件，否则会影响夹紧效果。

（3）如图 5-11（c）所示，压板夹紧工件时，应在工件和压板之间垫放铜皮，以避免损伤工件的已加工表面。

（4）压板的夹紧位置要适当，应尽量靠近加工区域和工件刚度较好的位置。若夹紧位置有悬空，应将工件垫实，如图 5-11（d）所示。

（5）如图5-11(e)所示，每个压板的夹紧力大小应均匀，以防止压板夹紧力的偏移而使压板倾斜。

（6）夹紧力的大小应适当，过大时会使工件变形，过小时达不到夹紧效果，夹紧力大小严重不当时会造成事故。

课题 3 铣 削 工 艺

在机械加工中，台阶、直角沟槽与键槽的铣削技术是生产各种零件的重要基础技术，由于这些部件主要应用在配合、定位、支撑与传动等场合，故在尺寸精度、形状和位置精度、表面粗糙度等方面都有着较高的要求。

5.3.1 铣削台阶和沟槽

在铣床上铣削台阶和沟槽，其工作量仅次于铣削平面，如图5-12所示。

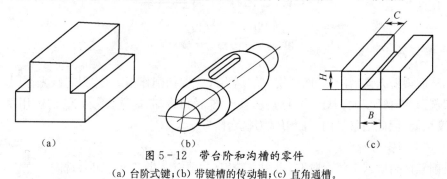

(a)　　　　　　(b)　　　　　　(c)

图5-12 带台阶和沟槽的零件

(a) 台阶式键；(b) 带键槽的传动轴；(c) 直角通槽。

1. 铣削台阶

零件上的台阶通常可在卧式铣床上采用一把三面刃铣刀或组合三面刃铣刀铣削，或在立式铣床上采用不同刃数的立铣刀铣削。

1）三面刃铣刀铣台阶

图5-13所示为三面刃铣刀铣台阶，这种方法适宜加工台阶面较小的零件，采用这种方法时应注意以下两方面。

（1）校正铣床工作台零位。在用盘形铣刀加工台阶时，若工作台零位不准，铣出的台阶两侧将呈凹弧形曲面，且上窄下宽，使尺寸和形状不准，如图5-14所示。

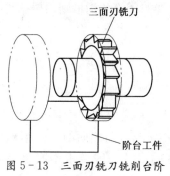

图5-13 三面刃铣刀铣削台阶

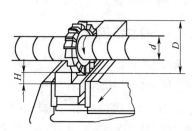

图5-14 工作台零位不准对
加工台阶的影响

（2）校正机用虎钳。机用虎钳的固定钳口一定要校正到与进给方向平行或垂直,否则,钳口歪斜将加工出与工件侧面不垂直的台阶来。

如图 5-15(a)所示,工件安装校正后,摇动各进给手柄,使铣刀擦着台阶侧面的贴纸。然后降落垂直工作台,如图 5-15(b)所示。如图 5-15(c)所示,把横向工作台移动一个台阶宽度的距离,并将其紧固。上升工作台,使铣刀周刃擦着工件上表面贴纸。摇动纵向工作台手柄,使铣刀退出工件。上升一个台阶深度,摇动纵向工作台手柄,根据图纸要求,进行所需台阶的铣削。如图 5-15(d)所示,铣出台阶后,使工件与刀具完全分离。

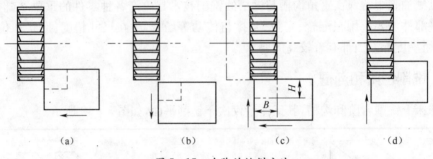

$$(a) \qquad (b) \qquad (c) \qquad (d)$$

图 5-15 台阶的铣削方法

用三面刃铣刀铣台阶,三面刃铣刀的周刃起主要切削作用,而侧刃起修光作用。由于三面刃铣刀的直径较大,刀齿强度较高,便于排屑和冷却,能选择较大的切削用量,效率高,精度也高,因此通常采用三面刃铣刀铣台阶。

2）立铣刀铣台阶

铣削较深台阶或多级台阶时,可用立铣刀(主要有 2 齿、3 齿、4 齿)铣削。立铣刀周刃起主要切削作用,端刃起修光作用。由于立铣刀的外径通常都小于三面刃铣刀,因此,铣削刚度和强度较差,铣削用量不能过大,否则铣刀容易加大"让刀"导致的变形,甚至折断。

当台阶的加工尺寸及余量较大时,可采用分段铣削,即先分层粗铣掉大部分余量,并预留精加工余量,后精铣至最终尺寸。粗铣时,台阶底面和侧面的精铣余量选择范围通常为 0.5mm～1.0mm。精铣时,应首先精铣底面至尺寸要求,后精铣侧面至尺寸要求,这样可以减小铣削力,从而减小夹具、工件、刀具的变形和振动,提高尺寸精度和表面粗糙度。

2. 铣削沟槽

直角沟槽有敞开式、半封闭式和封闭式三种。敞开式直角沟槽通常用三面刃铣刀加工;封闭式直角沟槽一般采用立铣刀或键槽铣刀加工;半封闭直角沟槽则须根据封闭端的形式,采用不同的铣刀进行加工。

5.3.2 在轴上铣键槽

1. 轴上键槽的技术要求

轴上键槽的结构主要有敞开式、半封闭式和封闭式。槽是要与键相互配合的,主要用于传递扭矩,防止机构打滑。键槽宽度的尺寸精度要求较高,两侧面的表面粗糙度值要小,键槽与轴线的对称度也有较高的要求,键槽深度的尺寸一般要求不高。具体要求如下:

（1）键槽必须对称于轴的中心线。在机械行业中，一般键槽的不对称度应该小于或等于0.05mm，侧面和底面须与轴心线平行，其平行度误差应小于或等于0.05mm（在100mm范围内）。

（2）键槽宽度、长度和深度需达到图纸要求。

（3）键槽在零件上的定位尺寸需根据国标或者图纸要求进行严格控制。

（4）表面粗糙度Ra值要求应不大于6.3μm。

2. 工件的装夹

装夹工件时，不但要保证工件的稳定性和可靠性，还要保证工件在夹紧后的中心位置不变，即保证键槽中心线与轴心线重合。铣键槽的装夹方法一般有以下几种。

1）用机用虎钳安装

如图5-16(a)所示，用机用虎钳安装适用于在中小短轴上铣键槽。如图5-16(b)所示，当工件直径有变化时，工件中心在钳口内也随之变动，影响键槽的对称度和深度尺寸。但装夹简便、稳固，适用于单件生产。若轴的外圆已精加工过，也可用此装夹方法进行批量生产。

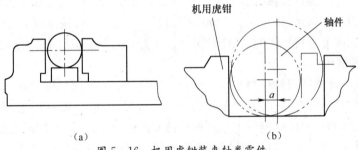

（a）　　　　　　　　　（b）

图5-16　机用虎钳装夹轴类零件

2）用V形铁装夹

图5-17所示为V形铁的装夹情况。V形铁装夹适用于长粗轴上的键槽铣削，采用V形铁定位支撑的优点为夹持刚度好，操作方便，铣刀容易对中。其特点是工件中心只在V形铁的角平分线上，随直径的变化而上下变动。因此，当铣刀的中心对准V形铁的角平分线时，能保证键槽的对称度。如图5-17(b)所示，在铣削一批直径有偏差的工件时，虽对铣削深度有影响，但变化量一般不会超过槽深的尺寸公差。如图5-17(c)所示，在卧式铣床上用键槽铣刀加工，当工件的直径变化时，键槽的对称度会受影响。

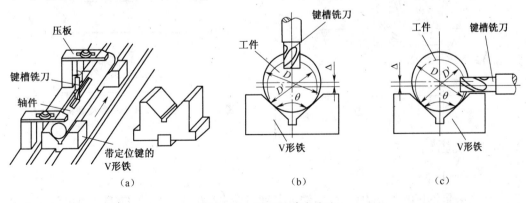

（a）　　　　　　　　　（b）　　　　　　　　　（c）

图5-17　V形铁装夹零件

3）用分度头装夹

如图 5-18 所示，如果是对称键与多槽工件的安装，为了使轴上的键槽位置分布准确，大都采用分度头或者是带有分度装置的夹具装夹。利用分度头的三爪自动定心卡盘和后顶尖装夹工件时，工件轴线必定在三爪自定心卡盘和顶尖的轴心线上，工件轴线位置不会因直径变化而变化，因此，轴上键槽的对称性不会受工件直径变化的影响。

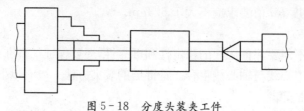

图 5-18 分度头装夹工件

3. 键槽的铣削

1）分层铣削法

图 5-19 所示为分层铣削法。用这种方法加工，每次铣削深度只有 0.5mm～1mm，以较大的进给速度往返进行铣削，直至达到深度尺寸要求。使用此加工方法的优点是铣刀用钝后，只需刃磨端面，磨短不到 1mm，铣刀直径不受影响；铣削时不会产生"让刀"现象；但在普通铣床上进行加工时，操作的灵活性不好，生产效率反而比正常切削更低。

2）扩刀铣削法

将选择好的键槽铣刀外径磨小 0.3mm～0.5mm（磨出的圆柱度要好）。铣削时，在键槽的两端各留 0.5mm 余量，分层往复走刀铣至深度尺寸，然后测量槽宽，确定宽度余量，用符合键槽尺寸的铣刀由键槽的中心对称扩铣槽的两侧至尺寸，并同时铣至键槽的长度，如图 5-20 所示。铣削时注意保证键槽两端圆弧的圆度。这种铣削方法容易产生"让刀"现象，使槽侧产生斜度。

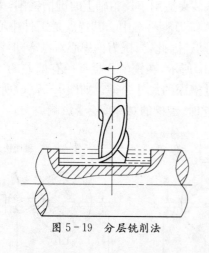

图 5-19 分层铣削法

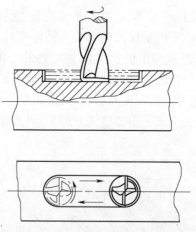

图 5-20 分层铣削至深度尺再扩铣两侧

5.3.3 铣齿轮

1. 分度头原理

分度头是铣床的重要附件之一，铣削各种齿轮、多边形、花键等都需要使用分度头进行分度。

1）分度头的结构

分度头有许多类型，图 5-21 所示为最常见的万能分度头的外形图。它由底座、转动体、主轴、分度盘等组成。工作时，底座用螺钉紧固在工作台上，并利用导向键与工作台上的一条 T 形槽相配合，保证分度头主轴方向平行于工作台纵向，分度头主轴前端锥孔内可安装顶尖，用来支持工件，主轴外部有螺纹便于旋转卡盘等来装夹工件。分度头转动体可使主轴转至一定角度进行工作。分度头转动的位置和角度由侧面的分度盘控制。

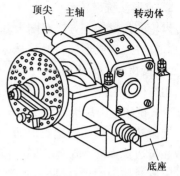

图 5-21　最常见的万能分度头的外形图

2）分度头的功用

（1）把工件安装成需要的角度，如铣削斜面等。

（2）进行分度。

（3）铣螺旋槽时，配合工作台的纵向移动，使工件连续转动。

3）分度原理

主轴上固定有齿数为 40 的蜗轮，与之相啮合的蜗杆的头数为 1，当拔出定位销，转动分度手柄时，通过一对传动比为 1∶1 的螺旋齿轮的传动，使蜗杆转动，从而带动蜗轮（主轴）进行分度。由其传动关系可知，当分度手柄转动一周时，主轴转动 $\frac{1}{40}$ 周，或分度手柄转数等于 40 倍的主轴（工件）转数。

若工件的等分数为 z，则每次分度时，工件应转过 $\frac{1}{z}$ 周。

因此，分度手柄每次转数 $n=40\times\frac{1}{z}$ 周。

4）分度方法

根据分度头的工作原理，通过分度盘准确控制手柄的转数，即可实现分度。分度盘正反两面上有许多孔数不同的孔圈。如国产 FW250 型分度头备有两块分度盘，其各圈孔数如下：

第一块正面：24、25、28、30、34、37；反面：38、39、41、42、43。

第二块正面：46、47、49、51、53、54；反面：57、58、59、62、66。

例：铣削六方时，工件的等分数 z 为 6。

则分度手柄每次转数 $n=40\times\frac{1}{6}=6\times\frac{2}{3}$ 周。此时可利用分度盘上孔数为 24 的孔圈（或孔数可被分母 6 除尽的其他孔圈），使分度手柄旋转 $6\times\frac{2}{3}$ 周，即转动手柄 $6\times\frac{16}{24}$ 周。

操作步骤如下：

（1）将定位销调整至分度盘上 24 的孔圈上。

（2）转 6 圈后再转过 16 个孔距（第 17 孔）。

这样，主轴每次就可准确地转过 1/6 周。

在分度盘上装有两个扇脚,其作用是为了避免转动分度手柄时发生差错和节省分度时间,两个扇脚之间的角度大小可任意调节。

2. 成形法铣齿轮

齿轮的齿形加工方法有两大基本类型:一种叫成形法(也称仿形法);另一种叫展成法(也称范成法)。成形法一般在铣床上进行,而展成法则只能在专用的齿轮加工设备上进行,如滚齿机和插齿机等。

用与被加工齿轮齿槽形状相符的成形铣刀在齿坯上加工出齿形的方法,称为成形法。可在卧式铣床上用盘状铣刀或在立式铣床上用指状铣刀进行加工,如图 5-22 所示。

铣齿轮的齿形属于铣成形面,因此要用专门的齿轮铣刀——模数铣刀,可根据齿轮的模数和齿数选择模数铣刀。同一模数的齿轮铣刀由 8 个号组成一组,每一号铣刀仅适用于一定齿数范围的齿轮,见表 5-1。

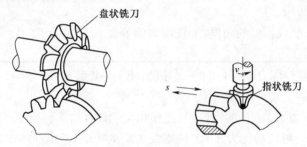

图 5-22　用盘状铣刀和指状铣刀铣齿轮

表 5-1　铣刀号数与应用齿数范围

铣刀号	1	2	3	4	5	6	7	8
加工齿数范围	12、13	14~16	17~20	21~25	26~34	35~54	55~135	135 以上及齿条

加工齿形,每次只能加工一个齿槽。完成一个齿槽,必须对工件进行一次分度,再接着铣下一个齿槽,直到完成整个齿轮。所以,铣齿轮时,齿坯要套在芯轴上,用分度头卡盘和尾架顶尖装夹。

齿深不大时,可一次粗铣完,留下约 0.2mm 的精铣余量;齿深较大时,应分几次进行粗铣。

使用成形法加工齿轮的特点是:①不需专用设备,刀具成本低。②铣刀每铣一次,都要重复一次分度、切入、退刀的过程,因此生产效率较低。③加工精度低,一般加工精度为IT9 级~IT11 级。精度不高的原因是同一模数的铣刀只有 8 把,每号铣刀的刀齿轮廓只与该号铣刀规定的铣齿范围内最少齿数齿轮的理论轮廓相一致,其他齿数的齿轮只能获得近似的齿形。此外分度的误差也较大。

因此,成形法加工齿轮一般多用于修配和加工单件某些转速不高且精度要求较低的齿轮。

【实训操作】

1. 在 X6132 立式铣床上铣削如图 5-23 所示的零件直角槽和 V 形槽。

2. 铣削图 5-24 所示零件中的键槽。

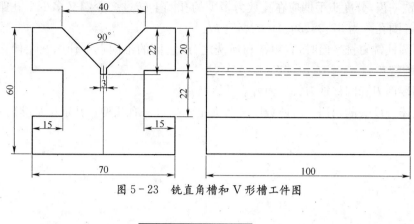

图 5-23　铣直角槽和 V 形槽工件图

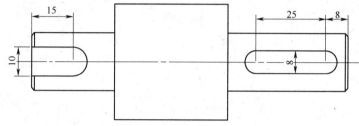

图 5-24　铣削键槽工件图

课题 4　铣工安全操作规程

（1）工作前穿戴好劳保用品，如扣好衣服、扎好袖口。女同学必须戴上安全帽，不准戴手套工作，以免被机床的旋转部分绞住，造成事故。

（2）起动机床前必须检查机床各转动部分的润滑情况是否良好，各运动部件是否受到阻碍，防护装置是否完好，机床上及其周围是否堆放有碍安全的物件。

（3）机床运转时不得调整速度（扳动变速手柄），如需调整铣削速度，应停车后再调整。机床运转时，操作者不允许离开机床。

（4）装夹刀具及工件时必须停车，必须装夹得牢固可靠。

（5）注意铣刀转向及工作台运动方向，学生一般只准使用逆铣法。

（6）切削用量要选择得当，不得随意更改。

（7）铣削齿轮用分度头分齿时，必须等铣刀完全离开工件后方可转动分度头手柄。

（8）工作中必须经常检查机床各部份的润滑情况，发现异常现象应立即停车并向实习指导人员报告。

（9）工作完毕应随手关闭机床电源，必须整理工具并做好机床的清洁工作。

思考与练习

1. 什么是铣削加工？简述其特点。

2. 简单分度的公式是什么？拟铣一个齿数 z 为 26 直齿圆柱齿轮，试用简单分度法计算出每铣一齿,分度头手柄应在孔数为多少的孔圈上转过多少圈又多少个孔距?已知分度盘的各圈孔数为 37、38、39、41、42、43。

3. 用圆柱铣刀铣平面时,有顺铣和逆铣之分,它们的不同点是什么?在什么条件下才能使用顺铣?

4. 用端面刀和圆柱铣刀铣平面各有什么特点?

5. 试述分度头的功用。万能分度头装夹工件的方法有几种?其定位基准是什么?

知识模块 6 磨 削

【导读】

磨削是指用磨料、磨具切除工件上多余材料的加工方法。磨削加工是应用较为广泛的切削加工方法之一。磨削可加工外圆、内孔、平面、螺纹、齿轮、花键、导轨和成形面等各种表面,尤其适合于加工难以切削的超硬材料(如淬火钢)。本模块主要介绍磨削工艺特点、磨床的构造及磨削加工方法和测量方法。

【能力要求】

1. 了解磨削的工艺特点和应用范围。

2. 了解常用磨床的组成、运动和用途,了解砂轮的特性和砂轮的使用方法。

3. 了解磨削的加工方法和测量方法。

4. 在磨床上正确安装工件并独立完成磨外圆或磨平面的加工。

课题 1 磨 削 概 述

磨削加工是指利用砂轮作为切削工具,以较高的线速度对工件的表面进行加工的方法。磨削是零件精密加工的主要方法之一,磨削加工的精度可达到 IT7 级~IT5 级,表面粗糙度值 Ra 为 $0.8\mu m$~$0.2\mu m$,精磨后还可获得更小的表面粗糙度值。并可对淬火钢、硬质合金等普通金属刀具难于加工的高硬度材料进行加工。

6.1.1 磨削运动与磨削用量

生产中常用的外圆、内圆和平面磨削,一般具有四个运动,如图 6-1 所示。

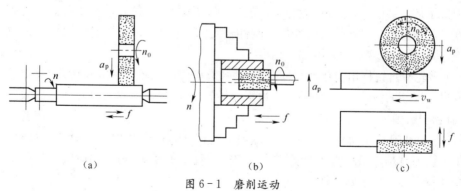

图 6-1 磨削运动

(a)外圆磨削;(b)内圆磨削;(c)平面磨削。

(1)主运动及磨削速度(u_c)。砂轮旋转运动为主运动,砂轮外圆相对于工件的瞬时

速度称为磨削速度 u_c,可用下式计算:

$$u_c = \frac{\pi dn}{1000 \times 60}(\text{m/s})$$

式中:d 为砂轮直径(mm);n 为砂轮每分钟转速(r/min)。

(2)圆周运动及进给运动(u_w)。工件的旋转运动是圆周进给运动,工件外圆处相对于砂轮的瞬时速度称为圆周进给速度,可用下式计算:

$$u_w = \frac{\pi d_w n_w}{1000 \times 60}(\text{m/s})$$

式中:d_w 为工件磨削外圆直径,(mm);n_w 为工件每分钟转速(r/min)。

(3)纵向进给运动及纵向进给量(f_z)。工作台带动工件所做的直线往复运动是纵向进给运动,工件每转一转时砂轮在纵向进给运动方向上相对于工件的位移称为纵向进给量,用 f_z 表示,单位为 mm/r。

(4)横向进给运动及横向进给量(f_h)。砂轮沿工件径向上的移动是横向进给运动,工作台每往复行程(或单行程)一次砂轮相对工件径向上的移动距离称为横向进给量,用 f_h 表示,其单位是 mm/行程。横向进给量实际上是砂轮每次切入工件的深度即背吃刀量,也可用 a_p 表示,单位为 mm。

6.1.2　磨削特点

磨削与其他切削加工方式,如车削、铣削、刨削等比较,具有以下特点。

(1)磨削的切削速度高,磨削温度高。普通外圆磨削时 $u=35\text{m/s}$,高速磨削 $u>50\text{m/s}$。磨削产生的切削热 80%～90% 传入工件(10%～15% 传入砂轮,1%～10% 由磨屑带走),加上砂轮的导热性很差,易造成工件表面烧伤和微裂纹。因此,磨削时应采用大量的切削液以降低磨削温度。

(2)能获得高的加工精度和小的表面粗糙度值。加工精度可达 IT7 级～IT5 级,表面粗糙度值可达 $Ra0.8\mu\text{m}$～$0.02\mu\text{m}$。磨削不但可以精加工,还可以粗磨、荒磨、重载荷磨削。

(3)磨削的背向磨削力大。因磨粒负前角很大,且切削刃钝圆半径 r_n 较大,导致背向磨力大于切向磨削力,造成砂轮与工件的接触宽度较大。会引起工件夹具及机床产生弹性变形,影响加工精度。因此,在加工刚性较差的工件时(如磨削细长轴),应采取相应的措施,防止因工件变形而影响加工精度。

(4)砂轮有自锐作用。在磨削过程中,磨粒有破碎产生较锋利的新棱角,及磨粒的脱落而露出一层新的锋利磨粒,能够部分地恢复砂轮的切削能力,这种现象叫做砂轮的自锐作用,有利于磨削加工。

(5)能加工高硬度材料。磨削除可以加工铸铁、碳钢、合金钢等一般结构材料外,还能加工一般刀具难以切削的高硬度材料,如淬火钢、硬质合金、陶瓷和玻璃等。但不宜精加工塑性较大的有色金属工件。

6.1.3　磨削加工范围

磨削主要用于零件的内外圆柱面、内外圆锥面、平面及成形面(如花键、螺纹、齿轮等)

的精加工,以获得较高的尺寸精度和较小的表面粗糙度,常见的几种加工类型如图 6-2 所示。

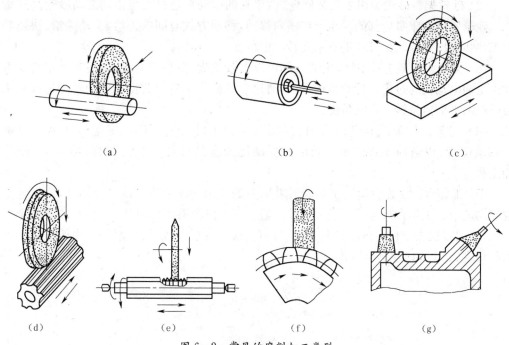

(a)　　　　　　　　　(b)　　　　　　　　　(c)

(d)　　　　　　　　(e)　　　　　　　　(f)　　　　　　　　(g)

图 6-2　常见的磨削加工类型

(a)磨外圆;(b)磨内孔;(c)磨平面;(d)磨花键;(e)磨螺纹;(f)磨齿形;(g)磨导轨。

课题 2　磨　床

磨床根据用途的不同分为万能外圆磨床、普通外圆磨床、内圆磨床,平面磨床、无心磨床、工具磨床、齿轮磨床和螺纹磨床等多种类型。

6.2.1　外圆磨床

外圆磨床又分为普通外圆磨床和万能外圆磨床。普通外圆磨床可以磨削外圆柱面、端面及外圆锥面,万能外圆磨床还可以磨削内圆柱面和内圆锥面。

下面以 M1432A 型万能外圆磨床为例进行介绍。

1. 外圆磨床的型号

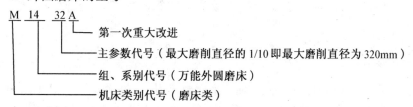

M　14　32 A
　　　　　└── 第一次重大改进
　　　└──── 主参数代号（最大磨削直径的 1/10 即最大磨削直径为 320mm）
　　└────── 组、系别代号（万能外圆磨床）
　└──────── 机床类别代号（磨床类）

2. M1432A 外圆磨床的组成部分及作用

图 6-3 所示为 M1432A 形外圆磨床的外形图。

139

（1）床身。床身用来安装各部件。上部装有工作台和砂轮架,床身上的纵向导轨供工作台移动用,横向导轨供砂轮架移动用,床身内部安装液压传动系统。

（2）砂轮架。砂轮架用来安装砂轮,由单独的电动机通过皮带传动带动砂轮高速旋转。砂轮架可在床身后部的导轨上作横向移动,移动方式有间歇进给、手动进给、快速趋近工件和退出。砂轮架可绕垂直轴旋转一定角度。

（3）头架。头架上有主轴,主轴端部可以安装顶尖、拨盘或卡盘,以便装夹工件。主轴由主轴电动机通过皮带传动机构带动,通过变速机构工件可获得不同的转动速度。头架可在水平面内偏转一定的角度。

（4）尾架。尾架的套筒内有顶尖,用来支承工件的另一端。尾架可在纵向导轨上移动位置,以适应工件的不同长度。扳动尾架上的杠杆,顶尖套筒可伸缩,方便装卸工件。

（5）工作台。工作台由液压驱动沿着床身的纵向导轨上作直线往复运动,使工件实现纵向进给。工作台可进行手动或自动进给。在工作台前侧面的 T 形槽内,装有两个换向挡块,用以操纵工作台自动换向。工作台有上、下两层,上层可在水平面内偏转一个不大的角度(±8°),以便磨削圆锥面。

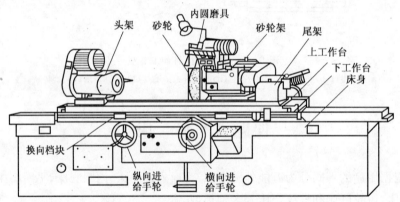

图 6-3　M1432A 型外圆磨床外形图

（6）内圆磨头。内圆磨头是磨削内圆表面用的,在它的主轴上可装上内圆磨削砂轮,由另一个电动机带动。内圆磨头绕支架旋转,使用时翻下,不用时翻向砂轮架上方。

由于磨床的液压传动具有无极变速、传动平面、操作简单、安全可靠等优点,所以在磨削过程中,如因操作失误,使磨削力突然增大,当超过安全阀调定的压力时,安全阀会自动开启使油泵卸载,油泵排出的油经过安全阀直接流回油箱,这时工作台便会自动停止运动。

6.2.2　平面磨床

平面磨床分为立轴式和卧轴式两类:立轴式平面磨床用砂轮的端面进行磨削平面;卧轴式平面磨床用砂轮的圆周进行磨削平面。图 6-4 所示为 M7130A 型卧轴矩台式平面磨床。

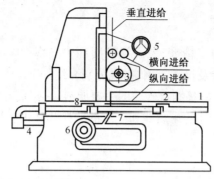

图 6-4 M7130A 卧轴矩台式平面磨床外形图

1—工作台;2—电磁吸盘;3—砂轮箱;4—活塞杆;5—砂轮箱横向移动手轮;
6—砂轮箱垂直进刀手轮;7—工作台往复运动换向手轮;8—工作台换向撞块。

1. 平面磨床的型号

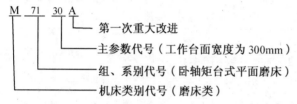

2. 平面磨床的组成及作用

M7130A 型平面磨床主要由床身、工作台、磨头、立柱、砂轮修整器等部分组成。

该磨床的矩形工作台装在床身的水平纵向导轨上,由液压传动实现其往复运动,也可用手轮操纵以便进行必要的调整。另外,工作台上还装有电磁吸盘,用来装夹工件。

砂轮在磨头上,由电动机直接驱动旋转。磨头沿滑板的水平导轨可作横向进给运动,该运动可由液压驱动或由手轮操纵。拖板可沿立柱的垂直导轨移动,以调整磨头的高低位置及完成垂直进给运动,这一运动通过转动手轮来实现。

课题 3 砂 轮

砂轮是磨削加工的主要切削工具,它是把磨粒(砂粒)用结合剂粘合在一起进行焙烧而形成的疏松多孔体,如图 6-5 所示,其中磨料、结合剂和孔隙是砂轮的三个基本组成要素。可根据需要的不同制成各种形状和尺寸,以满足加工要求。

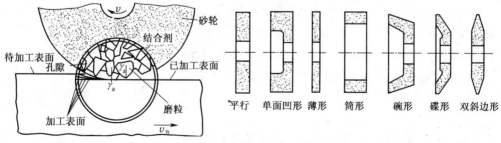

图 6-5 磨削加工原理和常见的砂轮形状

141

6.3.1 砂轮的组成特性

砂轮的特性对工件的加工精度、表面粗糙度和生存率影响很大,砂轮的特性包括磨料、粒度、硬度、结合剂、形状及尺寸等因素,现分别介绍如下。

(1) 磨料及其选择。磨料是制造砂轮的主要原料,它担负着切削工作。因此,磨料必须锋利,并具备高的硬度、良好的耐热性和一定的韧性。常用磨料的名称、代号、特性和用途见表6-1。

表6-1 常用磨料

类别	名称	代号	特 性	用 途
氧化物系	棕刚玉	A	含91%~96%氧化铝。棕色,硬度高,韧性好,价格便宜	磨削碳钢、合金钢、可锻铸铁、硬青铜等
	白刚玉	WA	含97%~99%的氧化铝。白色,比棕刚玉硬度高、韧性低,自锐性好,磨削时发热少	精磨淬火钢、高碳钢、高速钢及薄壁零件
碳化物系	黑色碳化硅	C	含95%以上的碳化硅。呈黑色或深蓝色,有光泽。硬度比白刚玉高,性脆而锋利,导热性和导电性良好	磨削铸铁。黄铜、铝、耐火材料及非金属材料
	绿色碳化硅	GC	含97%以上的碳化硅。呈绿色,硬度和脆性比TH更高,导热性和导电性好	磨削硬质合金、光学玻璃、宝石、玉石、陶瓷、珩磨发动机汽缸套等
高硬磨料系	人造金刚石	D	无色透明或淡黄色、黄绿色、黑色。硬度高,比天然金刚石性脆。价格比其他磨料贵好多倍	磨削硬质合金、宝石等高硬度材料
	立方氮化硼	CBN	立方型晶体结构,硬度略低于金刚石,强度较高,导热性能好	磨削、研磨、珩磨各种既硬又韧的淬火钢和高钼、高矾、高钴钢、不锈钢

(2) 粒度及其选择。粒度指磨料颗粒的大小。粒度分磨粒与微粉两组。磨粒用筛选法分类,它的粒度号以筛网上一英寸长度内的孔眼数来表示。例如,60♯粒度的磨粒,说明能通过每英寸长有60个孔眼的筛网,而不能通过每英寸长70个孔眼的筛网。颗粒直径小于$40\mu m$的磨料称为微粉。微粉用显微测量法分类,它的粒度号以磨料的实际尺寸来表示(W)。

磨料粒度的选择,主要与加工表面粗糙度和生产率有关。

粗磨时,磨削余量大,要求的表面粗糙度值较大,应选用较粗的磨粒。因为磨粒粗、气孔大,磨削深度可较大,砂轮不易堵塞和发热。精磨时,余量较小,要求粗糙度值较低,可选取较细磨粒。一般来说,磨粒越细,磨削表面粗糙度越好。

(3) 结合剂及其选择。砂轮中用以黏结磨料的物质称结合剂。砂轮的强度、抗冲击性、耐热性及抗腐蚀能力主要取决于结合剂的性能。常用的结合剂种类、性能及用途见表6-2。

(4) 硬度及其选择。砂轮的硬度是指砂轮表面上的磨粒在磨削力作用下脱落的难易程度。砂轮的硬度低,表示砂轮的磨粒容易脱落,砂轮的硬度高,表示磨粒较难脱落。砂轮的硬度和磨料的硬度是两个不同的概念。同一种磨料可以做成不同硬度的砂轮,它主要取决于结合剂的性能、数量以及砂轮制造的工艺。磨削与切削的显著差别是砂轮具有"自锐性",选择砂轮的硬度,实际上就是选择砂轮的自锐性,希望还锋利的磨粒不要太早脱落,也不要磨钝了还不脱落。根据规定,常用砂轮的硬度等级见表6-3。选择砂轮硬度的一般原则是:加工软金属时,为了使磨料不致过早脱落,则选用硬砂轮。加工硬金属时,为了能及时的使磨钝的磨粒脱落,从而露出具有尖锐棱角的新磨粒(即自锐性),选用软砂轮。前者是因为在磨削软材料时,砂轮的工作磨粒磨损很慢,不需要太早的脱离;后者是因为在磨削硬材料时,砂轮的工作磨粒磨损较快,需要较快的更新。

表6-2 常用结合剂

名 称	代号	性 能	用 途
陶瓷结合剂	V	耐水、耐油、耐酸、耐碱的腐蚀,能保持正确的几何形状。气孔率大,磨削率高,强度较大,韧性、弹性、抗振性差,不能承受侧向力	$V_轮 < 35m/s$ 的磨削,这种结合剂应用最广,能制成各种磨具,适用于成形磨削和磨螺纹、齿轮、曲轴等
树脂结合剂	B	强度大并富有弹性,不怕冲击,能在高速下工作。有摩擦抛光作用,但坚固性和耐热性比陶瓷结合剂差,不耐酸、碱,气孔率小,易堵塞	$V_轮 > 50m/s$ 的高速磨削,能制成薄片砂轮磨槽,刃磨刀具前刀面。高精度磨削。湿磨时切削液中含碱量应 $<1.5\%$
橡胶结合剂	R	弹性比树脂结合剂更差,强度也大。气孔率小,磨粒容易脱落,耐热性差,不耐油,不耐酸,而且还有臭味	制造磨削轴承沟道的砂轮和无心磨削砂轮、导轮以及各种开槽和切割用的薄片砂轮,制成柔软抛光砂轮等
金属结合剂(青铜、电镀镍)	J	韧性、成型性好,强度大,自锐性能差	制造各种金刚石磨具,使用寿命长

精磨时,为了保证磨削精度和粗糙度,应选用稍硬的砂轮。工件材料的导热性差,易产生烧伤和裂纹时(如磨硬质合金等),选用的砂轮应软一些。

表6-3 砂轮的硬度等级表

硬度	大级	软			中软		中		中硬			硬	
等级	小级	软1	软2	软3	中软1	中软2	中1	中2	中硬1	中硬2	中硬3	硬1	硬2
代号		G	H	J	K	L	M	N	P	Q	R	S	T
		(R1)	(R2)	(R3)	(ZR1)	(ZR)	(Z1)	(Z2)	(ZY1)	(ZY2)	(ZY3)	(Y1)	(Y2)

(5) 形状尺寸及其选择。根据机床结构与磨削加工的需要,砂轮制成各种形状与尺寸。表6-4是常用的几种砂轮形状、尺寸、代号及用途。

砂轮的外径应尽可能选得大些,以提高砂轮的圆周速度,这样对提高磨削加工生产率与表面粗糙度有利。此外,在机床刚度及功率许可的条件下,如选用宽度较大的砂轮,同样能收到提高生产率和降低粗糙度的效果,但是在磨削热敏性高的材料时,为避免工件表面的烧伤和产生裂纹,砂轮宽度应适当减小。

表 6-4 常用砂轮形状及用途

砂轮名称	简 图	代号	尺寸表示法	主要用途
平形砂轮	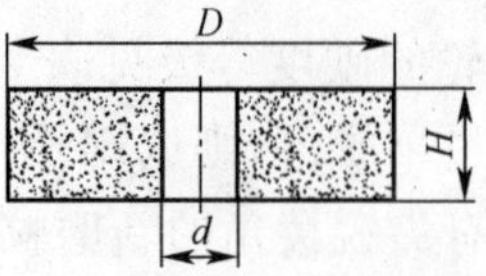	P	$PD \times H \times d$	用于磨外圆、内圆、平面和无心磨等
双面凹砂轮	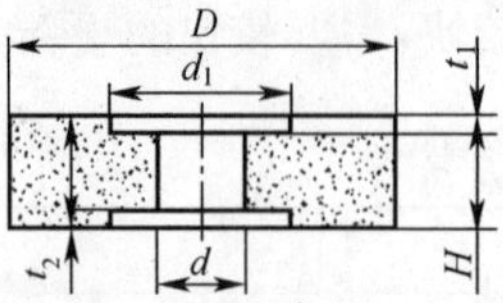	PSA	PSA $D \times H \times d$—$2-d_1 \times t_1 \times t_2$	用于磨外圆、无心磨和刃磨刀具
双斜边砂轮	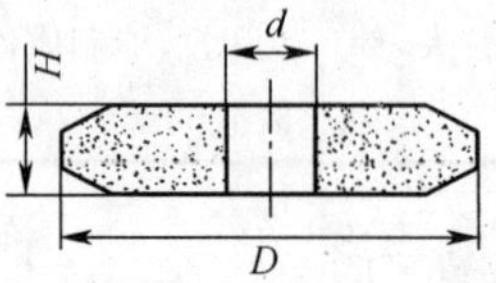	PSX	$PSXD \times H \times d$	用于磨削齿轮和螺纹
筒形砂轮	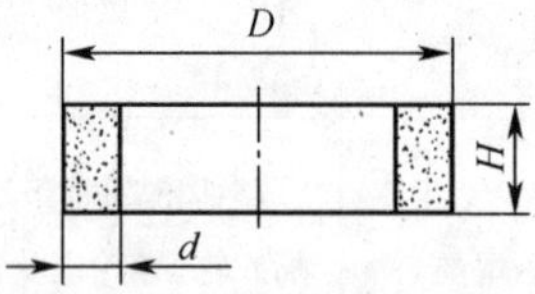	N	$ND \times H \times d$	用于立轴端磨平面
碟形砂轮	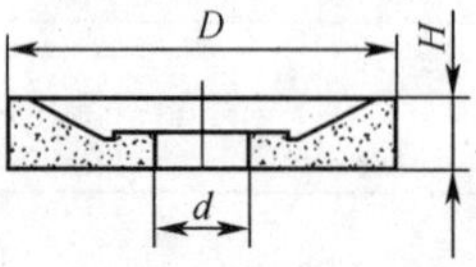	D	$DD \times H \times d$	用于刃磨刀具前面
碗形砂轮	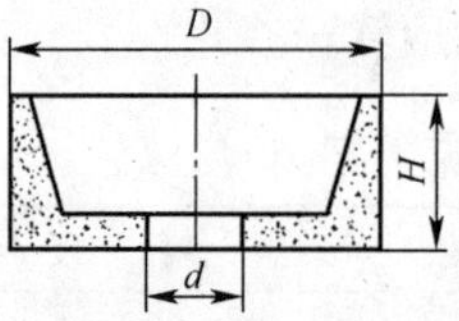	BW	$BWD \times H \times d$	用于导轨磨及刃磨刀具

在砂轮的端面上一般都印有标志,例如砂轮上的标志为 WA60LVP400 × 40 × 127,它的含意是:WA—磨料;60—粒度;L—硬度;V—结合剂;P—形状(平形砂轮);400×40×127—外径×厚度×孔径。

6.3.2 砂轮的安装与修整

砂轮的安装如图 6-6 所示。由于砂轮工作转速较高,在安装砂轮前应对砂轮进行外观检查和平衡试验,确保砂轮在工作时不因有裂纹而分裂或工作不平稳。

砂轮经过一段时间的工作后,砂轮工作表面的磨粒会逐渐变钝,表面的孔隙被堵塞,切削能力降低;同时砂轮的正确几何形状也被破坏。这时就必须对砂轮进行修整。

修整的方法是用金刚石将砂轮表面变钝了的磨粒切去，以恢复砂轮的切削能力和正确的几何形状，如图6-7所示。

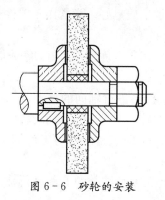

图6-6　砂轮的安装

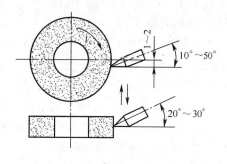

图6-7　砂轮的修整

【实训操作】

1. 常见砂轮形状、种类的认识。
2. 练习砂轮的安装。

课题4　磨削工艺

磨削常见的磨削工艺有磨外圆、磨外圆锥面、磨内圆、磨内圆锥面和磨平面等。

6.4.1　磨外圆

工件外圆表面的磨削一般在普通外圆磨床或万能外圆磨床上进行。

1. 磨外圆时工件的安装

磨外圆时工件的安装与车削外圆时相类似，最常用的方法是用两顶尖支承工件，或一端用卡盘夹持，另一端用顶尖支承工件。为减小安装的误差，在磨床上使用的顶尖都是死顶尖。

对内外孔同心度要求较高的工件，常安装在芯轴上进行磨削加工。磨削加工属于精加工，对工件的安装精度要求较高。因此常常在加工前对工件中心孔进行修研，其方法是在车床或钻床上用四棱硬质合金顶尖进行挤研。当中心孔较大且修研精度要求较高时，必须选用油石顶尖或铸铁顶尖作前顶尖，一般顶尖作后顶尖，分别对工件的中心孔进行修研。进行修研时，头架带动前顶尖低速转动，手握工件使之不旋转，如图6-8所示。

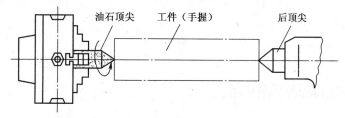

油石顶尖　　工件（手握）　　后顶尖

图6-8　中心孔修研方法

2. 磨削方法

外圆磨削的常用方法有纵磨法和横磨法两种。

（1）纵磨法（图6-9）。纵磨法用于磨削长度与直径之比较大的工件。磨削时，砂轮高速旋转，工件低速旋转并随工作台作轴向移动；在工作台改变移动方向时，砂轮作径向进给。纵磨法的特点是可磨削长度不同的各种工件，加工质量好。常常用于单件、小批量的生产和精磨加工。

（2）横磨法（图6-10）。横磨法又称径向磨削法。用于工件刚性较好、磨削表面的长度较短的情况。

磨削时，选用宽度大于待加工表面长度的砂轮，工件不进行轴向的移动，砂轮以较慢的速度作连续径向进给或断续的径向进给。横磨法的特点是充分发挥了砂轮的磨削能力，生产效率高，特别适用于较短磨削面和阶梯轴的磨削，缺点是砂轮与工件的接触面积大，工件易发生变形和表面烧伤。

另外，为了提高生产效率和质量，可采取分段横磨和纵磨结合的方法进行加工，此法称为综合磨削法。

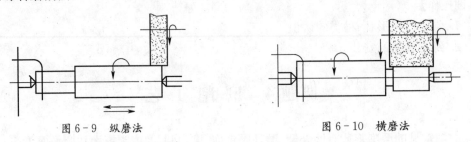

图6-9　纵磨法　　　　　　　　　　　　图6-10　横磨法

使用时，横磨各段之间应有5mm～15mm的间隔并保留0.01mm～0.03mm的加工余量。

6.4.2　磨外圆锥面

磨外圆锥面与外圆面的操作基本相同，只是工件和砂轮的相对位置不一样，工件的轴线与砂轮轴线偏斜一个锥角，可通过转动工作台或头架形成，如图6-11所示。

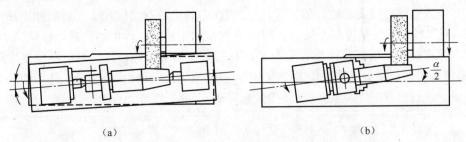

（a）　　　　　　　　　　　　　　　（b）

图6-11　磨外圆锥面方法

（a）转动工作台法磨外圆锥面；（b）转动头架法磨外圆锥面。

6.4.3　磨内圆面和磨内圆锥面

磨内圆面和磨内圆锥面可在内圆磨床或万能外圆磨床上用内圆磨头进行磨削。

进行内磨时，工件的安装一般采用卡盘夹持外圆。工作时砂轮处于工件的内部，转动方向与外磨时相反。由于受空间的限制，砂轮直径较小，砂轮轴细而长。

因内磨具有以下特点。

(1) 砂轮与工件的相对切削速度较低。

(2) 砂轮轴刚性差,易变形和振动,故切削用量要低于外磨。

(3) 磨削热大且散热和排屑困难,工件易受热变形,砂轮易堵塞。因此,内磨比外磨生产率低,加工质量也不如外磨高。

6.4.4 磨平面

对工件平面的磨削一般在平面磨床上进行。平面磨床的工作台内部装有电磁线圈,通电后对工作台上的导磁体产生吸附作用。所以,对导磁体(如钢、铸铁等)工件,可直接安装在工作台上;对非导磁体(如铜、铝等)工件,则要用精密平口钳进行装夹。

根据磨削时砂轮的工作表面不同,平面磨削的方式分为两种:周磨法和端磨法,如图6-12所示。

周磨法是用砂轮的圆周面进行磨削,砂轮与工件的接触面积小,排屑和散热条件好,能获得较好的加工质量,但磨削效率较低,常用于小加工面和易翘曲变形的薄片工件的磨削。

端磨法是用砂轮的端面进行磨削,砂轮与工件的接触面积大,砂轮轴刚性较好,能采用较大的磨削用量,因此磨削效率高,但发热量大,不易排屑和冷却,加工质量较周磨法低,多用于磨削面积较大且要求不太高的磨削加工。

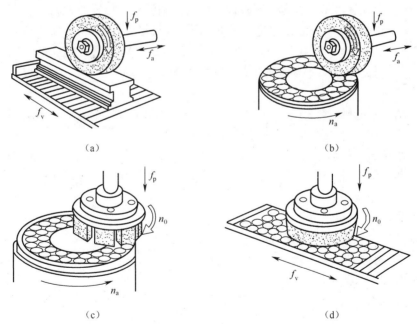

(a)   (b)

(c)   (d)

图6-12 平面磨削工艺范围

(a)卧轴矩台平面磨床磨削;(b)卧轴圆台平面磨床磨削;(c)立轴圆台平面磨床磨削;(d)立轴矩台平面磨床磨削。

【实训操作】

1. 在外圆磨床进行磨削外圆练习(磨光轴)。

装夹工件。工件用双顶尖、鸡心夹头、拨盘装夹。采用双顶尖装夹时,先调整好尾架位置和夹紧力,擦净中心孔,抹入润滑脂。

调整机床。选择合理的磨削用量。

(1) 调整纵向进给量 $f_纵$:旋转节流阀旋钮。

(2) 调整横向进给量 $f_横$:调整前,先将砂轮退离工件表面 50mm 以上,之后快进,再摇横进给手轮。

(3) 调整进给速度 v_w:先将 v_w 换算成工件转速 n_w,之后查头架铭牌,调整头架 V 带位置。

(4) 磨削步骤。

① 启动油泵电动机。

② 启动砂轮电动机。

③ 旋转快速进退阀,将砂轮快速移近工件,自动给冷却液。

④ 摇横向进给手柄使砂轮微触工件。

⑤ 旋转开停节流阀,使工作台移动进行粗磨、精磨至余量为 0.005mm～0.01mm 时,不再进给,纵向移动工件数次,至无火花为止。

2. 在平面磨床进行磨削平面练习(磨垫铁)。

(1) 装夹工件。平面磨床的工作台装有电磁吸盘,安装磁性工件用电磁吸盘,擦净工件和吸盘表面,按下吸盘按钮。

(2) 调整机床。

调整工件移动速度 v_w:旋转节流阀;调整行程:调整挡块位置与距离。

调整垂直进给量 $f_垂$(mm):粗进给时摇动手轮(每格 0.005mm),细进给时压微动进给杠杆。

调整横向进给量 $f_横$:手动或自动进给,手轮每格 0.01mm。

(3) 磨削步骤。

① 启动油泵电机。

② 吸牢工件,装小工件时,在工件两端加挡铁。

③ 工作台纵向移动。

④ 启动砂轮电机。

⑤ 给足冷却液。

⑥ 下降砂轮,微触工件。

⑦ 调 $f_垂$,自动横向进给,粗磨。

⑧ 停车、测量,调 $f_垂$。

⑨ 精磨、停车、测量。

⑩ 工件退磁。

课题 5　磨削安全操作规程

(1) 操作者必须穿工作服,戴安全帽,长发必须压入帽内,不能戴手套操作,以防发生人身事故。

(2) 多人共用一台磨床时,只能一人操作并注意他人的安全。

（3）开车前，检查各手柄的位置是否到位，确认正常后才准许开车。

（4）砂轮是在高速旋转下工作的，禁止面对砂轮站立。

（5）砂轮启动后，必须慢慢引向工件，严禁突然接触工件。吃刀量不能过大，以防切削力过大将工件顶飞发生事故。

（6）砂轮未停稳不能卸工件。

（7）发生事故时，立即关闭机床电源。

（8）工作结束后，关闭电源，清除切屑，认真擦净机床，加油润滑，以保持良好的工作环境。

思考与练习

1. 为什么砂轮安装在法兰盘上后，要进行平衡？

2. 磨削加工有什么特点？适用于加工哪类零件？

3. 为什么磨硬材料要用软砂轮，而磨软材料要用硬砂轮？

4. 磨削外圆时磨削运动一般由哪些运动组成？请指出主运动和进给运动。

知识模块 7　刨　削

【导读】

刨削主要用来加工平面(包括水平向、垂直面和斜面),也广泛地用于加工直槽,如直角槽、燕尾槽和 T 形槽等。如果进行适当的调整和增加某些附件,还可以用来加工齿条、齿轮、花键和母线为直线的成形面等。本模块主要介绍刨削工艺特点及加工范围、刨床、工件装夹方法及刨削平面、垂直面和沟槽的操作方法以及插削知识。

【能力要求】

1. 了解刨削的工艺特点和应用范围。

2. 了解刨床常用刀具、夹具、附件的性能、用途和使用方法。

3. 熟悉牛头刨床的操作,并掌握主要机构的调整方法。

4. 熟悉在牛头刨床上正确安装刀具与工件的方法,并掌握刨平面、垂直面和沟槽的方法和步骤。

5. 了解插床的结构及插床的操作,掌握键槽的插削方法。

课题 1　刨　削　概　述

在刨床上用刨刀加工工件的方法称为刨削,它是金属切削加工中常用的方法之一。刨削是单件小批量生产的平面加工最常用的加工方法,加工精度一般可达 IT9 级～IT7 级,表面粗糙值为 $Ra12.5\mu m\sim1.6\mu m$。

7.1.1　刨削运动与刨削用量

刨削加工是在刨床上利用刨刀(或工件)的直线往复运动进行切削加工的一种方法。刨刀或工件所作的直线往复运动是主运动,进给运动是工件或刀具沿垂直于主运动方向所作的间歇运动。刨削运动构成:刀具的往复直线运动为切削主运动,生产率较低。

1. 刨削速度 v_c

刨刀刨削时往复运动的平均速度,其值可按下式计算:

$$v_c = \frac{2Ln}{1000}\quad (\text{mm/min})$$

式中:L 为刨刀的行程长度(mm);n 为滑枕每分钟往复次数(往复次数/min)。

2. 进给量 f

刨刀每往返一次,工件横向移动的垂直距离。B6065 牛头刨床的进给量值可按下式计算:

$$f = \frac{k}{3}\quad (\text{mm})$$

150

式中:k 为刨刀每往复一次,棘轮被拨过的齿数。

3. 背吃刀量(刨削深度 a_p)

已加工表面与待加工表面之间的垂直距离(mm)。

7.1.2 刨削加工范围

刨削可以加工平面、平行面、垂直面、台阶、沟漕、斜面、曲面等,如图 7-1 所示。

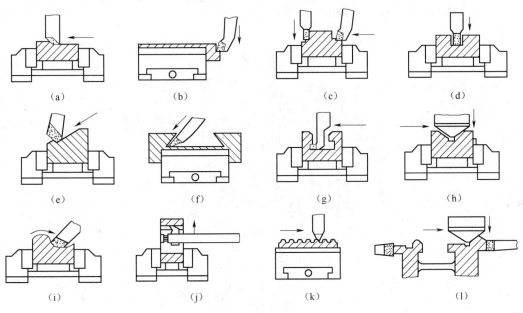

图 7-1 刨削加工范围

(a)刨平面;(b)刨垂直面;(c)刨台阶面;(d)刨直角沟槽;(e)刨斜面;(f)刨燕尾槽;
(g)刨 T 形槽;(h)刨 V 形槽;(i)刨曲面;(j)刨孔内键槽;(k)刨齿条;(l)刨复合表面。

7.1.3 刨削的特点

(1) 刨削过程是一个断续的切削过程,返回行程一般不进行切削,刨刀又属于单刃刀具,因此生产率比较低,但很适宜刨削狭长平面。

(2) 刨刀结构简单,制造、刃磨和工件安装比较简便,刨床的调整也比较方便,刨削特别适合于单件、小批生产的场合。

(3) 刨削属于粗加工和半精加工的范畴,加工精度一般可达 IT9 级~IT7 级,表面粗糙值为 $Ra12.5\mu m$~$1.6\mu m$。

(4) 刨床无抬刀装置时,在返回行程刨刀后刀面与工件已加工表面发生摩擦,影响工件的表面质量,也会使刀具磨损加剧。

(5) 刨削加工切削速度低和有一次空行程,产生的切削热少,散热条件好。

课题 2   牛头刨床和刨刀

刨床类机床主要有牛头刨床、龙门刨床和插床三种类型。牛头刨床主要用于加工小型零件,而龙门刨床主要用于加工大型或重型零件上的各种平面、沟槽和各种导轨面。下面以牛头刨床为例进行介绍。

7.2.1 牛头刨床

1. B6065 结构

图 7-2 是 B6065 牛头刨床的外形图。牛头刨床主要由床身、滑枕、刀架、工作台、横梁、底座等组成。主要组成部分的名称和作用如下:

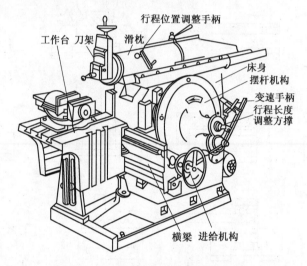

图 7-2 B6065 牛头刨床的外形图

(1)床身。它用来支承刨床各部件。其顶面燕尾形导轨供滑枕作往复运动用,垂直面导轨供工作台升降用,床身内部安装有传动机构。

(2)滑枕。主要用来带动刨刀作直线往复运动。前端安装刀架。

(3)刀架。用于夹持刨刀。摇动上端刀架手柄,可使刨刀上下移动;松开转盘上的螺母,将转盘扳转一定角度,可实现斜向进给。滑板上还安装有可偏转的刀座。抬刀板可以绕刀座横轴向上抬起,刨刀在返回行程时,抬刀板抬起,减少刨刀与工件的摩擦。

(4)工作台。用来安装工件。它可以随横梁作上下调整运动,也可沿横梁作水平方向的移动和进给运动。

2. 牛头刨床的传动

(1)摇臂机构。摇臂机构安装在刨床内部,其作用是把电机传来的旋转运动变成滑枕的往复直线运动。摇臂机构是由摇臂齿轮和摇臂等组成,如图 7-3 所示。摇臂的下端与支架相连;上端与滑枕的螺母相连。摇臂的滑槽与摇臂齿轮上的偏心滑块相连。当摇臂齿轮由小齿轮带动旋转时,偏心滑块带动摇臂绕支架中心左右摆动,使滑枕作往复直线运动。

刨削前,要调整滑枕的行程大小,使之略大于工件刨削表面长度。调整滑枕行程长度的方法是改变摇臂齿轮上滑块的偏心位置,转动方头便可使滑块在摇臂齿轮的导向槽内移动,从而改变其偏心距。偏心距越大,滑枕的行程越长。

刨削前,还要根据工件的左右位置来调节滑枕的行程位置。方法是先使摇臂停留在

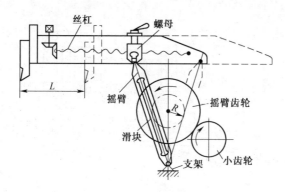

图7-3 摇臂机构

极右位置,松开锁紧手柄,用扳手转动滑枕内的圆锥齿轮使丝杆旋转,从而使滑枕右移至合适位置,然后拧紧手柄。

(2) 棘轮机构。棘轮机构的作用是将摇臂齿轮轴的旋转运动间歇地传递给横梁内的水平进给丝杠,使工作台在水平方向作自动进给。图7-4为棘轮机构工作原理示意图。

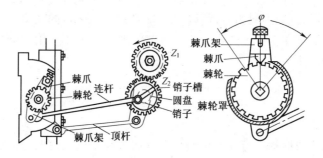

图7-4 棘轮机构

棘爪架空套在丝杆轴上,棘轮由键和丝杆相连。摇臂轴旋转时,通过齿轮转动,带动偏心销,使连杆拉动棘爪架往复摆动。摇臂齿轮轴每转动一周,刨刀往返一次,棘爪架即往复摆动一次。棘爪架上装有棘爪,借弹簧压力使棘爪与棘轮保持接触。摇杆向前摆动时,棘爪的垂直面推动棘轮;摇杆向后摆动时,棘爪的斜面从棘轮上滑过,而棘轮不动。因此棘爪架每往复摆动一次,即推动棘轮向前转动若干齿,从而使工作台沿水平方向移动一定距离,实现自动进给。改变棘爪的前后方向,即可改变工作台的进给方向。若将棘爪提起,则棘爪与棘轮分离,自动进给停止,此时,可用手动进给。

工作台进给量的大小,可通过调整棘轮罩的位置,即使棘轮罩遮住棘爪摆动范围内的部分棘齿,改变棘爪每次拨动的有效齿数进行改变。调节进给量的另一种方法是改变偏心销的偏心距离,偏心距小,则每次棘爪每次拨动的齿数少,进给量就小;反之,进给量就大。

7.2.2 龙门刨床

龙门刨床主要用于加工大型或重型零件上的各种平面、沟槽和各种导轨面。图7-5为龙门刨床的外形图。

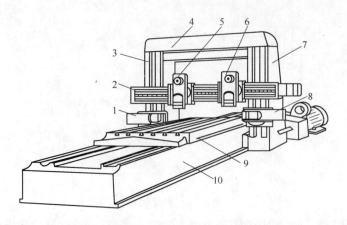

图 7-5　龙门刨床外形图

1、8—左右侧刀架；2—横梁；3、7—立柱；4—顶梁；5、6—垂直刀架；9—工作台；10—床身。

　　对中、小型零件，也可以一次装夹几个零件，用几把刨刀同时进行刨削。龙门刨床主要由床身、立柱、横梁、工作台、两个垂直刀架、两个侧刀架等组成。进行加工时，工件装在工作台上，工作台沿床身导轨作直线往复运动。横梁上的垂直刀架和立柱上的侧刀架都可以垂直或水平进给。刨削斜面时，可以将垂直刀架转动一定的角度。当刨削高度不同的工件时，可调整横梁在立柱上的高低位置。龙门刨床的工作台由一套复杂的电气控制系统，可进行无级调速。

7.2.3　刨刀

1. 刨刀的分类

　　刨刀的结构、几何形状均与车刀相似。刨刀切入和切出工件时，冲击很大，容易发生"崩刃"和"扎刀"现象，因而刨刀刀杆截面比较粗大，以增加刀杆的刚性，而且往往做成弯头，使刨刀在碰到硬质点时可适当产生弯曲变形而缓和冲击，以保护刀刃。常见类型刨刀如图 7-6 所示。

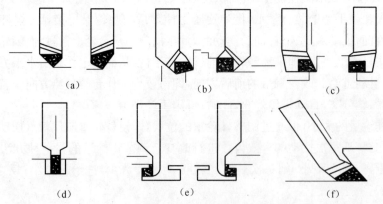

图 7-6　常见刨刀

(a)平面刨刀；(b)弯头刨刀；(c)偏刀；(d)切刀；(e)弯切刀；(f)燕尾槽角度刨刀。

2. 刨刀的安装

　　刨刀的几何形状与车刀相似，由于是间歇性切削，刨刀要承受较大的冲击力，所以刨刀刀杆的截面积比车刀的大。在刨削较硬的材料(如铸件)时,常将刨刀刀杆做成弓形,防止损坏已加工表面或刀头折断。

刨刀的安装非常简单,正确安装如图7-7所示。

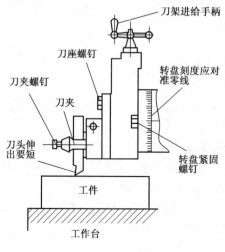

图7-7 刨刀的安装

【实训操作】

1. 徒手操作 B6065 牛头刨床。
2. 练习刨刀的安装方法。

课题3 刨 削 工 艺

7.3.1 工件的安装

工件的安装主要有以虎钳安装和工作台安装两种形式;一般小型工件直接用虎钳夹紧,较大的工件可直接安装在工作台上。在虎钳上夹持工件和校正的方法如图7-8所示。

在工作台上安装工件,可用压板来固定,应分几次逐渐拧紧各个螺母,以免夹紧力使工件变形。为使工件不致在加工时被推动,应在工件前端加装挡铁,如图7-9所示。

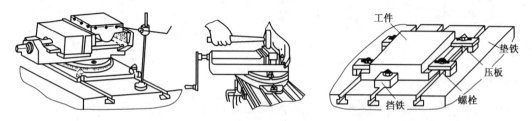

图7-8 在虎钳上夹持工件和校正的方法　　图7-9 工件前端加装挡铁

如果所加工的工件要求相对两面平行,相邻两面垂直,则应采用平行垫铁和垫上圆棒来保证夹紧。

7.3.2 刨水平面

刨水平面可按下列步骤进行。

(1) 装夹工件。

(2) 装夹刨刀。

(3) 调整工作台位置。

(4) 调整滑枕行程长度及位置。

(5) 调整滑枕的往复次数和进给量。

(6) 开车,先手动试切,停车测量尺寸后,利用刀架上的刻度盘调整切削深度。切削量较大时,可分几次进行切削。

当工件表面质量要求较高时,粗刨后还要精刨。精刨的切削深度和进给量应比粗刨小,切削速度可高些。为使工件表面光整,在刨刀返回时,可用手掀起刀座上的抬刀板,使刀尖不与工件摩擦。刨削时一般不用切削液。

一般在牛头刨床上加工工件的切削用量:切削速度 0.2m/s～0.5m/s;进给量 0.33mm/str～1mm/str;切削深度 0.5mm～2mm。

7.3.3 刨垂直面和斜面

刨垂直面,如图 7-10 所示,必须采用偏刀进行加工。注意安装偏刀时,刨刀的伸出长度应大于整个刨削面的高度。刨削时,刀架转盘位置应对准零线,使滑板(刨刀)能准确地沿垂直方向移动。刀座必须偏转一定的角度,以使刨刀在返回行程时能自由地离开工件表面,减少刀具的磨损和避免擦伤已加工表面。安装工件时,注意保证待加工表面与工作台台面垂直,并与切削方向平行。图 7-11 为用划线找正工件刨削斜面的方法与刨垂直面基本相同,只是刀架转盘必须扳转一定角度,如图 7-12 所示。

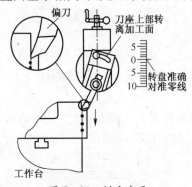

图 7-10 刨垂直面

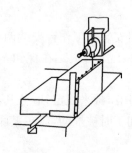

图 7-11 用划线找正工件

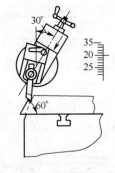

图 7-12 刨削斜面

7.3.4 刨沟槽

刨直槽时,可用切槽刀以垂直进给来完成,如图 7-13 所示。

刨 T 形槽时,要先用切槽刀以垂直进给的方式刨出直槽,然后用左、右两把弯刀分别加工两侧凹槽,最后用 45°刨刀倒角(图 7-14)。刨燕尾槽的过程和刨 T 形槽相似,但在用偏刀刨燕尾槽时,刀架转盘要偏转一定的角度(图 7-15)。

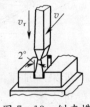

图 7-13 刨直槽

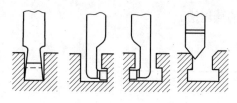

图 7-14 刨 T 形槽

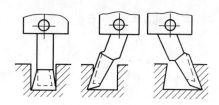

图 7-15 刨燕尾槽

7.3.5 刨削成形面

成形面是指截面形状为曲线的表面。刨削成形面一般有两种方法。

（1）用划线法加工成形面。

如图 7-16 所示，先在工件上划线，然后按划线进行加工。加工时需用手控制走刀，对工人的技术水平要求较高，且加工质量不稳定。此方法主要用于单件加工或加工精度要求不高的工件生产。

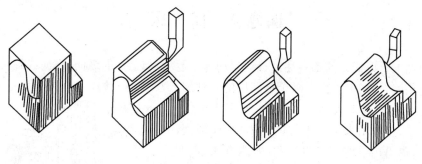

图 7-16 刨削成形面

（2）用成形刨刀加工成形面。

（3）此方法操作简单，质量稳定，多用于形状简单、截面较小、批量较大的工件的生产，但成形刀制作较困难。刨削加工如果加工批量较大，可考虑采用专用夹具，以提高生产效率；对于单件或小批量，应尽量采用通用夹具，节约生产成本。从工艺上应注意，为保证各表面之间的垂直和平行，必须以先加工出来的平面为基准进行定位和加工。

【实训操作】

1. 练习工件的装夹方法。

2. 在 B6065 牛头刨床上刨图 7-17 所示的零件的平面。

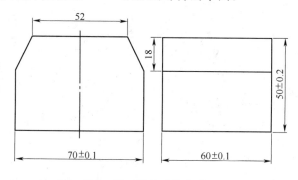

图 7-17 刨平面零件图

157

3. 在 B6065 牛头刨床上加工图 7-18 所示的燕尾槽。

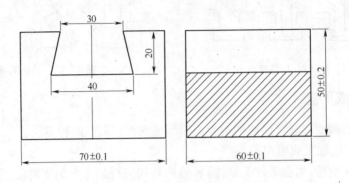

图 7-18　刨燕尾槽零件图

课题 4　插　床

插削加工是以插刀的垂直往复直线运动为主运动,与工件的纵向、横向或旋转运动为进给运动相配合,切去工件上多余金属层的一种加工方法。

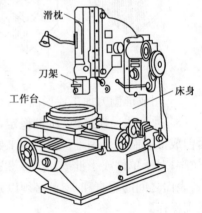

图 7-19　插床外形图

插床又称立式牛头刨床,插床主要用于单件、小批量生产,主要用来加工工件的内表面,如键槽、花键槽等,也可用于加工多边形孔,如四方孔、六方孔等,特别适于加工盲孔或有障碍台肩的内表面。

插床又称立式刨床,其主运动是滑枕带动插刀所作的上下往复直线运动。图 7-19 所示为插床的外形图。

插床主要由床身、底座、工作台、滑枕等组成。加工时,插刀安装在滑枕的刀架上,由滑枕带动作上下的直线往复运动。工件安装在工作台上,可根据需要作纵向、横向和圆周的进给运动。工作台的旋转运动可由分度盘控制进行分度,如加工花键等,如图 7-20 所示。

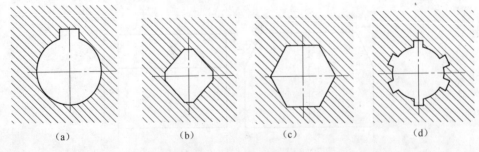

图 7-20　插削工艺
(a)插键槽;(b)插方孔;(c)插多边形孔;(d)插花键孔。

【实训操作】

在插床上按图 7 - 21 所示技术要求插削内键槽。

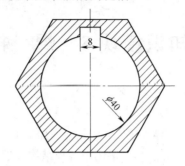

图 7 - 21 插削内键槽零件图

课题 5 刨削操作安全技术

(1) 进入训练场必须听从指导教师安排,穿好工作服,戴好防护镜,头发长的同学戴好工作帽,操作时严禁带手套,认真听讲,仔细观摩,严禁嬉戏打闹,保持场地干净整洁。

(2) 进入车间后未经同意或未了解机床性能,不能私自动用机床设备和电气开关。

(3) 学生必须在掌握相关设备和工具的正确使用方法后,才能进行操作。遇到问题立即向教师询问,禁止在不熟悉的情况下进行尝试性操作。

(4) 应根据工件的材料和加工要求适当选择切削用量及走刀量。

(5) 开动刨床前应检查工作台面前后有无障碍物,滑枕前后切勿站人。

(6) 工件及刨刀应装夹牢固,刀头不易伸出刀架过长。

(7) 刨削前根据工件调试刨削行程,不得在开车时调整。

(8) 滑枕运动时不得用手触摸刨刀和工件,不得在刨刀的正面迎头观看刨削过程。不得擅自离开工作岗位,凡多人合作一台机床,必须密切配合,分工明确。

(9) 设备上不准存放夹具、量具、工件及刀具等物品。

(10) 操作中如机床出现异常,必须立即切断电源,向指导老师汇报。一旦发生事故,应立即采取措施保护现场,并报告有关部门检查修理。

(11) 训练结束后必须擦净机床,在指定部位加注润滑油,各部件调整到正常位置,将场地清扫干净,然后关闭电源。

思考与练习

1. 简述使用牛头刨床加工 T 形槽的加工步骤及所用刀具名称。

2. 刨削加工有哪些特点?

3. 为什么在一般情况下刨削加工效率比铣削低?加工细长平面应选择哪种机床进行加工?

知识模块 8 焊 接

【导读】

焊接是一种将两个分离的物体连接成一体的金属加工工艺。它方法多样、应用广泛,气焊方法可以用于薄板焊接,电弧焊方法则大量用于各种结构和板厚零件的焊接。焊接工艺所连接材料包括钢、铸铁、铝、镁、钛、铜等金属及其合金,在机械制造工业中占有重要的地位。

【能力要求】

1. 了解电弧焊、气焊、气割等工艺过程的基本原理及应用。
2. 了解焊条、焊剂、焊丝等焊接材料的使用。
3. 熟悉常用焊接设备。
4. 掌握焊条电弧焊、气焊和气割的基本操作。
5. 掌握焊接过程中出现的缺陷及预防方法。

课题 1 焊 接 概 述

8.1.1 焊接的基本原理及其分类

通常情况下,焊接是指采用合适的手段,使用或不使用填充材料,使分离的材料产生原子或分子结合,形成具有一定性能要求的整体的一种工艺方法。

在焊接过程中,对要进行焊接的位置通过力、热、电、光、声及化学等手段,使之造成分子或原子的扩散与结合,从而达到符合性能要求的联接。

根据焊接过程中金属所处的状态及工艺特点,可以将焊接方法分为三大类,即熔化焊、压力焊和钎焊,如图 8-1 所示。

(1)熔化焊是通过将需连接的两构件的接合面加热熔化成液体,然后冷却结晶连成一体的焊接方法。常见的有气焊、电弧焊、电渣焊、气保焊等。

(2)压力焊是在焊接过程中,对焊件施加一定的压力,同时采取加热或不加热的方式,完成零件连接的焊接方法。冷压焊、爆炸焊都属于压力焊。

(3)钎焊是利用熔点低于被焊金属的钎料,将工件和钎料加热到钎料熔化至液态,利用钎料润湿母材,填充接头间隙并与母材相互溶解和扩散而达到结合的方法。此外,钎焊是一种不同于熔化焊、压力焊的焊接工艺,且具有某些特殊的性能。

8.1.2 焊接工艺基础知识

1. 焊接接头的种类及接头形式

焊接中,由于工件的厚度、结构及使用条件的不同,其接头形式及坡口形式也不同。

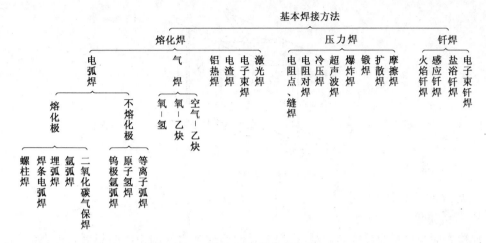

图 8-1 焊接方法

通常,焊接接头型式有 4 种:对接接头、T 形接头、角接接头及搭接接头,如图 8-2 所示。

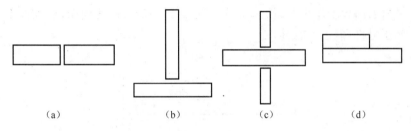

（a）　　　　　　　（b）　　　　　　　（c）　　　　　　　（d）

图 8-2 焊接接头的种类及接头形式

2. 焊缝坡口的基本型式及尺寸

为保证焊件能够焊透,当工件厚度大于 3mm～6mm 时,应开坡口,坡口形式有 V 形、双 V 形及 U 形等,如图 8-3 所示。

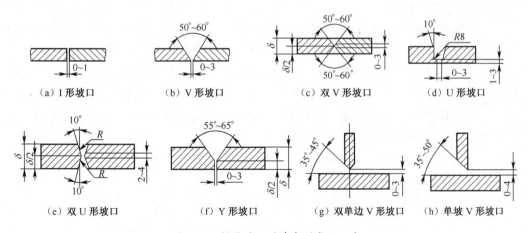

（a）I 形坡口　　（b）V 形坡口　　（c）双 V 形坡口　　（d）U 形坡口

（e）双 U 形坡口　　（f）Y 形坡口　　（g）双单边 V 形坡口　　（h）单坡 V 形坡口

图 8-3 焊缝坡口的基本型式及尺寸

3. 焊接位置种类

在焊接时,按照焊缝在空间的位置不同可分为平焊、立焊、横焊及仰焊等,如图 8-4 所示。

161

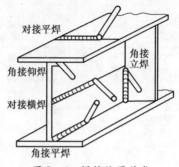

图 8-4　焊接位置种类

4. 焊缝的基本形状尺寸

1）焊缝宽度

焊缝表面与母材交界处叫焊趾,在焊缝表面两焊趾之间的距离叫焊缝宽度,如图 8-5 所示。

2）余高

高出母材表面焊趾连线上面的那部分焊缝金属的最大高度叫余高,如图 8-5 所示。余高不能低于母材,但也不能过高。

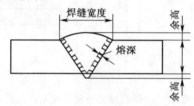

图 8-5　焊缝的基本形状尺寸

3）熔深

在焊接接头横截面上,母材或前道焊缝熔化的深度叫熔深,如图 8-5 所示。

4）焊缝厚度及焊脚

在焊缝横截面中,从焊缝正面到焊缝背面的距离,叫焊缝厚度。一般地,焊缝计算厚度是指设计焊缝时使用的焊缝厚度。对于焊透的对接焊缝,焊缝厚度等于工件的厚度;而对于焊透的角焊缝,焊缝厚度等于在角焊缝横截面内画出的最大直角三角形中,从直角的顶点到斜面的垂直距离。此外,在角焊缝横截面中,从直角面上的焊趾到另一个直角面的最小距离,叫做焊趾。在角焊缝的横截面中所画出的最大等腰直角三角形中直角边的长度叫焊脚尺寸,如图 8-6 所示。

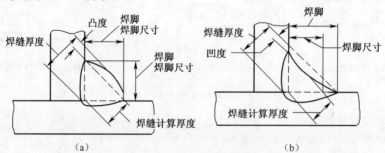

（a）　　　　　　　　　　　　（b）

图 8-6　焊缝厚度及焊脚

5）焊缝形式符号及补充符号

焊缝按不同的分类方法有如图8-7所示几种形式。

焊缝名称	示　意　图	图形符号	符号名称	示　意　图	补充符号	标注符号
V形焊缝	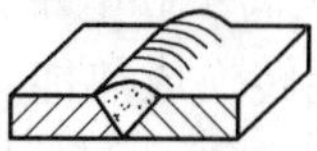	 $\vee$	周围焊缝符号	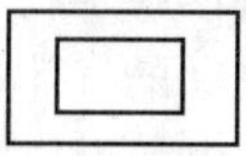	○	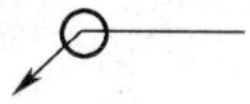
单边V形焊缝	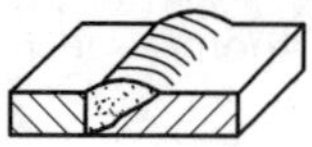	$\vee$	三面焊缝符号	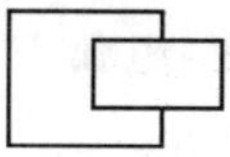	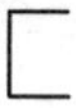 ⊏	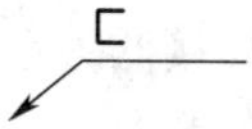
角焊缝	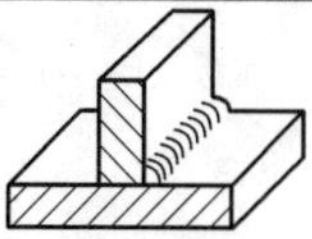		带垫板符号	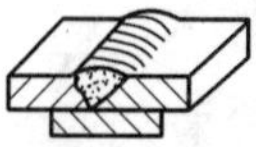	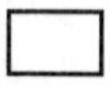 ▭	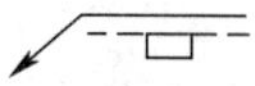
I形焊缝	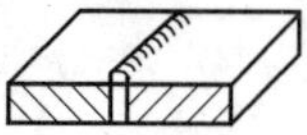	 ‖	现场焊接符号		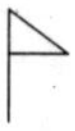	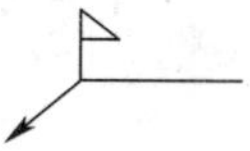
点焊缝	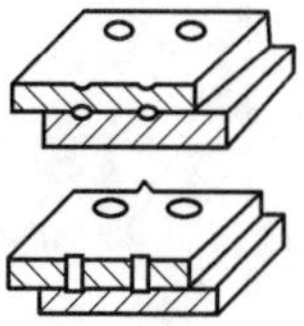	 ○	相同焊缝符号			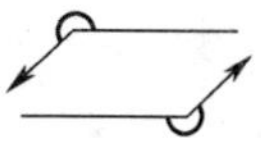
			尾部符号		 <	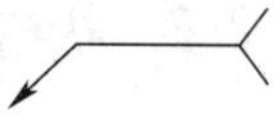

图8-7　焊缝形式符号及补充符号

课题2　焊条电弧焊

8.2.1　焊条电弧焊的基本原理

焊条电弧焊是用手工操纵焊条进行焊接的一种焊接方法,在工业生产当中运用最为广泛。焊接过程中电弧把电能转化成热能和机械能,加热工件件,使焊丝或焊条熔化并过渡到焊缝熔池中去,熔池冷却后形成一个完整的焊接接头。焊接过程如图8-8所示。

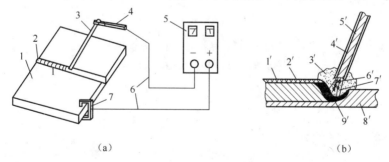

（a）　　　　　　　　　　　　（b）

图8-8　焊条电弧焊过程

（a)焊接连线；(b)焊接过程。

1—零件；2—焊缝；3—焊条；4—焊钳；5—焊接电源；6—电缆；7—地线夹；

1′—熔渣；2′—焊缝；3′—保护气体；4′—药皮；5′—焊芯；6′—熔滴；7′—电弧；8′—母材；9′—熔池。

163

电弧,就是指在工件与焊条两极之间的气体持续放电的现象,是电弧焊接的热源。电弧放电的产生必须有气体电离和阴极电子发射。当电源两端分别与被焊工件和焊枪相连时,在工件与焊枪之间就形成了一个电场,在电场的作用下,电弧阴极产生电子发射,阳极吸收电子,电弧区的中性气体粒子在吸收外界能量后会电离成正离子和电子,正负带电粒子相向运动,形成两电极之间的气体空间导电过程,电弧将电能转换成热能、机械能和光能,如图 8-9 所示。同时,电弧燃烧的稳定性对焊接质量有重要影响。在焊条电弧焊焊接焊接低碳钢和低合金钢时,电弧中心温度可以达到 6000℃~8000℃,两电极的温度可达到 2400℃~2600℃。

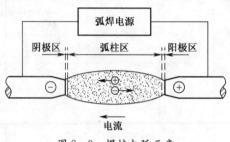

图 8-9 焊接电弧示意

8.2.2 极性

用直流弧焊电源焊接时,工件和焊条与电源输出端正、负极的连接方式称极性。当工件连接电源正极,焊枪接电源负极时,称直流正接或正极性;反之,工件、焊枪分别与电源负、正输出端相连时,则为直流反接或反极性,如图 8-10 所示。反接特别适合用来焊接铝、铍青铜和镁等有色金属,因为反极性接法具有表面清理功能。反接比正接具有更好的熔合性,缺点是焊条熔化速率较低。

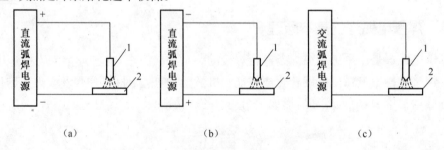

图 8-10 焊接电源极性示意图

(a)直流反接;(b)直流正接;(c)交流。

1—焊枪;2—工件。

交流焊接则无电源极性问题。

8.2.3 焊条及其分类

焊条电弧焊所用的填充材料是电焊条,简称焊条。焊条由焊芯和药皮两部分组成。为了便于引弧,在焊条的前端药皮有 45°左右的倒角,为了便于焊钳的夹持,在尾部有一段裸芯,长度大约为焊条总长的 1/16,如图 8-11 所示。

焊芯一般是被药皮包裹的一根具有一定长度及直径的金属丝。焊接时,焊芯有两个

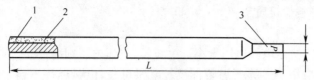

图 8-11　焊条的结构

1—药皮；2—焊芯；3—焊条夹持部分。

功能：一是传导焊接电流，产生电弧；二是焊芯本身熔化作为填充金属与熔化的母材熔合形成焊缝。焊条规格用焊芯直径代表，焊条长度根据焊条种类和规格，250mm～450mm尺寸不一。通常，焊条的直径为 2、2.5、3.2、4、5 等几种规格，其中 $\phi3.2$、$\phi4$、$\phi5$ 三种较常用。

焊条药皮为压涂在焊芯表面的涂料层，在焊接过程中起着极为重要的作用。首先，它可以保护熔池金属和熔滴，药皮熔化放出的气体，起隔离空气作用，防止有害气体如氧、氮等侵入熔化金属，药皮高温熔化后形成的熔渣覆盖熔池金属，隔绝空气，减缓焊缝冷却速度；其次可以通过熔渣与熔化金属冶金反应，去除有害杂质，添加有益的合金元素，起到冶金处理作用，使焊缝获得合乎要求的力学性能；最后，还可以改善焊接工艺性能，使电弧稳定燃烧、飞溅小、焊缝成形好、易脱渣和熔敷效率高等。

焊条药皮的组成主要有稳弧剂、造气剂、造渣剂、脱氧剂、合金剂、黏结剂和增塑剂等。其主要成分有铁合金、矿物类、有机物等。

焊条可以按不同的角度进行分类。按药皮类型酸性药皮焊条、碱性药皮焊条、金红石药皮焊条、纤维素药皮焊条。按用途将焊条分为七大类：碳钢焊条、低合金钢焊条、不锈钢焊条、堆焊焊条、铸铁焊条及焊丝、铜及铜合金焊条、铝及铝合金焊条。

8.2.4　焊接工艺参数

焊条电弧焊的焊接工艺参数主要有焊条直径、焊接电流、电弧电压、焊接层数、热输入等。

1. 焊条直径

一般根据焊件的厚度初步选择焊条直径，然后按其他焊接工艺条件如接头形式、焊接位置、焊接层数等作必要的调整。平焊时，所选直径应稍大；立焊、横焊和仰焊应选较细焊条；对于小坡口工件，为保证底层焊透，应采用较小直径。

2. 焊接电流

焊接电流的大小对焊接质量有较大的影响。电流过大或过小都会造成焊接缺陷。在一般情况下，按焊条直径选择焊接电流。通常可按经验公式 $I=kd$ 来确定。式中，I 是焊接电流（A），而 d 则是焊条直径（mm），k 是与焊条直径有关的系数，见表 8-1。

表 8-1　不同直径的 k 值　　　　　　　　　　（mm）

d	1.6	2～2.5	3.2	4～6
k	15～25	20～30	30～40	40～55

在一般情况下，横焊仰焊及立焊的焊接电流要小，工件厚度较大时，应取电流的较大值。合金钢焊条，一般电阻会较大，热膨胀系数也较大，如果焊接过程电流过大，焊条易发

红,药皮脱落,会影响焊接质量。

3. 电弧电压

通常,电弧长度决定电弧电压大小。电弧长,电弧电压则高;反之,则低。在焊接过程中,一般电弧长度应小于或等于焊条直径。电弧过长,电弧燃烧不稳定,飞溅增加,熔深减小。

4. 焊接层数

对于中厚的工件要开坡口,采用多层焊或多层多道焊。层数增加,有利于提高焊缝的塑韧性,但要防止接头过热和热影响区的扩大,且会使焊件的变形增加。此外,每层焊道厚度应不大于 4mm～5mm。故在焊接操作时,应综合考虑。

5. 热输入

熔焊时,焊接能源输入给单位长度焊缝的热量称为热输入。其计算公式如下:

$$Q=\frac{\eta}{u}IU$$

式中:Q 为焊缝单位长度热输入量;η 为热效率系数,一般焊条电弧焊为 0.7～0.8;I 为焊接电流;U 为电弧电压;u 为焊接速度。

热输入对低碳钢焊接接头的影响不明显,一般不作要求。热输入过大,对于不锈钢和低合金钢来说,焊接接头性能下降;过小,对于有些钢则会产生裂纹。在制定焊接焊接工艺时,也规定热输入。

8.2.5 焊接常用工具

1. 电焊钳

电焊钳是指焊条电弧焊在焊接过程中夹持焊条的工具。电焊钳起夹持焊条作用,还起传导焊接电流的作用。电焊钳导电性能要好、外壳应绝缘、质量小、装换焊条方便、夹持牢固和安全耐用。电焊钳的构造如图 8-12 所示。

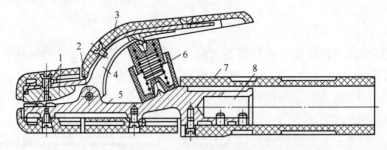

图 8-12 电焊钳的构造

1—钳口;2—固定销;3—弯臂罩壳;4—弯臂;5—直炳;6—弹簧;7—胶木受柄;8—焊接电缆固定处。

2. 焊接电缆

焊接电缆是焊接回路的部分。选择焊接电缆时,一般根据电焊机容量的大小来选取合适的电缆截面,以免在焊接过程中过热破坏绝缘皮。除此,还需有耐磨、柔软易弯曲等特点。

3. 焊接防护用具

焊接防护用具主要有面罩、防护服等。面罩在焊接过程中保护焊工的眼睛、面部不受电弧强光的辐射和灼伤,有手持式和头盔式两种。面罩上的护目玻璃为黑绿色居多,具有减弱电弧强光及过滤紫红外线的作用。在护目玻璃的外侧有相同尺寸的一般玻璃,起保护护目玻璃被飞溅金属玷污作用。

4. 防护服

为防止发生触电及被电弧强光和金属飞溅物灼伤,焊工在焊接操作时必须穿防护服,在敲渣时,应戴平面眼镜。

【实训操作】

焊条电弧焊操作技术如下:

1. 引弧方法

焊接电弧的产生即为引弧,焊条电弧焊有两种引弧方法:划擦法和直击法。划擦法也称摩擦法,在开启焊机电源后,将焊条末端对准焊缝,并保持两者的距离在 15mm 以内,快速适度转动手腕,使焊条在工件表面轻划一下,此时会发生短路,因接触面很小,温度急剧上升,在未熔化强,立即提起 2mm~4mm,使电弧引燃,然后开始正常焊接。直击法是在开启焊机后,先将焊条末端对准焊缝并保持一定距离,然后使焊条端头轻轻撞击工件,发生短路,随即提起 2mm~4mm,使电弧引燃,开始焊接。

焊缝起焊时,由于此时工件温度低、电弧稳定性差、焊条药皮还未充分发挥作用,会使焊缝出现气孔、未焊透等缺陷,所以引弧一般在焊缝起始点 10 mm 处,引弧后将电弧稍微拉长移至焊缝起始点进行预热,预热后压短弧长进行焊接运条。

2. 焊条的运动操作

为了获得良好的焊接成型,焊条电弧焊依靠人手工操作焊条运动称为运条。运条包括控制焊条角度、焊条送进、焊条摆动和焊条前移,如图 8-13 所示。

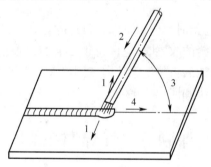

图 8-13　焊条运动和角度控制

1—横向摆动;2—送进;3—焊条与零件夹角为 70°~80°;4—焊条前移。

运条技术的具体运用根据接头形式、焊接位置、焊件厚度、零件材质等因素决定。常见的焊条电弧焊运条方法如图 8-14 所示。

直线形运条法运用时弧长保持一定,焊条不左右摆动,此时焊缝熔深较大,宽度较窄,适用于板厚 3mm~5mm 的不开坡口对接平焊;锯齿形运条法焊条末端向前运动的同时作锯齿形摆动,常用于平焊、立焊、仰焊的对接接头和立焊的角接接头,且多用于厚板的焊接;月牙形运条法焊条末端沿着焊接方向作月牙形的左右摆动,并在两边的适当位置作片刻停留,使焊缝边缘有足够的熔深。其缺点为易出现咬边缺陷。优点为由于对熔池加热时间长,容易使熔池中的气体和熔渣浮出,有利于得到高质量焊缝;正三角形运条法焊条

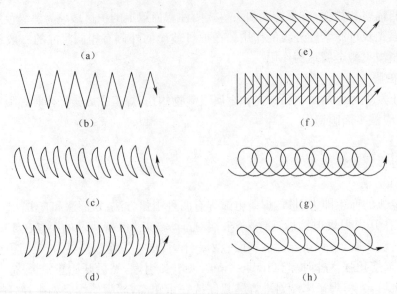

图 8-14 焊条电弧焊运条方法
(a)直线形；(b)锯齿形；(c)月牙形；(d)反月牙形；(e)斜三角形；
(f)正三角形；(g)圆圈形；(h)斜圆圈形。

末端沿着焊接方向作连续的三角形运动，控制熔化金属，焊缝成形良好。适合于不开坡口的对接接头和 T 形接头的立焊；正圆圈形运条法沿着焊接方向作连续的正圆圈或斜圆圈运动，其中，正圆圈适合于焊接较厚零件的平焊缝，而斜圆圈则适用于 T 形接头的横焊。其优点为可防止气孔产生。

3. 焊缝的收尾

由于焊条电弧焊一般熄弧时都会留下弧坑，过深的弧坑会导致焊缝收尾处缩孔、产生弧坑应力裂纹。所以，在焊缝的收尾时，应保持正常的熔池温度，作无直线运动的横摆点焊动作，等熔化金属填满熔池后再将电弧拉向一侧熄灭。焊缝收尾的操作方法还有三种：划圈收尾法、反复断弧收尾法和回焊收尾法。

课题 3 气焊与气割

8.3.1 气焊与气割的基本原理及特点

（1）气焊是利用可燃气体和助燃气体混合后燃烧产生的高温作为热源，使工件连接处的金属和焊丝熔化而实现焊接目的的一种方法。气焊所用的可燃气体主要有乙炔液化石油气和氢气等。其助燃气体为氧气。最常用的气焊是氧乙炔焊。乙炔和氧气混合燃烧形成的火焰称为氧乙炔焰。

气焊具有易于控制火焰、操作灵活、容易实现均匀焊透和单面焊双面成形，以及不需要电流，便于在工地或野外作业等优点。长期以来，气焊广泛应用于薄板焊接，铜、铝等有色金属及其合金的焊接，以及磨损工件的补焊，结构变形的火焰矫正等。

（2）气割是利用可燃气体与氧气混合燃烧所产生的高温，将工件切割处预热到一定温度后,喷出高压切割氧流,使金属剧烈氧化并放出热量,利用切割氧流把熔化状态的金属氧化物吹掉,而实现切割的方法,其过程如图8-15所示。

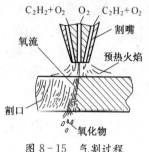

图8-15 气割过程

金属切割方法有很多种,氧—乙炔切割是常用的切割方法。气割的基本条件是其燃点低于熔点(因为气割过程是燃烧过程而不是熔化过程)。切割时燃烧形成的金属氧化物的熔点应低于金属本身的熔点,且流动性要好。金属在切割氧流中的燃烧为放热反应且金属的导热性不应太高。

综合上述条件,并不是所有金属都可以进行气割。可用气割的金属有纯铁、低碳钢、中碳钢及钛等。而铸铁、不锈钢、铝和铜等则选用其他切割方法(如等离子切割),不选用气割。

8.3.2 气体火焰

气焊和气割用于加热及燃烧金属的气体火焰是由可燃性气体和助燃气体混合燃烧而形成。助燃气体使用氧气,可燃性气体种类很多,最常用的是乙炔和液化石油气。其中,乙炔(C_2H_2)在常温、1个标准大气压下为无色气体,可溶解于水、丙酮等液体,属于易燃易爆危险气体,其火焰温度为3200℃,工业用乙炔主要由水分解电石得到。液化石油气主要成分是丙烷(C_3H_8)和丁烷(C_4H_{10}),但用于切割时的耗氧量要比乙炔大,且价格比乙炔低。

气焊火焰由焰芯、内焰和外焰组成,如图8-16所示。如调节乙炔和氧气的混合比例,可以得到三种性质和用途各异的火焰。

(1)中性焰。如图8-16(a)所示,当氧气与乙炔的体积比为1～1.2的混合时,燃烧充分,燃烧过后无剩余氧或乙炔,热量集中,温度可达3050℃～3150℃。它由焰芯、内焰、外焰三部分组成,焰芯为亮白的圆锥体,轮廓清楚,温度较低;内焰为暗紫色,温度最高可达3150℃;外焰颜色由淡紫色逐渐变向橙黄色,温度下降,热量分散,其生成物为二氧化碳和水。中性焰的应用最为广泛,低碳钢、中碳钢、铸铁、低合金钢、不锈钢、紫铜、锡青铜、铝及铝合金、镁合金等气焊都使用中性焰。

(2)碳化焰。如图8-16(b)所示,当氧气与乙炔的体积比小于1.1混合时,部分乙炔未燃烧,此为不完全燃烧。其焰芯较长,呈现蓝白色。外焰特别长,呈现橘红色。碳化焰的温度为2700℃～3000℃。由于碳化焰中含有游离碳,焊低碳钢时会有渗碳现象,故适用于气焊高碳钢、铸铁、高速钢、硬质合金、铝和铝合金等。

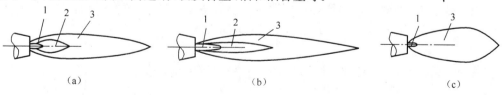

图8-16 氧—乙炔火焰形态
(a)中性焰;(b)碳化焰;(c)氧化焰。
1—焰芯;2—内焰;3—外焰。

（3）氧化焰。如图 8-17(c)所示，当氧气与乙炔的体积比大于 1.2 混合时，燃烧后气体仍存在过剩的氧气，具有氧化性。其内焰很短，几乎看不到，焰芯短而轮廓不明显，外焰呈现蓝色，火焰挺直，氧化反应剧烈且发出"嘶嘶"声，温度可达 3100℃～3400℃。由于火焰具有氧化性，焊接碳钢会产生金属氧化物和气体，并出现熔池沸腾现象，而使焊接质量大大降低，但黄铜、锡青铜、锰黄铜等常用气焊氧化焰进行焊接。

8.3.3 气焊与气割的主要工艺参数

1. 气焊主要工艺参数

在操作过程中，对于不同的工件材质、焊接位置、工件形状、气焊设备等因素的不同，所选择的焊接工艺参数也不同。以下介绍气焊工艺参数及其对焊接质量的影响。

1）火焰能率

火焰能率由焊炬和焊嘴的大小决定，每种型号的焊炬及焊嘴还可以在一定的范围内进行调节。对于工件的导热率来说，其导热性越强，火焰能率应相应的适度增大。对于焊接位置来说，同一材质工件，非平焊位置的火焰能率较平焊位置的小。

2）火焰性质的选择

在气焊时火焰性质应根据焊接工件的种类和所要求的焊后组织性能，而做出相应的选择。在一般情况下，为了减少焊缝材料中元素的烧损，应该选用中性火焰；要在焊缝金属中增碳时，选用碳化焰；对于工件母材中含有低沸点元素时，应该选用氧化焰，因为氧化焰易使熔池表面金属通过氧化而生成薄膜，从而阻止低熔点元素的蒸发，起到保留元素的作用。

3）填充材料焊丝直径的选择

一般情况下，焊丝直径与工件厚度有关。此外，多层气焊时，前两层应选用较细的焊丝。具体工件厚度与焊丝的关系见表 8-2。

表 8-2　焊丝直径的选择　　　　　　　　　　　　（mm）

工件厚度	1～2	2～3	3～5	5～10	10～15
焊丝直径	1～2	2～3	3～4	3～5	4～6

4）焊嘴倾斜角

焊嘴倾斜角是指焊嘴中心线与工件表面所在平面的夹角。当焊嘴倾斜角为 90°时，火焰的热量最为集中，工件所得到的热量也最大，升温也最快。工件升温随着焊嘴倾斜角的减小而减慢。

在焊接刚开始施焊时，为在焊接位置快速形成熔池，用的焊嘴倾斜角较大，为 80°～90°，在焊接结束焊缝收尾时，应提高焊嘴，其倾斜角也减小。

5）焊接速度

在进行焊接时，在保证焊接质量的前提下，应尽量提高焊接速度。焊接速度对焊接质量有很大的影响，焊接速度过快容易造成焊缝熔合不良、未焊透等缺陷；焊接速度过慢则产生过热、焊穿等情况。焊接速度应根据工件厚度，在选择火焰能率适当的前提下，通过焊接经验来掌握。一般，对于厚度较大、熔点高的工件，焊接速度应慢些；反之焊接速度则要快一些。

2. 气割主要工艺参数

1) 割炬型号和氧气压力

工件越厚,选割炬型号割嘴型号应相应增大,氧气压力也相应增大。

2) 氧气纯度

在进行气割时,氧气纯度对切割速度、耗氧量及切口质量有很大的关联。氧气纯度降低会使切割时间增加,切割速度下降,同时耗氧量增加。当工件厚度增加,耗氧量也会增加。

如果氧气中含有杂质气体如氮,会导致气割速率下减,耗氧量增加,切口粗糙化。在一般情况下,气割所用氧气纯度越高越好,要求在 99.5％以上。

3) 工件材质

一般情况下,工件材质对气割也有很大的影响。当工件材料中碳含量小于 0.4％时,气割过程可以进行;碳含量大于 0.5％时,气割逐过程逐渐变坏;碳含量大于 1.0％时,气割过程无法进行。此外,随着锰、硅、铬及镍含量的变化,对气割过程和切割质量也有很大的影响。

工件材料中如果含有缺陷如气孔、夹杂及裂纹等,对切割过程和切割质量的影响也很大,如使气割速度变慢,切口质量下降变差。这种现象常常发生在气割钢坯、钢锭时。

8.3.4　气焊与气割的设备

气焊所用的设备及气路连接如图 8-17 所示。

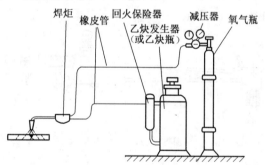

图 8-17　气焊设备及其连接示意图

氧气瓶是储存、运输高压氧气的容器,属于液化容器。瓶体表面为天蓝色,并印有"氧气"的黑色字样。一般氧气瓶使用 3 年应进行检查,应符合国家《气瓶安全监察规程》的要求。

乙炔瓶是储存、运输乙炔气的容器,属于溶解容器。利用乙炔易溶于丙酮这一特点,使乙炔气稳定、安全的储存于乙炔气瓶中。乙炔气瓶瓶体表面涂为白色,并且印有"乙炔气瓶"、"不可近火"等红色字样。使用乙炔气瓶时不能放倒,避免丙酮流出。除氧气瓶外,实际生产中还运用乙炔发生器用于提供乙炔,该设备是通过电石和水进行化学反应制取乙炔的一种装置。

回火保险器是乙炔发生器不可缺少的一种安全装置。其作用主要是在气焊和气割过程中,焊炬或割炬发生回火时,防止回火火焰燃入乙炔发生器内,以免发生爆炸危险。

减压器是将高压气体降为低压气体并保持气压、流量稳定的一种调节装置。其中,按用途可分为氧气减压器和乙炔减压器。

　　焊炬是用于控制氧气与乙炔的混合比例,调节气体流量及火焰并进行焊接的工具。一般地,按可燃气体与氧气的混合方式可分为等压型和射吸型两种,等压型焊炬特点为只能用于中高压的可燃气体;可燃气体的压力和氧气的压力相等;不易发生回火现象。对于射吸型焊炬,可燃气体主要依靠焊炬的射吸作用而在焊炬内流动,与可燃气体压力无关,也较常用。

　　H01-6型射吸式焊炬的构造如图8-18所示。在手柄下侧和前端有氧气调节阀和乙炔调节阀,因此,可通过调节阀控制氧气和乙炔的流量,进而控制焊接火焰的效能大小。喷嘴将氧气和乙炔按调节比例混合,进入混合管,再由焊嘴喷出。在进行操作时,应先将氧气调节阀打开,再将乙炔调节阀打开。

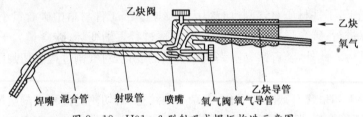

图8-18　H01-6型射吸式焊炬构造示意图

　　在气割过程中,手工气割使用割炬进行,其作用是将氧气和乙炔进行混合,通过燃烧形成预热火焰,再将高压纯氧喷射到工件切割位置,使该位置的切割金属在氧射流中进行剧烈燃烧,燃烧后的熔渣再由高压氧流吹走进而形成所需焊缝。割炬有多种型号可供选用,常用的割炬外形如图8-19所示。

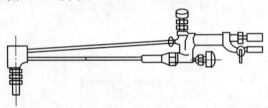

图8-19　割炬外形

8.3.5　焊丝与气焊熔剂

　　(1)焊丝气焊时,焊丝起填充作用,与熔化的母材一起组成焊缝金属。因此,在选择焊丝时应根据工件的化学成分的不同,选用相匹配的焊丝。此外,焊丝的选择还与火焰能效、焊缝位置、坡口形式等因素有关。

　　(2)气焊熔剂。气焊熔剂是气焊时使用的助熔剂,是用来保护熔池金属、去除氧化物、改善母材的润湿性等。在进行气焊时,除低碳钢不使用焊剂外,其它金属材料一般都使用。

【实训操作】

　　气焊操作如下:

　　1.焊接火焰的点燃与熄灭

　　在检查气焊设备完好后,点燃火焰进行气焊操作。在火焰点燃时,先微开氧气调节阀,然后打开乙炔调节阀,用明火在焊嘴点燃混合气体,此时产生的火焰为碳化焰,然后按气焊要求调节好火焰的性质和能率进行气焊操作。气焊操作完毕时,先关闭乙炔调节阀,然后再关闭氧气调节阀,火焰将自动熄灭。如果顺序颠倒先关闭氧气调节阀,会冒黑烟或产生回火现象。

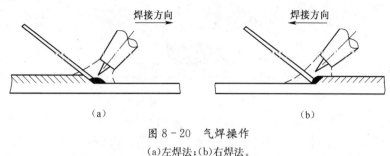

图 8-20 气焊操作

(a)左焊法;(b)右焊法。

2. 左焊法和右焊法

左焊法如图 8-20(a)所示,是指自左向右进行焊接,此时,火焰热量比较集中,并对熔池起到保护作用,适用于焊接厚度 3mm 以上的工件,熔点较高,缺点是操作难度较大,优点是容易观察溶池、焊道较窄、耗气量少;右焊法如图 8-20(b)所示,是自右向左进行焊接,熔池较浅,适用于焊接板厚小于 3mm 的工件,优点是右焊法操作简单,较左焊法常用。气焊低碳钢时,左焊法焊嘴与零件夹角 50°~60°,右焊法焊嘴与零件夹角 30°~50°。

3. 焊炬的运走

在气焊操作时,一般右手持焊炬,左手拿焊丝。操作过程中,焊炬一边沿焊接方向前进,一边还应根据焊缝宽度作一定幅度的横向运动。

4. 焊丝的运走

焊丝的运走指焊丝的送进运动。平焊时,焊丝与焊炬的夹角接近 90°,焊丝要送到熔池中,与母材同时熔化。焊丝送进速度、摆动形式或点动送进方式必须根据焊接接头形式、母材熔化等具体情况决定。

5. 气割操作

切割操作前,清除工件切割线附近的油污、铁锈等杂物,工件下面留出一定的空间,以利于熔渣的吹出;切割时,先点燃预热火焰,调整其性质成中性焰或轻微氧化焰,将割处金属加热到接近熔点温度,再打开切割氧进行气割;切割临近结束时,将割炬后倾,使钢板下部先割透,然后割断钢板;切割结束后,先关闭切割氧,再关闭乙炔,最后关闭预热氧,将火焰熄灭。

课题 4　埋　弧　焊

8.4.1　埋弧焊的基本原理及分类

埋弧焊是以电弧为热源的焊接方法,不可见电弧在焊剂层下焊丝与工件之间燃烧,电弧热将焊丝和母材及电弧周围的焊剂熔化,熔化的金属形成熔池,熔融的焊机形成熔渣,这样熔池受到熔化的焊剂、熔渣以及受电弧热蒸发的金属蒸汽形成的空腔保护,随着电弧向前移动,电弧力将液态金属推向后方并逐渐冷却凝固成焊缝,熔渣凝固成渣壳覆盖在焊缝表面,如图 8-21 所示。

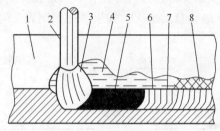

图 8-21　埋弧焊示意图

1—焊剂;2—焊丝;3—电弧;4—熔渣;5—熔池;6—焊缝;7—零件;8—渣壳。

埋弧焊按自动化程度分为自动埋弧焊和半自动埋弧焊两种方式,自动埋弧焊的焊丝送进及电弧移动由专门的机头完成,而半自动埋弧焊的焊丝送进由机械自动完成,电弧的移动却是人工完成的。此外,埋弧焊还可以按行走方式分为小车式、龙门式和悬臂式;按电源可分为交流和直流;按电极可分为丝级和带级等。

8.4.2　埋弧焊的特点

埋弧焊主要特点如下:

(1) 熔敷速度高,焊接速度高,生产效率高。

(2) 焊接质量好,焊缝表面较光洁,但每层焊道焊接后必须清除焊渣。

(3) 无辐射和噪声,较其他焊接方法安全、绿色。

(4) 只适用于平焊和平角焊的焊接,一般不适合焊小、薄的工件。

(5) 不便观察电弧与坡口的相对位置,而且需要焊缝自动跟踪装置;否则,容易出现焊偏现象。

(6) 设备投资大,需采用辅助装置。

8.4.3　埋弧焊工艺参数

埋弧焊的工艺参数主要有焊接电流、电弧电压、焊接速度、焊丝直径、焊丝伸出长度等。其初步选择主要根据工件材料、焊接厚度、接头形式及焊接位置等。选择工艺参数的目的就是要保证电弧的稳定燃烧,焊缝形状尺寸符合要求,表面光洁整齐,内部无气孔夹杂裂纹等缺陷。初步确定的工艺参数,一般都在实际施焊过程中加以修正。

8.4.4　埋弧焊设备

埋弧焊焊机可以连续不断地向电弧区送进焊丝,调节送丝速度;使焊接电弧沿着施焊路线移动;向电弧区送入焊剂;控制焊接过程的启动与终止等。图 8-22 为单丝埋弧焊焊机的设备简图。

8.4.5　埋弧焊的填充材料

1. 焊丝

埋弧焊所用焊丝分为实芯焊丝和药芯焊丝两类,其中实芯焊丝的使用比较普遍。

焊丝直径一般依用途而选。目前,焊丝直径有 $\phi1.2$、$\phi1.6$、$\phi2.0$、$\phi2.5$、$\phi3.0$、$\phi3.2$、

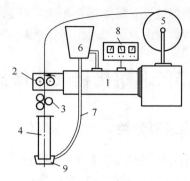

图 8-22 单丝埋弧焊设备

1—送丝马达；2—送丝轮；3—校直轮；4—导电管；5—焊丝盘；
6—焊剂斗；7—焊剂导管；8—调节箱；9—焊剂漏嘴。

$\phi 4.0$、$\phi 5.0$、$\phi 6.0$、$\phi 6.2$、$\phi 8.0$。对于某一确定的电流值可以选择不同直径的焊丝。当电流值一定时，若选用直径较小的焊丝时，可以获得较大焊缝熔深、较小熔宽的焊缝。

2. 焊剂及其分类

焊剂通常是一种颗粒状的物质，在埋弧焊施焊过程中不可或缺。其特点为具有良好的冶金性能，会对熔池产生影响，同时还具有掺合金作用，加入 Si 和 Mn、Cr、Ni、Mo 等元素；改善电弧的导电性，使起弧容易，稳定电弧；形成的熔渣，在焊接过程中，保护过渡的熔滴和形成的熔池，覆盖在焊缝上表面，可避免焊缝过快冷却。

此外，成分主要是 MnO 和 SiO_2 等金属及非金属氧化物的焊剂，不适合焊铝、钛等易氧化的金属及其合金。

埋弧焊焊剂可分为不同的几种，按用途分为钢用焊剂和有色金属用焊剂；按化学性质可分为酸性、中性、碱性及强碱性；按制造方法则可分为熔炼焊剂、烧结焊剂及陶制焊剂等。

【实训操作】

直焊缝的焊接操作如下：

对于直焊缝的焊接，有单面焊和双面焊两种基本类型。根据工件厚度可分为单层焊、多层焊及有无衬底等方法。

在焊接对接焊缝时，为防止熔渣和熔池金属的泄漏，采用焊剂垫作为衬垫进行焊接。焊剂垫的焊剂与焊接用的焊剂相同。焊剂垫要与工件焊接面背面贴紧，并承受一定均匀的托力。在施焊时，选择较大的热输入量，使焊接面焊透，达到双面成形。对于无法用焊剂衬垫的工件，可先用手工焊进行封底，再用埋弧焊进行焊接。

双面焊接时，为了保证焊透，正面焊时要焊透工件厚度的 1/2 左右，背面焊时，则必须保证焊透工件的 60%～70%。在一般情况下，很难测出熔深，主要靠在焊接时观察熔池背面的颜色和经验来判断。

对于较厚的工件，需要采用多层焊。第一层焊时，热输入不能太大，既要保证焊透，又要防止裂纹等缺陷。每层焊道焊接后必须清除焊渣，每层焊缝的接头要错开，尽量避免重叠。

环焊缝的焊接操作如下：

对于圆形筒体工件的埋弧焊，要采用带有调速装置的滚胎。如要进行双面焊，第一遍需将焊剂垫衬在下面筒体外壁焊缝处。将焊接小车固定在悬臂架上,伸到筒体内焊下平焊。焊丝应偏倚中心线下坡焊位置上。第二遍正面焊接时,在筒体外上平焊处进行施焊。

课题 5　非熔化极气体保护焊

8.5.1　气体保护焊的特点及其分类

气体保护焊也是以电弧作为热源的焊接方法,与其他焊接方法不同的是用外加气体作为电弧介质及保护气体,且由该气体对电弧及熔池进行保护的电弧焊。常用的保护气体有氩气、氦气、二氧化碳等。

气体保护焊与其他焊接方法相比,具有如下的特点。

(1)电弧和熔池具有良好的可见性,可以观察施焊时的熔池情况。

(2)电弧在保护气流的作用下,热量较集中,焊接速度快,熔池较小,热影响区窄,工件变形小。

(3)施焊时,几乎没有熔渣,焊后一般不需清渣。

(4)不适合在户外作业。

(5)电流密度大、温度高、弧光强,施焊时易产生紫外线和有害气体等,不利于焊工的身体健康。

(6)焊接设备复杂,价格高。

根据电极是否熔化和保护气体的不同,可将气体保护焊分为非熔化极惰性气体保护焊(TIG)和熔化极气体保护焊(GMAW)。其中,熔化极气体保护焊又可分为熔化极惰性气体保护焊(MIG)和熔化极活性气体保护焊(MAG)。此外,将二氧化碳气体保护焊记为MAG-C;将混合气体保护焊记为MAG-M。

8.5.2　钨极惰性气体保护焊(TIG)

钨极惰性气体保护焊,将钨棒作为电极(钨电极)装夹在焊枪内,焊接电流将流过钨电极,并在钨极与工件之间产生电弧,使母材和填充的焊丝熔化,保护气体从焊枪流出,并保护钨极、熔池及其邻近热影响区免受空气侵入影响焊接质量,如图8-23所示。

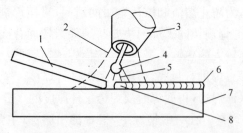

图8-23　钨极氩弧焊示意图

1—填充焊丝;2—保护气体;3—喷嘴;4—钨极;5—电弧;6—焊缝;7—工件;8—熔池。

钨极氩弧焊基本可以对所有金属及合金施焊,多用于铝镁钛铜等有色金属,以及不锈钢、耐热钢的焊接。为了提高生产率,钨极氩弧焊通常选择3 mm以下的工件进行焊接。此外,对接、搭接、角接及T形接等接头都可以用钨极氩弧焊进行焊接。

8.5.3 钨电极和保护气体

非熔化极气保焊中,要求非熔化电极要有高熔点和沸点。通常情况下,将钨作为非熔化电极的材料(钨的熔沸点分别是 3410℃和 5900℃)。常用的有纯钨极钍钨极和铈钨极三种,其特点如下。

(1)纯钨极熔点和沸点较高,但承载电流的能力差,较大的电流会引起钨极的熔化和蒸发。

(2)含有氧化物的钍钨极,空载电压较低,引弧稳定性能较好,许用电流范围比纯钨极大。

(3)铈钨极比钍钨极更易引弧,钨极损耗较小。

在生产中,氩气做保护气体易引弧,电弧稳定,保护效果好,价格便宜,所以钨极氩弧焊的保护气体主要是氩。但有时也用氦气、氩—氦混合气及氩—氢混合气等。

钨极氩弧焊时,由于氦气具有特殊的物理性能,可用氦气替代氩气。与氩气相比,它具有较高的电离能,在相同的电流下,焊接电压也较高,热输入提高,使焊接速度得到提高。但它使电弧不稳定和难以起弧,很多场合下使用氩气和氦气的混合气体。考虑到氦气价格较昂贵,故只有在少数特别重要的构件时采用氦气替代氩气作为保护气体。

8.5.4 焊接设备

钨极氩弧焊设备通常有焊接电源、引弧及稳弧装置、焊枪、供气系统焊接控制装置。

1. 焊接电源

钨极氩弧焊的焊接电源有直流电源、交流电源、直交两用电源及脉冲电源,这些电源在结构和要求方面与一般弧焊电源大致相同,原则上可以通用,只是外特性更陡些,用陡降外特性。

2. 引弧及稳弧装置

钨极氩弧焊施焊时,短路引弧依靠钨极和引弧板接触引弧,钨极损耗大,极少采用;高频引弧利用高频振荡器产生的高频电压击穿钨极与工件之间的间隙而引弧,在交流钨极氩弧焊时,引弧后还可起到稳弧作用;高压脉冲引弧时,在钨极与工件之间加一高压脉冲,使两极间气体介质电离而引弧。在交流钨极氩弧焊中既引弧又可以稳弧,为一种较好的引弧方法。

3. 焊枪

钨极氩弧焊焊枪可分为水冷式和气冷式两种。其作用是夹持钨极、传输焊接电流和输送保护气等。图 8-24 为水冷式焊枪。

4. 供气系统和水冷系统

钨极氩弧焊的供气系统由氩气瓶减压阀、电磁气阀和流量计组成。减压阀将氩气瓶中的气体降至焊接所要求的压力,流量计的作用是用来调节和测量气体的流量,电磁气阀以电信号控制气体的通断。至于水冷系统,在许用电流大于 100A 的焊枪一般为水冷式,用水冷却焊枪和钨极。

8.5.5 钨极氩弧焊的工艺参数

钨极氩弧焊的工艺参数主要是焊接电流种类及极性、钨极直径和端部形状、保护气体

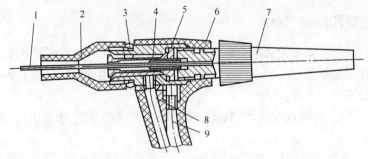

图 8-24 水冷式焊枪结构

1—钨极;2—喷嘴;3—密封环;4—轧头套管;5—电极轧头;6—枪体;7—绝缘帽;8—进气管;9—冷却水管。

流量和喷嘴直径、焊接速度及喷嘴与工件的距离等。

1. 焊接电流种类及极性

在进行钨极氩弧焊时所选的电流种类和极性,因工件材料而异。

当焊接除铝镁合金以外的其他合金时,一般采用直流正接,即工件接电源正极,钨极接电源负极。此时,工件为阳极,因电弧集中,工件受热面积小,可得窄而深的焊缝;钨极为阴极,电子发射能力强,电弧稳定;钨极发射电子时,具有冷却作用,因此,正接时钨极不易烧损。

直流反接时,工件接电源负极,钨极接电源正极,具有阴极清理的作用。然而,此接法电弧不稳定、钨极温度较高导致的钨极熔化、挥发等问题而限制其使用。

当铝、镁及其合金进行钨极氩弧焊时,则选用交流电流。交流电流的极性在周期性交换,相当于每个周期的半波为直流正接,半波为直流反接,交替变换。这样,交流电流的钨极氩弧焊就既具有直流反接时的阴极清理作用,又具有直流正接时的钨极温度低,烧损少、电弧稳定等优点。所以,活化性金属更有利于交流钨极氩弧焊焊进行焊接。

2. 钨极直径及端部形状

选择不同的钨极与焊接电流有关。焊接电流较小时,选用直径较小和锥角较小的钨极,有利于引弧和电弧的稳定燃烧;焊接电流较大时,选择大锥角钨极,避免尖端过热甚至烧损;钨极端部形状还对熔宽、熔深有影响。减小锥角,可使熔深减小熔宽却增大;反之,熔深增大,熔宽减小。

3. 保护气体流量和喷嘴直径

在施焊时保护气体流量和喷嘴直径的选择,一般会影响到气体的保护效果。气体流量过低,容易使周围空气混入,使气体保护效果不佳;气体流量太大,容易形成紊流卷入空气,同样使保护效果减低。

在一定气体流量时,喷嘴直径过小,气体流速过高易形成紊流且保护范围较小;喷嘴过大,气体流速过低且妨碍熔池的观察。故保护气体流量与喷嘴须有良好的配合。一般手工氩弧焊的喷嘴内径范围为 5mm～20mm,则保护气体流量范围为 5L/min～25L/min。

4. 焊接速度

焊接速度的选择主要根据工件厚度决定,且同焊接电流、预热温度等综合作用保证所需的熔深和熔宽。在自动焊中,焊接速度较高时,还要考虑焊接速度对气体保护效果的影响。焊接速度过大,保护气流偏后,可能会使钨极端部、弧柱、熔池暴露在空气中,使保护效果减低。因此,须采用相应措施如加大保护气体流量或者将焊炬前倾,以保持保护作用。

5. 喷嘴与工件的距离

喷嘴与工件的距离过小,不利于观察熔池且使钨极与熔池接触,产生夹钨;距离过大,使气体保护效果减弱。一般喷嘴与工件的距离应为 8mm～14mm。

【实训操作】

1. 焊前处理

为保证焊接质量,在焊前,必须对工件坡口及坡口两侧 20 mm 范围内的油污、尘土、水分、锈斑、氧化膜等进行清理。去除油污尘土时可用丙酮汽油等有机溶剂进行擦洗;而去除氧化膜锈迹时常有不锈钢丝刷或砂布等机械方式进行清理,或者用化学溶液进行清洗,清洗溶液的选取与工件材料有关。

2. 操作技术

确保在焊前的 1.5s～4s 输送保护气,以驱赶管内空气。

施焊时,焊枪焊丝和工件要保持正确的相对位置,通常用做焊法焊直焊缝。手工钨极氩弧焊时,送丝可以采用断续送进和连续送进两种方法,要防止焊丝与高温的钨极接触,以免污染、烧损钨极。断续送丝时要防止焊丝端部移出气体保护区而氧化。

焊后延迟 5s～15s 停气,以保护尚未冷却的钨极和熔池。

课题 6 熔化极气体保护焊

8.6.1 熔化极气体保护焊的原理及 CO_2 气体保护焊特点

熔化极气体保护焊是采用焊丝端部与被焊工件之间的电弧作为热源来熔化焊丝和母材,并向焊接区不断输送保护气体的焊接方法。在保护气体的保护下,连续送进的焊丝不断熔化过渡到熔池,与熔化的母材金属融合形成焊缝金属,最终使工件连接起来。其过程如图 8-25 所示。

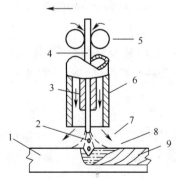

图 8-25 熔化极气体保护焊示意图

1—母材;2—电弧;3—导电嘴;4—焊丝;5—送丝轮;6—喷嘴;7—保护气体;8—熔池;9—焊缝。

熔化极气体保护焊熔池易于观察,焊枪操作方便,易进行全位置焊接。由于其焊丝外没有涂层,电流较高,使得熔深较大,熔敷率高。与钨极氩弧焊相比,生产率高,适用于中等厚度和大厚板的焊接。

熔化极气体保护焊中,CO_2 气体保护焊是一种重要的焊接方法。与其他电弧方法相比有更大的适应性、更高的效率及经济性,还容易得到优质的焊接接头。

CO_2 气体保护焊抗氢气孔能力强、适合薄板焊接及易进行全位置焊,广泛应用于低碳钢和低合金钢等材料的焊接。熔滴过渡型式主要有熔滴过渡和短路过渡两种。在生产中,熔滴过渡因飞溅大,焊接过程不稳定等原因,较少采用。施焊时短路过渡弧长较短,如果焊接参数选择合适,电弧的燃烧和熄灭、熔滴过渡过程均较稳定,在薄板焊接中广为采用,通常 CO_2 气体保护焊都是短路过渡,其缺点是飞溅比较大。

8.6.2 熔化极气体保护焊设备

CO_2 气体保护焊的设备示意图如图 8-26 所示。

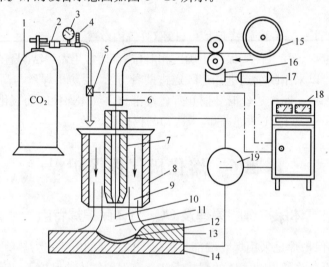

图 8-26 CO_2 气体保护焊示意图

1—CO_2 气瓶;2—干燥预热器;3—压力表;4—流量计;5—电磁气阀;6—软管;
7—导电嘴;8—喷嘴;9—CO_2 保护气体;10—焊丝;11—电弧;12—熔池;13—焊缝;14—工件;
15—焊丝盘;16—送丝机构;17—送丝电动机;18—控制箱;19—直流电源。

1. 焊接电源

为保证焊接电弧的稳定、飞溅的减少,熔化极气体保护焊焊接电源通常采用直流电源,按外特性可分为平特性、陡降特性和缓降特性。目前使用较多的是弧焊整流器式直流电源。

施焊时采用细丝及中等直径焊丝进行焊接,需配备平特性和缓减特性电源和等速丝机构,依靠电弧自身调节作用保持电弧长度的稳定;对粗丝则配备陡降性电源,依靠电弧电压反馈稳定长度;对铝及铝合金配备陡降特性电源和等速送丝机构,依靠电弧自身调节稳定电弧长度。

2. 送丝系统

送丝系统由送丝机、送丝管及焊丝盘组成。焊丝盘上的焊丝经过校直轮和送丝轮送往焊枪。根据送丝方式不同,可分为推丝式、拉丝式、推拉丝式及行星式四类。

3. 焊枪

焊枪可分为半自动焊枪和自动焊枪,有水冷式和气冷式两种形式。半自动焊枪,当焊接电流小于150A时,使用气冷式焊枪;当电流大于150A时,则使用水冷焊枪。自动焊枪大多为水冷式。

4. 供气系统

CO_2 气体保护焊供气系统通常与钨极氩弧焊相似,但对于 CO_2 气体还需要安装预热器和干燥器,用于吸收气体中的水分,防止在焊缝中生成气孔。对于熔化极混合气体焊接时,还需安装气体混合装置,先将保护气体混合均匀,再送入焊枪。

8.6.3 CO_2 气体和焊丝

CO_2 气体在常温下是一种无色、无味的气体。气液态时均比较稳定且来源广泛、价格便宜。在 1.013kPa 和 0℃时,其密度为 1.9768g/L,为空气的 1.5 倍,因此在施焊时能将空气有效地排开以保护焊接区域。

对于焊接来说,CO_2 气体中的主要有害杂质为水分和氮气。焊接用 CO_2 纯度不应低于 99.5%。

CO_2 气体保护焊的焊丝与一般熔化焊焊丝相比,对其焊丝的化学成分有特殊的要求:焊丝必须有足够数量的脱氧元素,碳含量一般要求低于 0.11%。

8.6.4 CO_2 气体保护焊的焊接工艺参数

CO_2 气体保护焊的焊接工艺参数与熔化极惰性气体保护焊大致相同。区别在于在短路过渡时,在焊接回路中由于短路电流的原因,还需串接一个附加的电感起调节作用。

1. 焊接电流和电弧电压

在 CO_2 气体保护焊施焊时,要实现短路过渡,必须保持较短的电弧长度。电弧电压的大小决定电弧弧长和熔滴过渡的形式,它对焊缝成形、溅焊接缺陷等以及力学性能都有很大的影响。在确定电弧电压时,应考虑与焊接电流的匹配关系,一般电压为 18V～24V,电流为 80A～180A。

2. 短路电流上升速度和峰值短路电流

在短路过渡焊接时,焊接回路中会因焊接电流短路而产生短路电流峰值和短路电流上升速度两个动态参数。短路上升速度是短路时电流随时间的变化率,峰值短路电流是指短路时的最大电流。短路电流上升速度过快,峰值短路电流就会过大以导致产生较多的金属飞溅;短路电流上升速度过慢,峰值短路电流就会过小,产生大颗粒的金属飞溅,甚至会造成焊丝固体短路。短路电流上升速度和峰值短路电流可通过调节电感的大小实现。电感越大,电流上升速度和峰值短路电流越小;电感越小,则反之。

3. 焊丝直径和焊丝伸出长度

短路过渡焊接主要采用直径为 0.6mm～1.4mm 的焊丝。随着焊丝直径的增大,飞溅颗粒和颗粒数量也相应增大。在实际运用中,所用最大直径为 1.6mm。当直径大于 1.6mm 时,短路过渡焊接飞溅严重,极少应用。

其他参数不变时,随着焊丝伸出长度增加,焊接电流会下降,熔深也减小。直径越细电阻率越大的焊丝影响越大。从这一点上看,在适度范围内增加焊丝伸出长度,使焊丝上的电阻热增加,有利于焊丝的熔化及提高生产效率。但焊丝伸出长度过长,焊丝电阻热过大会造成焊丝成段熔断,飞溅增大,焊接过程不稳。此外,焊丝伸出长度增大使喷嘴与工件的距离也增大,使气保护效果变差。一般在生产中,焊丝伸出长度为焊丝直径的 10 倍~12 倍为宜。

4. 气体流量

一般细直径焊丝在小规范焊接时气体流量常为 5L/min～15L/min。较大规范时,气体流量常在 20L/min 以上。

5. 电源极性

一般情况下,CO_2 气体保护焊采用直流反接。反接时,飞溅小,电弧稳定,熔深较大,成形好。

8.6.5 药芯焊丝 CO_2 气体保护焊简介

CO_2 气体在 CO_2 气体保护焊施焊时,对熔池起到良好的保护作用,有着突出的优点,但又有很多缺点,如飞溅较大、焊缝成形不好等。故采用气—渣联合保护焊接方法,既可以克服 CO_2 气体保护焊中一些不足,又可吸收焊条电弧焊中的一些优点。

药芯焊丝 CO_2 气体保护焊的基本原理与普通熔化极气体保护焊一样,是将焊丝作为一个电极,母材为另一极进行焊接的。与其他焊丝不同的是焊丝内部有焊剂混合物。施焊时,在电弧热的作用下熔化状态的焊剂焊丝母材与保护气体共同发生冶金作用,同时形成除 CO_2 气体保护外的熔渣保护。这样便形成了气—渣联合保护,使焊缝美观,电弧稳定,飞溅小且颗粒小,熔敷率和生产率都高。

【实训操作】

CO_2 气体保护焊施焊注意事项如下:

CO_2 气体保护焊时电弧光辐射比焊条电弧焊强,应加强防护。在焊接过程中,尤其粗丝焊接时,飞溅较大,必须要有完善的防护措施,以免灼伤人体。CO_2 在焊接电弧高温下会分解为对人体有害的 CO 气体,故在焊接时注意排出有害气体和烟尘,改善通风条件,特别是在容器内施焊时更应注意排气。

课题 7 焊接质量及分析

8.7.1 焊接变形

实焊时工件受到热源高度集中而局部不均匀的受热,导致各部分材料的膨胀和收缩也不均匀。在整个焊接热循环过程中,焊缝金属和焊缝邻近母材产生应力和应变并出现塑形累计,在焊件完成后焊件中保留残余应力,同时还会产生焊件的变形。引起焊件内产生应力导致变形焊接变形的基本形式可分为收缩变形、角变形、弯曲变形、扭曲变形和波浪变形等。不同形式的变形如图 8-27 所示。

焊接变形会严重使焊接质量降低,制造成本增加,所以应当采取相应措施加以控制。一般以结构的设计和制造工艺两方面考虑。设计上应考虑合理利用材料、合理设计形式、尽量减少焊接量及合理的布置焊缝等原则。制造工艺方面主要的措施有:制订焊接顺序

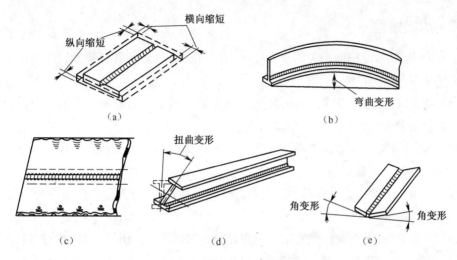

图 8-27 焊接变形的基本形式
(a)收缩变形;(b)弯曲变形;(c)波浪变形;(d)扭曲变形;(e)角变形。

方案;焊前预热;先焊对接焊缝,然后焊角焊缝;先焊短焊缝,后焊长焊缝;先焊对接焊缝,后焊环焊缝;当存在焊接应力时,先焊拉应力区,后焊剪应力和压应力区。

对已经产生的变形,可以进行矫正。主要的方法有机械矫正和火焰矫正两种。

8.7.2 焊接缺陷

焊接时,因工艺或操作不合理,会在焊接接头处产生缺陷。不同的焊接方法焊接时,产生的缺陷及原因也会有所不同。熔化焊常见的缺陷有焊缝外形与尺寸不符合要求,咬边、焊瘤、未焊透、夹渣、气孔、裂纹等,如图 8-28 所示。

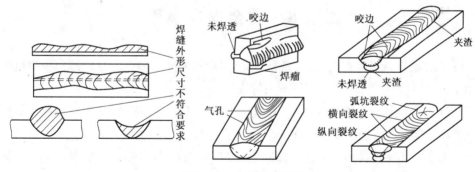

图 8-28 常见焊接缺陷

未焊透是焊接接头根部因热输入过小未完全熔透的现象。夹渣是在焊缝内部残留焊接熔渣的现象。焊瘤是熔化金属流到焊缝以外的母材上形成的金属瘤。气孔是气体未及时全部逸出而残留在焊缝中所形成的空穴。裂纹是焊接接头局部区域形成的缝隙。咬边是因电弧将焊缝边缘熔化后未得到熔化金属的补充而留下的缺口和凹陷。其中,未焊透和裂纹是最危险的缺陷,在特别重要焊接结构中是绝不允许存在的。母材和填充材料搭配不当,焊接结构不合理及焊接工艺问题等都会造成裂纹的出现。此外,坡口清理不干净、焊条潮湿、焊丝锈斑及油污都会产生裂纹。

8.7.3 焊接检验

工件焊完之后,应根据相关的产品技术条件所规定的要求进行检验。生产中常用的检验方法如下:

(1) 外观检验:用肉眼或放大镜观察焊缝的表面,确定是否有缺陷存在;用样板、焊缝量尺等测量焊缝外形尺寸是否合格。

(2) 致密性检验:该检验主要是用于检查要求密封的容器和管道,常用的方法有气压试验、水压试验、气密性试验和煤油试验。

水压试验用于检查受压容器的强度和焊缝致密性,试验压力是工作压力的 1.25 倍～1.5 倍。

(3) 无损检验:无损检验主要用于检查焊缝内部缺陷。常用方法有磁粉探伤、渗透探伤、射线探伤和超声波探伤等。磁粉探伤是利用处于磁场中的焊接接头表面磁粉分别具有的特征来检查铁磁性材料表面及近表面缺陷(如微裂纹等)。

(4) 渗透探伤是用带有荧光染料(荧光法)或红色染料(着色法)的渗透剂对焊接缺陷的渗透作用来检查表面微裂纹。

(5) 射线探伤和超声波探伤是用专门仪器检查焊接接头是否有内部缺陷,如裂纹、未焊透、气孔、夹渣等。

上述方法均属于非破坏性检验。必要时,根据产品设计要求还可以进行破坏性检验,如力学性能试验(将焊接接头按要求加工成试件,进行拉伸、弯曲、冲击等力学性能试验)、金相检验、断口检验及耐腐蚀试验等。

课题 8 安全操作规程

(1) 工作前应认真检查工具、设备是否完好,焊机的外壳是否可靠地接地。焊机的修理应由电气保养人员进行,其他人员不得拆修。

(2) 工作前应认真检查工作环境,确认为正常方可开始工作,施工前穿戴好劳动保护用品,戴好安全帽。高空作业要戴好安全带。敲焊渣、磨砂轮戴好平光眼镜。

(3) 接拆电焊机电源线或电焊机发生故障,应会同电工一起进行修理,严防触电事故。

(4) 接地线要牢靠安全,不准用脚手架、钢丝缆绳、机床等作接地线。

(5) 在靠近易燃地方焊接,要有严格的防火措施,必要时须经安全员同意方可工作。焊接完毕应认真检查确无火源,才能离开工作场地。

(6) 焊钳、电焊线应经常检查、保养,发现有损坏应及时修好或更换,焊接过程发现短路现象应先关好焊机,再寻找短路原因,防止焊机烧坏。

(7) 在容器内焊接,应注意通风,把有害烟尘排出,以防中毒。在狭小容器内焊接应有 2 人,以防触电等事故。

（8）工作完毕，必须断掉龙头线接头，检查现场，灭绝火种，切断电源。

思考与练习

1. 根据各焊接方法特点，说明下列焊接方法的应用条件（如产品材质、焊件尺寸、批量、施工条件等）。

焊接方法	应 用 条 件
手工电弧焊	
气焊	
埋弧自动焊	
CO_2 气体保护焊	
氩弧焊	

2. 列焊接缺陷特征，写出缺陷名称，并简述其产生原因及防止措施。

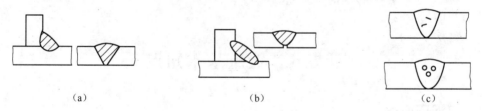

（a）　　　　　　　（b）　　　　　　　（c）

知识模块 9 锻造与冲压

【导读】

锻压是锻造和冲压的合称,是利用锻压机械的锤头、砧块、冲头或通过模具对坯料施加压力,使之产生塑性变形,从而获得所需形状和尺寸的制件的成形加工方法。锻压主要按成形方式和变形温度进行分类。按成形方式锻压可分为锻造和冲压两大类;按变形温度锻压可分为热锻压、冷锻压、温锻压和等温锻压等。在锻造加工中,坯料整体发生明显的塑性变形,有较大量的塑性流动;在冲压加工中,坯料主要通过改变各部位面积的空间位置而成形,其内部不出现较大距离的塑性流动。锻压主要用于加工金属制件,也可用于加工某些非金属,如工程塑料、橡胶、陶瓷坯、砖坯以及复合材料的成形等。

【能力要求】

1. 了解锻压的分类、特点、应用。

2. 理解塑性变形对金属组织和性能的影响、常用金属的锻压性能。

3. 了解自由锻的主要工序及工艺要点(识读锻件图、坯料的质量和尺寸、锻造工序、加热和冷却规范、锻造设备等),会画简单锻件图。

4. 了解其他常用锻压方法的特点及应用、锻压技术发展趋势。

5. 初步具备合理选择典型零件的锻压方法、分析锻件结构工艺性,具有锻件质量与成本分析的初步能力。

课题 1 锻压基本知识

9.1.1 锻压概述

锻压是在外力作用下使金属材料产生塑性变形,从而获得具有一定形状和尺寸的毛坯或零件的加工方法。锻压是锻造和冲压的总称,它们是属于压力加工的一部分。锻造又可分为自由锻和模锻两种方式。自由锻还可分为手工自由锻和机器自由锻两种。

用于锻压的材料应具有良好的塑性和较小的变形抗力,以便锻压时产生较大的塑性变形而不致被破坏。在常用的金属材料中,锻造用的材料有低碳钢、中碳钢、低合金钢、纯金属以及具有良好塑性的铝、铜等有色金属,受力大或有特殊性能要求的重要合金钢零件;冲压多采用低碳钢等薄板材料。铸铁无论是在常温或加热状态下,其塑性都很差,不能锻压。

在生产中,不同成分的钢材应分别存放,以防用错。在锻压车间里,常用火花鉴别法来确定钢的大致成分。

锻造生产的工艺过程:下料—加热—锻造—热处理—检验。

在锻造中、小型锻件时,常以经过轧制的圆钢或方钢为原材料,用锯床、剪床或其他切割方法将原材料切成一定长度,送至加热炉中加热到一定温度后,在锻锤或压力机上进行锻造。塑性好、尺寸小的锻件,锻后可堆放在干燥的地面冷却;塑性差、尺寸大的锻件、应在灰砂或一定温度的炉子中缓慢冷却,以防变形或裂纹。多数锻件锻后要进行退火或正火热处理,以消除锻件中的内应力和改善金属基体组织。热处理后的锻件,有的要进行清理,去除表面油垢及氧化皮,以便检查表面缺陷。锻件毛坯经质量检查合格后再进行机械加工。

冲压多以薄板金属材料为原材料,经下料冲压制成所需要的冲压件。冲压件具有强度高、刚性大、结构轻等优点。在汽车、拖拉机、航空、仪表以及日用品等工业的生产中占有极为重要的地位。

9.1.2 锻造对零件力学性能的影响

经过锻造加工后的金属材料,其内部原有的缺陷(如裂纹、疏松等)在锻造力的作用下可被压合,且形成细小晶粒。因此锻件组织致密、力学性能(尤其是抗拉强度和冲击韧度)比同类材料的铸件大大提高。机器上一些重要零件(特别是承受重载和冲击载荷)的毛坯,通常用锻造方法生产。使零件工作时的正应力与流线的方向一致,切应力的方向与流线方向垂直,如图9-1所示。用圆棒料直接以车削方法制造螺栓时,头部和杆部的纤维不能连贯而被切断,头部承受切应力时与金属流线方向一致,故质量不高。而采用锻造中的局部镦粗法制造螺栓时,其纤维未被切断,具有较好的纤维方向,故质量较高。

有些零件,为保证纤维方向和受力方向一致,应采用保持纤维方向连续性的变形工艺,使锻造流线的分布与零件外形轮廓相符合而不被切断,如吊钩采用锻造弯曲工序、钻头采用扭转工序等。曲轴广泛采用的"全纤维曲轴锻造法",如图9-2(b)所示。可以显著提高其力学性能,延长使用寿命。

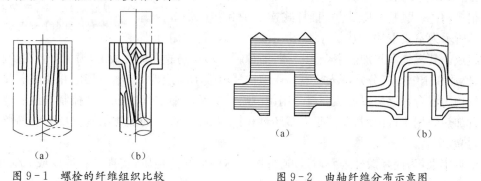

图9-1 螺栓的纤维组织比较　　　图9-2 曲轴纤维分布示意图
(a)车削方法;(b)镦粗法。　　　　(a)纤维被切断;(b)纤维完整分布。

课题2　金属的加热与锻件的冷却

9.2.1 金属的加热

加热的目的是提高金属的塑性和降低变形抗力,即提高金属的锻造性能。除少数具有良好塑性的金属可在常温下锻造成形外,大多数金属在常温下的锻造性能较差,造成锻造困难或不能锻造。但将这些金属加热到一定温度后,可以大大提高塑性,并只需要施加较小的锻打力,便可使其发生较大的塑性变形,这就是热锻。

加热是锻造工艺过程中的一个重要环节,它直接影响锻件的质量。加热温度如果过高,会使锻件产生加热缺焰,甚至造成废品。因此,为了保证金属在变形时具有良好的塑性,又不致产生加热缺陷,锻造必须在合理的温度范围内进行。各种金属材料锻造时允许的最高加热温度称为该材料的始锻温度;终止锻造的温度称为该材料的终锻温度。

1. 锻造加热设备

在锻造生产中,根据热源的不同,分为火焰加热和电加热。火焰加热是利用煤、油或煤气燃烧是产生的高温火焰加热金属;电加热是利用电能转化为热能加热金属。

1)火焰加热炉

采用烟煤、焦炭、重油、煤气等作为燃料。当燃料燃烧时,产生含有大量热能的高温火焰将金属加热。现介绍几种火焰加热炉。

（1）明火炉。将金属坯料置于以煤为燃料的火焰中加热的炉子,称为明火炉,又称为手锻炉。其结构如图9-3所示,由炉膛、炉罩、烟筒、风门和风管等组成。其结构简单,操作方便,但生产率低,热效率不高,加热温度不均匀和速度慢。在小件生产和维修工作中应用较多。锻工实习常使用这种炉子。因此,常用来加热手工自由锻及小型空气锤自由锻的坯料,也可用于杆形坯料的局部加热。

（2）油炉和煤气炉。这两种炉分别以重油和煤气为燃料,结构基本相同,仅喷嘴结构不同。油炉和煤气炉的结构形式很多,有室式炉、开隙式炉、推杆式连续炉和转底炉等。图9-4所示为室式重油加热炉示意图,由炉膛、喷嘴、炉门和烟道组成。其燃烧室和加热室合为一体,即炉膛。坯料码放在炉底板上,喷嘴布置在炉膛两侧,燃油和压缩空气分别进入喷嘴。压缩空气由喷嘴喷出时,将燃油带出并喷成雾状,与空气均匀混合并燃烧以加热坯料。用调节喷油量及压缩空气的方法来控制炉温的变化。这种加热炉用于自由锻,尤其是大型坯料和钢锭的加热,它的炉体结构比反射炉简单、紧凑,热效率高。

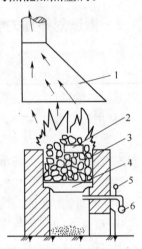

图9-3 明火炉结构示意图
1—排烟筒;2—坯料;3—炉膛;
4—炉箅;5—风门;6—风管。

近年来,为提高锻件表面质量,通过控制燃烧炉气的性质,实现坯料的少或无氧化加热。图9-5所示为我国精锻生产中采用的一室二区敞焰少无氧化加热炉示意图。

2)电加热炉

电加热炉有电阻加热炉、接触电加热炉和感应加热炉等,如图9-6所示。电阻炉是利用电流通过布置在炉膛围壁上的电热元件产生的电阻热为热源,通过辐射和对流将坯料加热的。炉子通常作成箱形,分为中温箱式电阻炉(图9-7)和高温箱式电阻炉(图9-8)。

前者的发热体为电阻丝,如图9-7所示。最高工作温度为950℃,一般用来加热有色金属及其合金的小型锻件;后者的发热体为硅碳棒,最高工作温度为1350℃,可用来加热高温合金的小型锻件。电阻加热炉操作方便,可精确控制炉温,无污染,但耗电量大,成本较高,在小批量生产或科研实验中广泛采用。

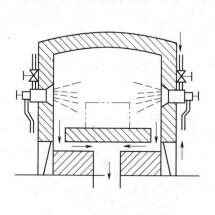

图9-4 室式重油炉示意图

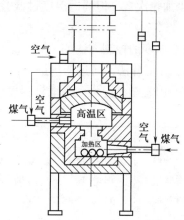

图9-5 一室二区敞焰少无氧化加热炉示意图

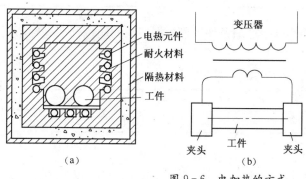

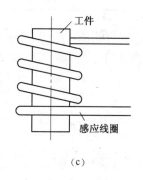

图9-6 电加热的方式

(a)电阻加热;(b)接触电加热;(c)感应加热。

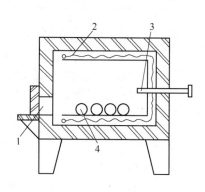

图9-7 箱式电阻炉示意图

1—炉门;2—电阻体;
3—热电偶;4—工件。

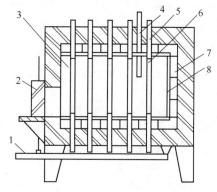

图9-8 红外箱式炉示意图

1—踏杆;2—炉门;3—炉膛;4—温度传感器;
5—硅碳棒冷端;6—硅碳棒热端;7—耐火砖;8—反射层。

2. 锻造温度范围

坯料开始锻造的温度(始锻温度)和终止锻造的温度(终锻温度)之间的温度间隔,称为锻造温度范围,见表9-1。在保证不出现加热缺陷的前提下,始锻温度应取得高一些,以便有较充足的时间锻造成形,减少加热次数。在保证坯料还有足够塑性的前提下,终锻温度应选得低一些,以便获得内部组织细密、力学性能较好的锻件,同时也可延长锻造时间、减少加热次数。但终锻温度过低会使金属难以继续变形,易出现锻裂现象和损伤锻造设备。

锻造温度的控制方法如下:

(1)温度计法。通过加热炉上的热电偶温度计,显示炉内温度,可知道锻件的温度;也可以使用光学高温计观测锻件温度。

表9-1 常用钢材的锻造温度范围

材料种类	始锻温度/℃	终锻温度/℃	材料种类	始锻温度/℃	终锻温度/℃
碳素结构钢	1200~1250	800	高速工具钢	1100~1150	900
合金结构钢	1150~1200	800~850	耐热钢	1100~1150	800~850
碳素工具钢	1050~1150	750~800	弹簧钢	1100~1150	800~850
合金工具钢	1050~1150	800~850	轴承钢	1080	800
铝合金	450~500	350~380	铜合金	800~900	650~700

(2)目测法。实习中或单件小批生产的条件下可根据坯料的颜色和明亮度不同来判别温度,即用火色鉴别法,见表9-2。

表9-2 碳钢温度与火色的关系

火色	黄白	淡黄	黄	淡红	樱红	暗红	赤褐
温度/℃	1300	1200	1100	900	800	700	600

3. 碳钢常见的加热缺陷

由于加热不当,碳钢在加热时可出现多种缺陷,碳钢常见的加热缺陷见表9-3。

表9-3 碳钢常见的加热缺陷

名称	实质	危害	防止(减少)措施
氧化	坯料表面铁元素氧化	烧损材料;降低锻件精度和表面质量;减少模具寿命	在高温区减少加热时间;采用控制炉气成分的少无氧化加热或电加热等。采用少装、勤装的操作方法。在钢材表面涂保护层
脱碳	坯料表层被烧损使含碳量减少	降低锻件表面硬度、变脆,严重时锻件边角处会产生裂纹	
过热	加热温度过高,停留时间长造成晶粒粗大	锻件力学性能降低,须再经过锻造或热处理才能改善	过热的坯料通过多次锻打或锻后正火处理消除
过烧	加热温度接近材料熔化温度,造成晶粒界面杂质氧化	坯料一锻即碎,只得报废	正确地控制加热温度和保温的时间
裂纹	坯料内外温差太大,组织变化不匀造成材料内应力过大	坯料产生内部裂纹,并进一步扩展,导致报废	某些高碳或大型坯料,开始加热时应缓慢升温

9.2.2 锻件的冷却

热态锻件的冷却是保证锻件质量的重要环节。通常,锻件中的碳及合金元素含量越多,锻件体积越大,形状越复杂,冷却速度越要缓慢,否则会造成表面过硬不易切削加工、变形甚至开裂等缺陷。常用的冷却方法有三种,见表9-4。

表9-4 锻件常用的冷却方式

方　式	特　点	适用场合
空　冷	锻后置空气中散放,冷速快,晶粒细化	低碳、低合金钢小件或锻后不直接切削加工件
坑冷(堆冷)	锻后置干沙坑内或箱内堆在一起,冷速稍慢	一般锻件,锻后可直接进行切削加工
炉　冷	锻后置原加热炉中,随炉冷却,冷速极慢	含碳或含合金成分较高的中、大型锻件,锻后可进行切削加工

9.2.3　锻件的热处理

在机械加工前,锻件要进行热处理,目的是均匀组织,细化晶粒,减少锻造残余应力,调整硬度,改善机械加工性能,为最终热处理做准备。常用的热处理方法有正火、退火、球化退火等。要根据锻件材料的种类和化学成分来选择。

课题3　自由锻的设备及工具

9.3.1　机器自由锻设备

使用机器设备,使坯料在设备上、下两砧之间各个方向不受限制而自由变形,以获得锻件的方法称机器自由锻。常用的机器自由锻设备有空气锤、蒸气-空气锤和水压机,其中空气锤使用灵活,操作方便,是生产小型锻件最常用的自由锻设备。空气锤的规格是用落下部分的质量来表示,一般为50kg~1000kg。

1. 空气锤

空气锤由锤身(单柱式)、双缸(压缩缸和工作缸)、传动机构、操纵机构、落下部分和锤砧等几个部分组成,如图9-9(a)所示。空气锤是将电能转化为压缩空气的压力能来产生打击力的。空气锤的传动是由电动机经过一级带轮减速,通过曲轴连杆机构,使活塞在压缩缸内作往复运动产生压缩空气,进入工作缸使锤杆作上下运动以完成各项工作。空气锤的工作原理如图9-9(b)所示。

空气锤操作过程是:首先,接通电源,启动空气锤后通过手柄或脚踏杆,操纵上下旋阀,可使空气锤实现空转、锤头悬空、连续打击、压锤和单次打击五种动作,以适应各种加工需要。

1)空转(空行程)

当上、下阀操纵手柄在垂直位置,同时中阀操纵手柄在"空程"位置时;压缩缸上、下腔直接与大气连通,压力变成一致,由于没有压缩空气进入工作缸,因此锤头不进行工作。

2)锤头悬空

当上、下阀操纵手柄在垂直位置,将中阀操纵手柄由"空程"位置转至"工作"位置时,工作缸和压缩缸的上腔与大气相通。此时,压缩活塞上行,被压缩的空气进入大气;压缩活塞下行,被压缩的空气由空气室冲开止回阀进入工作缸的下腔,使锤头上升,置于悬空

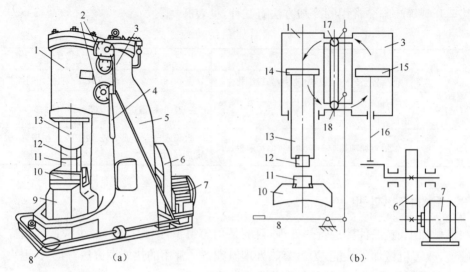

图 9-9 空气锤

(a)外形图;(b)工作原理。

1—工作缸;2—旋阀;3—压缩缸;4—手柄;5—锤身;6—减速机构;7—电动机;8—脚踏杆;9—砧座;10—砧垫;
11—下砧块;12—上砧块;13—锤杆;14—工作活塞;15—压缩活塞;16—连杆;17—上旋阀;18—下旋阀。

位置。

3) 连续打击(轻打或重打)

中阀操纵手柄在"工作"位置时,驱动上、下阀操纵手柄(或脚踏杆)向逆时针方向旋转使压缩缸上、下腔与工作缸上、下腔互相连通。当压缩活塞向下或向上运动时,压缩缸下腔或上腔的压缩空气相应地进入工作缸的下腔或上腔,将锤头提升或落下。如此循环,锤头产生连续打击。打击能量的大小取决于上、下阀旋转角度的大小,旋转角度越大,打击能量越大。

4) 压锤(压紧锻件)

当中阀操纵手柄在"工作"位置时,将上、下阀操纵手柄由垂直位置向顺时针方向旋转45°,此时工作缸的下腔及压缩缸的上腔和大气相连通。当压缩活塞下行时,压缩缸下腔的压缩空气由下阀进入空气室,并冲开止回阀经侧旁气道进入工作缸的上腔,使锤头压紧锻件。

5) 单次打击

单次打击是通过变换操纵手柄的操作位置实现的。单次打击开始前,锤处于锤头悬空位置(即中阀操纵手柄处于"工作"位置),然后将上、下阀的操纵手柄由垂直位置迅速地向逆时针方向旋转到某一位置再迅速地转到原来的垂直位置(或相应地改变脚踏杆的位置)这时便得到单次打击。打击能量的大小随旋转角度而变化,转到45°时单次打击能量最大。如果将手柄或脚踏杆停留在倾斜位置(旋转角度≤45°),则锤头作连续打击。故单次打击实际上只是连续打击的一种特殊情况。

2. 蒸汽—空气锤

蒸汽—空气锤也是靠锤的冲击力锻打工件,如图9-10所示。蒸汽—空气锤自身不带动力装置,另需蒸汽锅炉向其提供具有一定压力的蒸汽,或空气压缩机向其提供压缩空

192

气。其锻造能力明显大于空气锤,一般为 500kg～5000kg,常用于中型锻件的锻造。

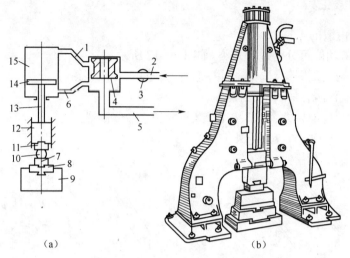

（a）　　　　　　　　　　　（b）

图 9-10　双柱拱式蒸汽—空气锤

1—上气道;2—进气道;3—节气阀;4—滑阀;5—排气管;6—下气道;7—下砧;

8—砧垫;9—砧座;10—坯料;11—上砧;12—锤头;13—锤杆;14—活塞;15—工作缸。

3. 水压机

大型锻件需要在液压机上锻造,水压机是最常用的一种,如图 9-11 所示。水压机不依靠冲击力,而靠静压力使坯料变形,工作平稳,因此工作时震动小。不需要笨重的砧座;锻件变形速度低,变形均匀,易将锻件锻透,使整个截面呈细晶粒组织,从而改善和提高了锻件的力学性能,容易获得大的工作行程并能在行程的任何位置进行锻压,劳动条件较好。但由于水压机主体庞大,并需配备供水和操纵系统,故造价较高。水压机的压力大,规格为 500t～12500t,能锻造 1t～300t 的大型重型坯料。

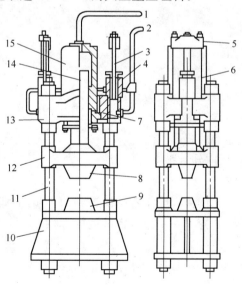

图 9-11　水压机

1、2—管道;3—回程柱塞;4—回程缸;5—回程横梁;6—拉杆;7—密封圈;8—上砧;

9—下砧;10—下横梁;11—立柱;12—活动横梁;13—上横梁;14—工作柱塞;15—工作缸。

193

9.3.2　自由锻工具

1. 机器自由锻的工具

根据工具的功能可分为以下几类,如图 9-12 所示。

(1) 夹持工具:如圆钳、方钳、槽钳、抱钳、尖咀钳、专用型钳等。

(2) 切割工具:剁刀、剁垫、刻棍等。

(3) 变形工具:如压铁、摔子、压肩摔子、冲子、垫环(漏盘)等。

(4) 测量工具:如钢直尺、内外卡钳等。

(5) 吊运工具:如吊钳、叉子等。

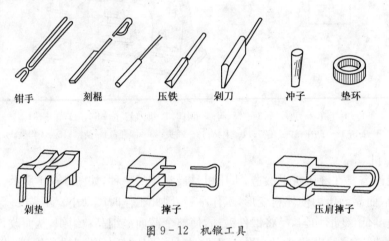

钳手　　刻棍　　压铁　　剁刀　　冲子　　垫环

剁垫　　　　　摔子　　　　压肩摔子

图 9-12　机锻工具

2. 手工自由锻工具

利用简单的手工工具,使坯料产生变形而获得的锻件方法,称手工自由锻,如图 9-13 所示。

1) 手工锻造工具分类

(1) 支持工具:如羊角砧等。

(2) 锻打工具:如各种大锤和手锤。

(3) 成型工具:如各种型锤、冲子、漏盘等。

(4) 夹持工具:各种形状的钳子。

(5) 切割工具:各种錾子及切刀。

(6) 测量工具:钢直尺、内外卡钳等。

2) 手工自由锻的操作

(1) 锻击姿势。手工自由锻时,操作者站离铁砧约半步,右脚在左脚后半步,上身稍向前倾,眼睛注视锻件的锻击点。左手握住钳杆的中部,右手握住手锤柄的端部,指示大锤的锤击。

锻击过程,必须将锻件平稳地放置在铁砧上,并且按锻击变形需要,不断将锻件翻转或移动。

(2) 锻击方法。手工自由锻时,持锤锻击的方法可有:

① 手挥法。主要靠手腕的运动来挥锤锻击,锻击力较小,用于指挥大锤的打击点和

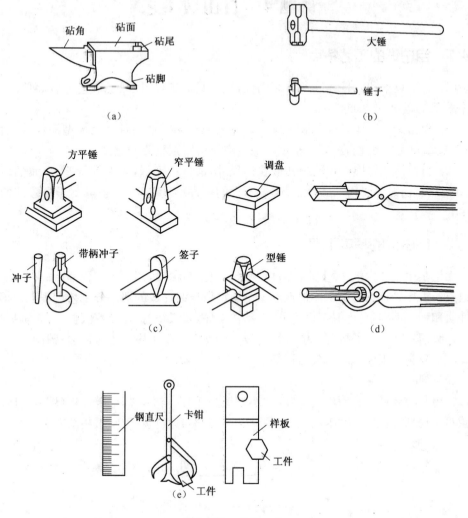

图 9 - 13　手锻工具

(a)羊角钻；(b)锻锤；(c)衬垫工具；(d)手钳；(e)测量工具。

打击轻重。

② 肘挥法。手腕与肘部同时作用、同时用力,锤击力度较大。

③ 臂挥法。手腕、肘和臂部一起运动,作用力较大,可使锻件产生较大的变形量,但费力甚大。

3.锻造过程严格注意做到"六不打"

(1) 低于终锻温度不打。

(2) 锻件放置不平不打。

(3) 冲子不垂直不打。

(4) 剁刀、冲子、铁砧等工具上有油污不打。

(5) 镦粗时工件弯曲不打。

(6) 工具、料头易飞出的方向有人时不打。

课题 4 自由锻工艺

9.4.1 自由锻的工艺特点

（1）应用设备和工具有很大的通用性，且工具简单，所以只能锻造形状简单的锻件，操作强度大，生产效率低。

（2）自由锻可以锻出质量从不到 1kg 到 200t～300t 的锻件。对大型锻件，自由锻是唯一的加工方法，因此自由锻在重型机械制造中有特别重要的意义。

（3）自由锻依靠操作者控制其形状和尺寸，锻件精度低，表面质量差，金属消耗也较多。所以，自由锻主要用于品种多，产量不大的单件小批量生产，也可用于模锻前的制坯工序。

9.4.2 自由锻的基本工序

无论是手工自由锻、锤上自由锻以及水压机上自由锻，其工艺过程都由一些锻造工序所组成。工序是指在一个工作地点对一个工件所连续完成的那部分工艺过程。根据变形的性质和程度不同，自由锻工序可分为：基本工序，如镦粗、拔长、冲孔、扩孔、芯轴拔长、切割、弯曲、扭转、错移、锻接等，其中镦粗、拔长和冲孔三个工序应用得最多；辅助工序，如切肩、压痕等；精整工序，如平整、整形等。

1. 镦粗

镦粗是使坯料的截面增大，高度减小的锻造工序。镦粗有完全镦粗（图 9-14）和局部镦粗。局部镦粗按其镦粗的位置不同又可分为端部镦粗和中间镦粗两种。

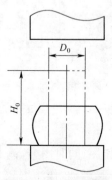

图 9-14 完全镦粗

镦粗主要用来锻造圆盘类（如齿轮坯）及法兰等锻件，在锻造空心锻件时，可作为冲孔前的预备工序。

镦粗的一般规则、操作方法及注意事项如下：

（1）被镦粗坯料的高度与直径（或边长）之比应小于 2.5～3，否则会镦弯，如图 9-15(a) 所示。工件镦弯后应将其放平，轻轻锤击矫正，如图 9-15(b) 所示。局部镦粗时，镦粗部分坯料的高度与直径之比也应小于 2.5～3。

（2）镦粗的始锻温度采用坯料允许的最高始锻温度，并应烧透。坯料的加热要均匀，否则镦粗时工件变形不均匀,对某些材料还可能锻裂。

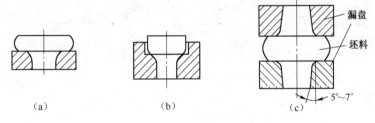

图 9-15 局部镦粗
(a)漏盘上镦粗;(b)胎膜内镦粗;(c)中间镦粗。

(3)镦粗的两端面要平整且与轴线垂直,否则可能会产生镦歪现象。矫正镦歪的方法是将坯料斜立,轻打镦歪的斜角,然后放正,继续锻打,如图 9-16 所示。如果锤头或砧铁的工作面因磨损而变得不平直时,则锻打时要不断将坯料旋转,以便获得均匀的变形而不致镦歪。

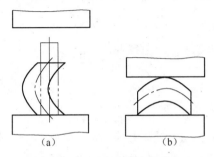

图 9-16 镦弯的产生和矫正
(a)镦弯的产生;(b)镦弯的矫正。

(4)锤击应力量足够,否则就可能产生细腰形,如图 9-17 所示。若不及时纠正,继续锻打下去,则可能产生夹层,使工件报废,如图 9-18 所示。

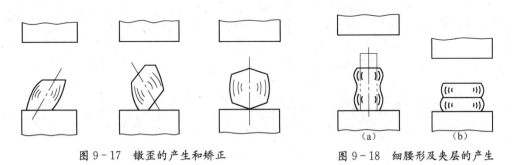

图 9-17 镦歪的产生和矫正　　　图 9-18 细腰形及夹层的产生
　　　　　　　　　　　　　　　　　(a)细腰形;(b)夹层。

2. 拔长

拔长是使坯料长度增加,横截面减少的锻造工序,又称延伸或引伸,如图 9-19 所示。拔长用于锻制长而截面小的工件,如轴类、杆类和长筒形零件。

拔长的一般规则、操作方法及注意事项如下:

(1)拔长过程中要将坯料不断地翻转,使其压下面都能均匀变形,并沿轴向送进操

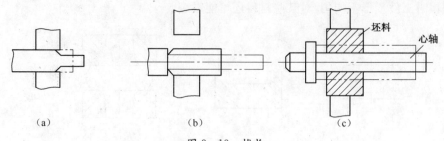

图 9-19 拔长
(a)拔长;(b)局部拔长;(c)心轴拔长。

作。翻转的方法有三种:图 9-20(a)所示为反复翻转拔长,是将坯料反复左右翻转 90°,常用于塑性较高的材料;图 9-20(b)所示为螺旋式翻转拔长,是将坯料沿一个作 90°翻转,常用于塑性较低的材料;图 9-20(c)所示为单面前后顺序拔长,是将坯料沿整个长度方向锻打一遍后,再翻转 90°,尔后依次进行,常用于频繁翻转不方便的大锻件,但应注意工件的宽度和厚度之比不要超过 2.5,否则再次翻转继续拔长时容易产生折叠。

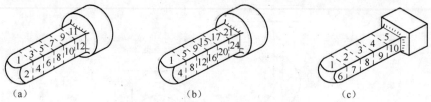

图 9-20 拔长时锻件的翻转方法
(a)反复翻转拔长;(b)螺旋式翻转拔长;(c)单面顺序拔长。

(2) 拔长时,坯料应沿砧铁的宽度方向送进,每次的送进量 L 应为砧铁宽度 B 的 0.3 倍~0.7 倍,如图 9-21(a)所示。送进量太大,金属主要向宽度方向流动,反而降低延伸效率,如图 9-21(b)所示。送进量太小,又容易产生夹层,如图 9-21(c)所示。另外,每次压下量也不要太大,压下量应等于或小于送进量,否则也容易产生夹层。

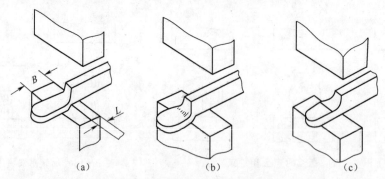

图 9-21 拔长时的送进方向和进给量
(a)送进量合适;(b)送进量太大、拔长率降低;(c)送进量太小、产生夹层。

(3) 由大直径的坯料拔长成小直径的锻件时,应把坯料先锻成正方形,在正方形的截面下拔长,到接近锻件的直径时,再倒棱,滚打成圆形,这样锻造效率高,质量好,如图 9-22 所示。

(4) 锻制台阶轴或带台阶的方形、矩形截面的锻件时,在拔长前应先压肩。压肩后对

198

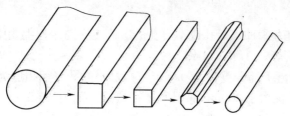

图 9-22　大直径坯料拔长时的变形过程

一端进行局部拔长即可锻出台阶,如图 9-23 所示。

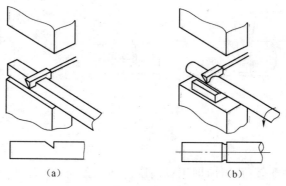

图 9-23　压肩

(a)方料压肩;(b)圆料压肩。

(5) 锻件拔长后须进行修整,修整方形或矩形锻件时,应沿下砧铁的长度方向送进,如图 9-24(a)所示,以增加工件与砧铁的接触长度。拔长过程中若产生翘曲应及时翻转180°轻打校平。圆形截面的锻件用型锤或摔子修整,如图 9-24(b)所示。

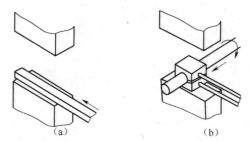

图 9-24　拔长后的修整

(a)方形、矩形面的修整;(b)圆形截面的修整。

(6) 采用专制的芯轴对孔进行拔长,主要用于孔深的工作,如图 9-25 所示。

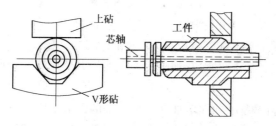

图 9-25　芯轴拔长

3. 冲孔

冲孔是用冲子在坯料冲出通孔或不通孔的锻造工序。冲孔主要用于制造带孔工件，如齿轮坯、圆环、套筒等。

一般规定：锤的落下部分重量为 0.15t～5t，最小冲孔直径相应为 $\phi30～\phi100mm$；孔径小于 100mm，而孔深大于 300mm 的孔可不冲出；孔径小于 150mm，而孔深大于 500mm 的孔也不冲出；直径小于 20mm 的孔不冲出。

根据冲孔所用的冲子的形状不同，冲孔可分为实心冲子冲孔和空心冲子冲孔。实心冲子冲孔又可分为单面冲孔和双面冲孔，如图 9-26 所示。

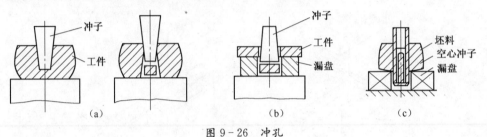

图 9-26　冲孔

(a)双面冲孔；(b)单面冲孔；(c)空心冲子冲孔。

（1）单面冲孔：对于较薄工件，即工件高度与冲孔孔径之比小于 0.125 时，可采用单面冲孔。冲孔时，将工件放在漏盘上，冲子大头朝下，漏盘的孔径和冲子的直径应有一定的间隙，冲孔时应仔细校正，冲孔后稍加平整。

（2）双面冲孔：其操作过程为：镦粗；试冲（找正中心冲孔痕）；撒煤粉（煤粉受热后产生的气体膨胀力可将冲子顶出）；冲孔，即冲孔到锻件厚度的 2/3～3/4；翻转 180°找正中心冲透；冲除连皮，如图 9-27 所示。最后还应修整内孔和外圆。

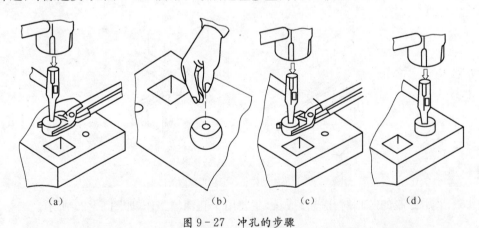

图 9-27　冲孔的步骤

(a)放正冲子，试冲；(b)冲浅坑，撒煤粉；(c)冲至工件厚度的 2/3 深；(d)翻转工件在铁砧圆孔上冲透。

（3）空心冲子冲孔：当冲孔直径超过 400mm 时，多采用空心冲子冲孔。对于重要的锻件，将其有缺陷的中心部分冲掉，有利于改善锻件的力学性能。

4. 扩孔

扩孔是将空心坯料壁厚减薄而增加内径和外径的锻造工序。其实质是沿圆周方向的变相拔长。扩孔的常用方法有冲子扩孔和芯轴扩孔等，如图 9-28 所示。扩孔适用于锻造空心圈和空心环锻件。

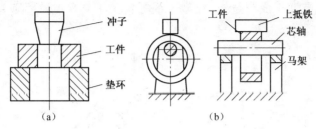

图 9-28　扩孔

(a)冲子扩孔;(b)芯轴扩孔。

5. 错移

将毛坯的一部分相对另一部分上、下错开,但仍保持这两部分轴心线平行的锻造工序,错移常用来锻造曲轴。错移前,毛坯必须先进行压肩等辅助工序,如图 9-29 所示。

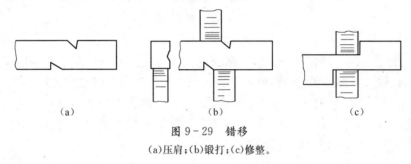

图 9-29　错移

(a)压肩;(b)锻打;(c)修整。

6. 切割

切割是使坯料分开的工序,如切去料头、下料和切割成一定形状等。用手工切割小毛坯时,把工件放在砧面上,錾子垂直于工件轴线,边錾边旋转工件,当快切断时,应将切口稍移至砧边处,轻轻将工件切断。大截面毛坯是在锻锤或压力机上切断的,方形截面的切割是先将剁刀垂直切入锻件,至快断开时,将工件翻转 180°,再用剁刀或克棍把工件截断,如图 9-30(a)所示。切割圆形截面锻件时,要将锻件放在带有圆凹槽的剁垫上,边切边旋转锻件,如图 9-30(b)所示。

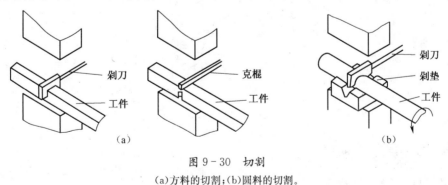

图 9-30　切割

(a)方料的切割;(b)圆料的切割。

7. 弯曲

使坯料弯成一定角度或形状的锻造工序称为弯曲。弯曲用于锻造吊钩、链环、弯板等锻件。弯曲时锻件的加热部分最好只限于被弯曲的一段,加热必须均匀。在空气锤上进行弯曲时,将坯料夹在上下砧铁间,使欲弯曲的部分露出,用手锤或大锤将坯料打弯,如图9-31(a)所示。或借助于成型垫铁、成型压铁等辅助工具使其产生成型弯曲,如图9-31(b)所示。

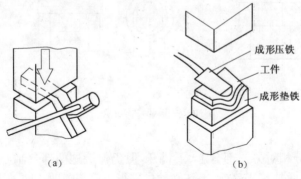

图 9-31　弯曲
(a)角度弯曲;(b)成形弯曲。

8. 扭转

扭转是将毛坯的一部分相对于另一部分绕其轴心线旋转一定角度的锻造工序,如图9-32所示。锻造多拐曲轴、连杆、麻花钻头等锻件和校直锻件时常用这种工序。

扭转前,应将整个坯料先在一个平面内锻造成形,并使受扭曲部分表面光滑,然后进行扭转。扭转时,由于金属变形剧烈,要求受扭部分加热到始锻温度,且均匀热透。扭转后,要注意缓慢冷却,以防出现扭裂。

9. 锻接

锻接是将两段或几段坯料加热后,用锻造的方法连接成牢固整体的一种锻造工序,又称锻焊。锻接主要用于小锻件生产或修理工作,如:船舶锚链的锻焊;刃具的夹钢和贴钢,它是将两种成份不同的钢料锻焊在一起。典型的锻接方法有搭接法、咬接法和对接法。

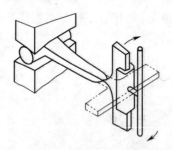

图 9-32　扭转

9.4.3　自由锻工艺规程

制定自由锻工艺规程应做如下工作。

锻件图是根据零件图和锻造该零件毛坯的锻造工艺来绘制的,如图9-33所示,在锻件图中尺寸标注:尺寸线上面的尺寸为锻件尺寸;尺寸线下面的尺寸为零件图尺寸并用括弧注明;也可只标注锻件尺寸。

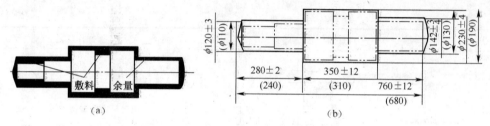

图 9 - 33 锻件图

(a)锻件的余量及敷料;(b)锻件图。

9.4.4 典型锻件自由锻工艺过程

1. 齿轮坯自由锻工艺过程

齿轮坯自由锻工艺过程见表 9 - 5。

表 9 - 5 齿轮坯自由锻工艺过程

锻件名称	齿轮毛坯		工艺类型		自 由 锻
材 料	45 钢		设 备		65kg 空气锤
加热次数	1 次		锻造温度范围		850℃～1200℃
锻 件 图			坯 料 图		
$\phi 28 \pm 1.5$　29 ± 1　44 ± 1　$\phi 58 \pm 1$　$\phi 92 \pm 1$			$\phi 50$　125		

序号	工序名称	工序简图	使用工具	操作工艺
1	镦粗	45	火 钳 镦粗漏盘	控制镦粗后的高度为镦粗漏盘的 45mm
2	冲孔		火 钳 镦粗漏盘 冲 子 冲子漏盘	1. 注意冲子对中。 2. 采用双面冲孔,左图为工件翻转后将孔冲透的情况

203

序号	工序名称	工序简图	使用工具	操作工艺
3	修正外圆	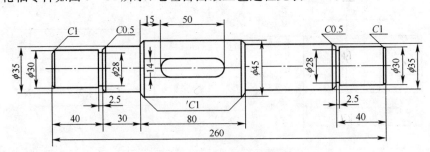	火钳 冲子	边轻打边旋转锻伴件,使外圆清除鼓形,并达到φ92mm±1mm
4	修整平面		火钳	轻打(如端面不平还要边打边转动锻件),使锻件厚度达到44mm±1mm

2. 齿轮轴零件与毛坯自由锻工艺过程

齿轮轴零件如图 9-34 所示,毛坯自由锻工艺过程见表 9-6。

图 9-34 齿轮轴零件图

表 9-6 齿轮轴零件如图坯自由锻工艺过程

锻件名称	齿轮轴毛坯	工艺类型		自 由 锻
材 料	45钢	设 备		75kg空气锤
加热次数	2次	锻造温度范围		800℃～1200℃
锻件图			坯料图	

序号	工序名称	工序简图	使用工具	操作工艺
1	压肩		圆口钳； 压肩捽子	边轻打,边旋转锻件
2	拨长		圆口钳	将压肩一端拨长至直径不小于ϕ40mm
3	捽圆		圆口钳； 捽圆捽子	将拨长部分捽圆至ϕ40mm$\pm$1mm
4	压肩		圆口钳； 压肩捽子	截出中段长度88mm后,将另一端压肩
5	拨长		尖口钳	将压肩一端拨长至直径不小于ϕ40
6	捽圆修整		圆口钳； 捽圆捽子	将拨长部分捽圆至ϕ40mm$\pm$1mm

课题5　模　锻

　　将加热后的坯料放到锻模（模具）的模膛内,经过锻造,使其在模膛所限制的空间内产生塑性变形,从而获得锻件的锻造方法叫做模型锻造,简称模锻。模锻的生产率高,并可锻出形状复杂、尺寸准确的锻件,适宜在大批量生产条件下,锻造形状复杂的中、小型锻件,如在汽车、拖拉机等制造厂中应用较多。

　　模锻可以在多种设备上进行。常用的模锻设备有模锻锤（蒸气—空气模锻锤、无砧座锤、高速锤等）、曲柄压力机、摩擦压力机、平锻机及液压机等。模锻方法也依所用设备而随名,如使用模锻锤设备的模锻方法,统称为锤上模锻,其余可分别称为曲柄压力机上模锻、摩擦压力机上模锻、平锻机上模锻等。其中使用蒸气—空气锤设备的锤上模锻是应用最广的一种模锻方法。

蒸气—空气模锻锤的结构,如图9-35所示。它的砧座比自由锻大得多,而且与锤身连成一个封闭的刚性整体,锤头与导轨之间的配合十分精密,保证了锤头的运动精度高。上模和下模分别安装在锤头下端和模座上的燕尾槽内,用楔铁对准和紧固,如图9-36所示。在锤击时能保证上、下锻模对准。

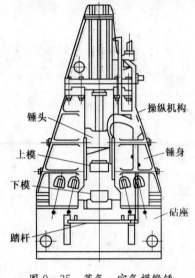

图9-35 蒸气—空气模锻锤

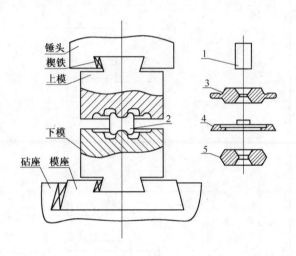

图9-36 锤上模锻工作示意图
1—坯料;2—锻造中的坯料;3—带飞边和连皮的锻件;
4—飞边和连皮;5—锻件。

锻模由专用的热作模具钢加工制成,具有较高的热硬性、耐磨性、耐冲击等特殊性能。锻模由上模和下模组成,两半模分开的界面称分模面,上、下模内加工出的与锻件形状相一致的空腔叫模膛,根据模锻件的复杂程度不同,所需变形的模膛数量不等,如有拔长模膛、滚压模膛、弯曲模膛、切断模膛等。模膛内与分模面垂直的表面都有 5°~10° 的斜度,称为模锻斜度,以便于锻件出模。模膛内所有相交的壁都应是圆角过渡,以利于金属充满模膛及防止由于应力集中使模膛开裂。为了防止锻件尺寸不足及上、下模直接撞击,一般情况下坯料的体积均稍大于锻件,故模膛的边缘相应加工出容纳多余金属的飞边槽,如图9-36所示。在锻造过程中,多余的金属即存留在飞边槽内,锻后再用切边模膛将飞边切除。带孔的锻件不可能将孔直接锻出,而留有一定厚度的冲孔连皮,锻后再将连皮冲除。图9-37所示是锤上模锻件的生产工艺过程。

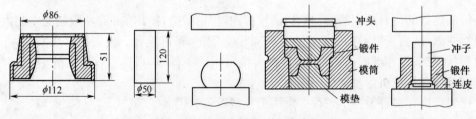

图9-37 锤上模锻的工艺过程

课题 6　胎 模 锻

胎模锻是在自由锻设备上使用可移动的模具(称为胎模)生产模锻件的方法。它也是介于自由锻和模锻之间的一种锻造方法。常采用自由锻的镦粗或拔长等工序初步制坯,然后在胎膜内终锻成形。

胎模的结构简单且形式较多,图9-38为其中一种合模,它由上、下模块组成,模块间的空腔称为模膛,模块上的导销和销孔可使上、下模膛对准,手柄供搬动模块用。

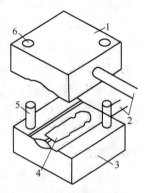

图9-38　胎模
1—上模块;2—手柄;3—下模块;
4—模膛;5—导销;6—销孔。

胎模锻同时具有自由锻和模锻的某些特点,其与模锻相比,不需昂贵的模锻设备,模具制造简单且成本较低,但不如模锻精度高,且劳动强度大、胎膜寿命低、生产率低;与自由锻相比,坯料最终是在胎膜的模膛内成形,可以获得形状较复杂、锻造质量和生产率较高的锻件。因此,正由于胎膜锻所用的设备和模具比较简单、工艺灵活多变,故在中、小工厂得到广泛应用,适合小型锻件的中、小批生产。

常用的胎膜结构有扣模、合模、套筒模、摔模和弯模等。

1. 扣模

它用于对坯料进行全部或局部扣形,如图9-39(a)所示。主要生产长杆非回转体锻件,也可为合模锻造制坯。用扣模锻造时毛坯不转动。

2. 合模

它通常由上模和下模组成,如图9-39(b)所示。主要用于生产形状复杂的非回转体锻件,如连杆、叉形锻件等。

3. 套筒模

简称筒模或套模,锻模呈套筒形,可分为开式筒模(图9-40(a))和闭式筒模(图9-40(b))两种。主要用于锻造法兰盘、齿轮等回转体锻件。

胎模锻造所用胎模不固定在锤头或砧座上,按加工过程需要,可随时放在上下砧铁上进行锻造,也可随时搬下来。锻造时,先把下模放在下砧铁上,再把加热的坯料放在模膛内,然后合上上模,用锻锤锻打上模背部。待上、下模接触,坯料便在模膛内锻成锻件。

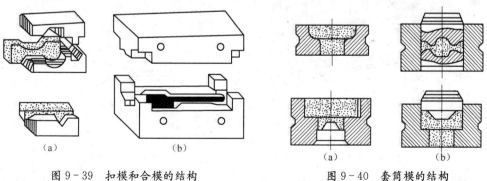

(a)　　　　　　　　(b)　　　　　　　　(a)　　　　(b)

图9-39　扣模和合模的结构　　　　　图9-40　套筒模的结构

课题 7 冲 压

9.7.1 冲压概述

利用冲压设备和冲模使金属或非金属板料产生分离或成形而得到制件的工艺方法称为板料冲压,简称冲压。这种加工方法通常是在常温下进行的,所以又称冷冲压。

冲压的原材料是具有较高塑性的金属薄板,如低碳钢、铜及其合金、镁合金等。非金属板料,如石棉板、硬橡胶、胶木板、纤维板、绝缘纸、皮革等也适于冲压加工。用于冲压加工的板料厚度一般小于 6mm,当板厚超过 8mm～10mm 时则采用热冲压。

冲压生产的特点:

(1) 可以生产形状复杂的零件或毛坯。

(2) 冲压制品具有尺寸精确、表面光洁、质量稳定、互换性好,一般不再进行切削加工即可装配使用。

(3) 产品还具有材料消耗少、重量轻、强度高和刚度好等优点。

(4) 冲压操作简单,生产率高,易于实现机械化和自动化。

(5) 冲模精度要求高,结构较复杂,生产周期较长,制造成本较高,故只适用于大批量生产场合。

在所有制造金属或非金属薄板成品的工业部门中都可采用冲压生产,尤其在日用品、汽车、航空、电器、电机和仪表等工业生产部门,应用更为广泛。

9.7.2 冲压主要设备

冲压所用的设备种类有多种,主要设备有剪床和冲床。

1. 剪床

剪床是下料用的基本设备,它是将板料切成一定宽度的条料或块料,以供给冲压所用。反映剪床的主要技术参数是它所能剪板料的厚度和长度,如 Q11-2×1000 型剪床,表示能剪厚度为 2mm、长度为 1000mm 的板材。图 9-41 所示为剪床的传动机构。

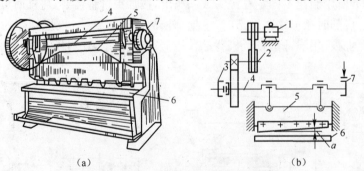

（a）　　　　　　　　　　（b）

图 9-41　剪床结构及剪切示意图

(a)外形图;(b)传动系统简图。

1—电动机;2—传动轴;3—离合器;4—曲轴;5—滑块;6—工作台;7—制动器。

电动机带动带轮和齿轮转动,离合器闭合使曲轴旋转,带动装有上刀片的滑块沿导轨作上下运动,与装在工作台上的下刀片相剪切而进行工作。为了减小剪切力和利于剪切宽而薄的板料,一般将上刀片作成具有斜度为6°~9°的斜刃,对于窄而厚的板料则用平刃剪切;档铁起定位作用,便于控制下料尺寸;制动器控制滑块的运动,使上刀片剪切后停在最高位置上,便于下次剪切。

2. 冲床

冲床是进行冲压加工的基本设备,它可完成除剪切外的绝大多数冲压基本工序。冲床按其结构可分为单柱式和双柱式、开式和闭式等;按滑块的驱动方式分为液压驱动和机械驱动两类。机械式冲床的工作机构主要由滑块驱动机构(如曲柄、偏心齿轮、凸轮等)、连杆和滑块组成。

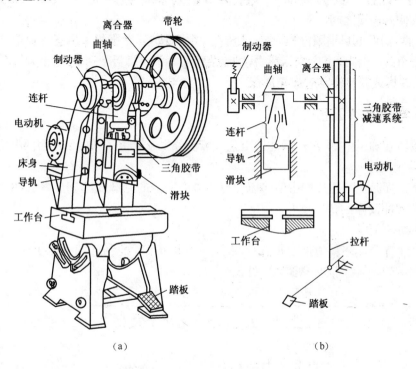

(a)   (b)

图 9-42　开式双柱式冲床的外形和传动简图
(a)外观图;(b)传动简图。

图9-42所示为开式双柱式冲床的外形和传动简图。电动机通过减速系统带动大带轮转动。当踩下踏板后,离合器闭合并带动曲轴旋转,再经连杆带动滑块沿导轨作上、下往复运动,完成冲压动作。冲模的上模装在滑块的下端,随滑块上、下运动,下模固定在工作台上,上、下模闭合一次即完成一次冲压过程。踏板踩下后立即抬起,滑块冲压一次后便在制动器作用下,停止在最高位置上,以便进行下一次冲压。若踏板不抬起,滑块则进行连续冲压。

表示冲床性能的几个主要参数如下:

(1)公称压力(单位为 N 或 t):即冲床的吨位,它是滑块运行至最下位置时所产生的最大压力。

(2)滑块行程(单位为 mm):曲轴旋转时,滑块从最上位置到最下位置所走过的距离,它等于曲柄回转半径的两倍。

（3）闭合高度（单位为 mm）：滑块在行程至最下位置时，其下表面到工作台面的距离。冲床的闭合高度应与冲模的高度相适应。冲床连杆的长度一般都是可调的，调整连杆的长度即可对冲床的闭合高度进行调整。

冲床操作安全规范：

（1）冲压工艺所需的冲剪力或变形力要低于或等于冲床的标称压力。

（2）开机前应锁紧所有调节和紧固螺栓，以免模具等松动而造成设备、模具损坏和人身安全事故。

（3）开机后，严禁将手伸入上下模之间，取下工件或废料应使用工具。冲压进行时严禁将工具伸入冲模之间。

（4）两人以上共同操作时应由一人专门控制踏脚板，踏脚板上应有防护罩，或将其放在隐蔽安全处，工作台上应取尽杂物，以免杂物坠落于踏脚板上造成误冲事故。

（5）装拆或调整模具应停机进行。

9.7.3 冲压基本工序

按板料在加工中是否分离，冲压工艺一般可分为分离工序和成形工序两大类。

1. 分离工序

分离工序是在冲压过程中使冲压件与坯料沿一定的轮廓线互相分离的冲压工序，主要有切断和冲裁等，见表 9-7。

2. 成形工序

成形工序是使坯料塑性变形而获得所需形状和尺寸的制件的冲压工序。主要有拉深、弯曲、翻边、卷边、胀形、压印等，见表 9-7。

表 9-7　常见冲压基本工序及示意图

工艺名称		简　图	所用模具的名称	简　要　说　明
分离工序	落料	废料　零件	落料模	冲落的部分是零件
	冲孔	零件　废料	冲孔模	冲落的部分是废料
	切边		切边模	切去多余的边缘
	切断	零件	切断模	将板条料切断

210

工艺名称		简　图	所用模具的名称	简要说明
成形工序	弯曲		弯曲模	将板料弯曲成各种形状
	卷圆		卷圆模	将板料端部卷成接近封闭的圆头
	拉深		拉深模	将板料拉成空心容器的形状
	翻边		翻边模	将板料上平孔翻成竖立孔
	胀形		胀形模	将柱状工件胀成曲面状工件
	压印		压印模	在板料的平面上压出加强筋或凹凸标识

思考与练习

1. 什么是拉深系数？拉深系数太小易出现什么问题？为什么？

2. 金属冷变形强化在工业生产中有何有利作用和不利影响？常采用什么方法解决这些问题？

3. 金属可锻性常用什么来综合衡量？请各举出一种可锻造和不可锻造的材料。

4. 什么是冷变形？冷变形后的金属的组织与性能有何特点？

5. 试分析落料与拉深所用的凸凹模结构及间隙有什么不同？

6. 试分析工件拉深时出现拉穿、起皱的原因，并提出解决上述质量问题的措施。

7. 试从锻件精度、锻件形状、锻件成本和生产效率等方面比较自由锻、胎模锻和模锻。

8. 冷变形与热变形的主要区别是什么？热变形对金属的组织与性能有何影响？

9. 什么叫锻造流线什么叫锻造？在锻件设计中应如何利用锻造流线？

10. 金属塑性变形的实质是什么？塑性变形是如何进行的？

知识模块 10 数控机床与特种加工

【导读】

本模块主要介绍数控机床与特种加工技术,阐述数控加工的概念、各种机床的特点和操作方法。数控编程模块中介绍主要的编程指令、编写程序的方法。数控车床、铣床模块中主要介绍车床、铣床的组成及其操作方法。数控电火花线、切割机床模块中主要介绍特种加工中常见的两种加工设备的基本组成和操作方法。

【能力要求】

1. 了解数控机床的分类及加工特点。
2. 了解数控机床的大致结构及不同机床的用途。
3. 掌握手工编程的一般性指令。
4. 掌握数控车、铣床的操作技能。
5. 了解电火花、线切割机床的工作原理。
6. 了解电火花、线切割机床的操作方法。

课题 1 数控机床概述

10.1.1 概述

数控是数字控制(Numerical Control,NC),指利用数控指令来控制一台或一台以上机械的动作。

数控机床顾名思义也就是利用数字信息技术实现机械系统的自动化控制,如数字控制车床、数字控制铣床、数字控制加工中心较为常见的数字控制机床。

随着计算机技术的应用日渐广泛,如今的数控机床已经将计算机直接作为一种控制装置装入机床中,因此数控机床的使用也是越来越简单化和智能化。

10.1.2 数控机床的组成

数控机床组要有数控系统和机床本体两大部分组成。

数控系统组要包括数控装置(CNC 装置)、进给伺服系统、主轴伺服系统组成。进给伺服系统主要有进给驱动单元、进给电机和位置检测装置。主轴伺服系统主要有主轴驱动单元和主轴电动机。

机床本体主要有机械部件、强电柜、液压系统、气动系统和润滑系统。

10.1.3 数控机床的分类

目前,较为常见的数控机床主要有以下五种。

1. 数控车床

数控车床是应用较为广泛的一种数控机床。它主要用于回转体零件的加工,能够完成零件的内外圆柱面、圆锥面、球面、螺纹、槽及断面等工序的加工。

数控车床的大致结构包括床身、数控系统、主轴系统、刀架进给系统、尾座、冷切和润滑系统,如图 10-1 所示。

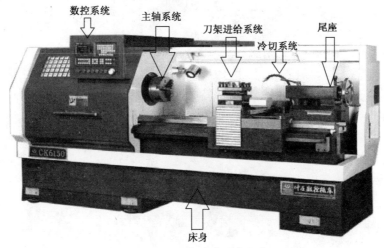

图 10-1 数控车床结构组成

2. 数控铣床

数控铣床是一种用途广泛的机床。它能够对各种平面轮廓和立体曲面的零件进行数控加工,如钻孔、镗孔、攻螺纹、轮廓铣削、型腔铣削和三维形状的加工。加工中心区别于数控铣床的最明显区别就是添加了刀具库,所以可以说,加工中心是在数控铣床的基础上发展的。

数控铣床的大致结构包括数控系统、床身、立柱、主轴、进给工作台、冷切润滑等辅助系统,如图 10-2 所示。

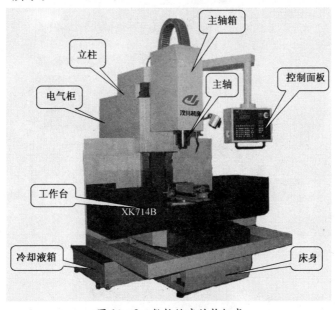

图 10-2 数控铣床结构组成

3. 加工中心

加工中心与数控铣床的最大区别就在于加工中心具有可以自动换刀的装置和刀库系统。通常在刀库中都事先放好用于加工的刀具,如图 10-3 所示。

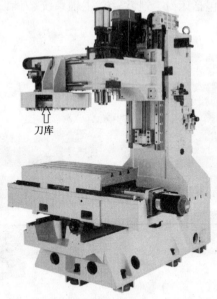

图 10-3　加工中心与铣床主要区别在于刀库及自动换刀装置

4. 电火花成型机床

电火花成型机床是在模具加工行业中用的较为广泛的一种数控机床。它主要是利用电极与工件之间的电脉冲对工件进行电腐蚀,从而对工件进行加工的一种机床。它的结构主要包括主轴头、控制单元、立柱、工作液槽、床身和电源箱,如图 10-4 所示。

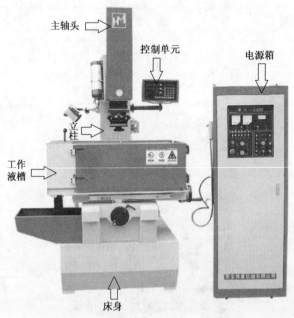

图 10-4　电火花成型机床结构及组成

214

5. 电火花线切割机床

电火花线切割机床是在电火花加工基础上发展起来的。它主要是利用线状电极（通常是钼丝或铜丝）对金属工件放电，从而使工件电化腐蚀而对工件进行加工的一种机床。它的主要结构包括储丝筒、走丝溜板、丝架、工作台、床身、脉冲电源及控制系统，如图10-5所示。

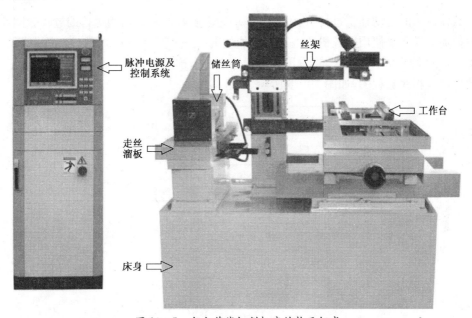

图 10-5　电火花线切割机床结构及组成

10.1.4　数控机床的加工特点

1. 自动化程度高，减轻劳动强度

数控机床加工时按照事先已经编好的程序对零件进行自动加工。操作者主要是进行程序的输入和编辑、工件的拆装、刀具的拆装以及对机床的工作状态进行监控，不需要进行重复的劳动，因此工人的劳动强度大大降低。

2. 加工精度高、质量稳定

由于数控机床的机械系统具有较高的精度、刚度和热稳定性，所以机床在加工过程中，受外界环境影响较低。且数控机床一般都装有检测反馈装置，可以及时消除由机械传动带来的间隙误差，所以数控机床的加工精度高。数控机床由于加工过程由程序控制，所以在同一机床上加工同一批零件，零件的指令稳定。

3. 生产效率高

数控机床由于刚性较好，所以可以选择较高的切削速度和进给量，因此加工效率高。

4. 对零件的适应性强

在数控机床上改变加工零件时，只要重新编写零件的加工程序输入到机床中，就可以实现新产品的加工，所以它的适应性和灵活性都很强。

5. 有利于生产现代化的管理

数控机床加工所用的刀具、夹具都可以进行规范化和现代化的管理。加工程序由于是利用数字信息的代码编写的,所以可以很好地保存起来。当数控机床与 CAD/CAM 软件结合起来使用后,就更能够实现集成制造。

课题 2　数控机床编程指令

数控机床的自动加工过程,也就是按照事先编制好的程序自动运行的过程。因此,编制数控加工程序是使用数控机床进行零件加工的一项重要工作。而数控编程,就是根据加工零件的图纸和工艺要求,将它用数控程序语言描述出来,编制成零件的加工程序。编制数控加工程序流程图,如图 10-6 所示。

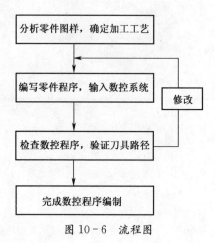

图 10-6　流程图

10.2.1　数控程序的结构

一个完成的数控程序应该由程序名、程序本体及程序结束符构成,而程序本体主要由若干个程序段构成。而程序段是由若干个程序字构成。数控机床的程序字主要有:N—程序段号,G—准备功能字,X、Y、Z—尺寸字,F—进给功能字,S—主轴速度字,T—刀具功能字,M—辅助功能字等。例如:

O1000	程序名
N10 G54 G90 G17 G40	程序本体
N20 M03 S3000	
N30 G00 X100 Y100 Z100	
……	
N100 M30	程序结束符

10.2.2　数控程序代码

下面以华中数控系统为例,介绍数控编程指令代码

1. 准备功能字(G 代码)

准备功能字由 G 代码及 G 后一位或二位数值组成,它用来规定刀具和工件的相对运动轨迹、机床坐标系、刀具补偿等多种加工操作。

G 代码	组	功能	
		车 床	铣床/加工中心
G00	01	快速定位	快速定位
G01		直线插补	直线插补
G02		顺圆插补	顺圆插补
G03		逆圆插补	逆圆插补
G04	00	暂停	暂停
G17	02		X、Y 平面选择
G18			X、Z 平面选择
G19			Y、Z 平面选择
G20	08	英寸输入	英寸输入
G21		毫米输入	毫米输入
G24	03		镜像开
G25			镜像关
G28	00	返回参考点	返回参考点
G29		由参考点返回	由参考点返回
G32	01	螺纹切削	
G36	17	直径编程	
G37		半径编程	
G40	09	取消刀具半径补偿	取消刀具半径补偿
G41		刀具左补偿	刀具左补偿
G42		刀具右补偿	刀具右补偿
G43	10		刀具长度正补偿
G44			刀具长度负补偿
G49			取消刀具长度补偿
G50	04	取消坐标系偏移	比例缩放关
G51		坐标系偏移	比例缩放开
G53	00	直接坐标编程	直接坐标编程
G54—G59	11	坐标系选择	坐标系选择
G68	05		旋转变换
G69			取消旋转
G71	06	内/外径复合车削循环	圆弧钻孔循环
G72		端面复合车削循环	
G73		闭环复合车削循环	深孔钻削循环
G74		端面钻孔循环	逆攻丝循环
G76		螺纹车削循环	精镗循环
G80		内/外径固定车削循环	固定循环取消
G81		端面固定车削循环	中心钻循环

G 代码	组	功　能	
		车　床	铣床/加工中心
G82	06	螺纹固定车削循环	停顿钻孔循环
G83			深孔钻循环
G84			攻丝循环
G90	13	绝对坐标编程	绝对坐标编程
G91		相对坐标编程	增量坐标编程
G92	00	工件坐标系设定	工件坐标系设定
G94	14	每分钟进给	每分钟进给
G95		每转进给	每转进给
G96	16	设定恒限速切削	
G97		取消恒限速切削	
G98	15		固定循环返回起始点
G99			固定循环返回 R 点

2. 辅助功能字（M 代码）

辅助功能由字 M 和其后的一或两位数值构成。主要用于控制零件程序的走向以及机床各种辅助系统的开关动作。

代码	模态	功能说明	代码	模态	功能说明
M00	非模态	程序停止	M01	非模态	选择停止
M02	非模态	程序结束	M03	模态	主轴正转
M04	模态	主轴反转	M05	模态	主轴停止
M07	非模态	冷切液开	M08	模态	冷切液开
M09	模态	冷切液关	M30	非模态	程序结束并返回程序起点
M98	非模态	调用子程序	M99	非模态	子程序返回

其中：

（1）M00、M02、M30、M98、M99 用于控制程序的走向，是 CNC 内定的辅助功能，不由机床制造商决定，与 PLC 程序无关。

（2）其余 M 代码用于机床各种辅助功能的开关动作，其功能不由 CNC 内定，是由 PLC 程序指定

3. 主轴功能字 S

主轴功能字 S 用于控制主轴转速，其后的数值代表主轴速度，单位为 r/min。

当启用恒线速功能 G96 时，指定的是切削线速度，其后的数值单位为 m/min。

4. 进给功能字 F

进给功能字 F 表示工件被加工时刀具相对于工件的合成进给速度。当启用每分钟进给 G94 时，F 的单位为每分钟进给量（mm/min），当启用每转进给量 G95 时，F 的单位为主轴每转一周刀具的进给量（mm/r）。每转进给量和每分钟进给量可以用下列公式转换：

$$f_m = f_r \times S$$

式中：f_m 为每分钟进给量（mm/min）；f_r 为每转进给量（mm/r）；S 为主轴转速（r/min）。

5. 刀具功能字 T

刀具功能字 T 用于选刀和换刀。其后的 4 位数字代表所要选择的刀具号及刀具补偿号。其中前两位代表的是刀具号，后两位代表的是刀具补偿号。

例如：T0201 其中 02 代表的是所选刀具为 2 号刀，01 代表是调用 1 号刀具补偿号

10.2.3 坐标系、坐标系方向及坐标原点

1. 坐标系

在数控系统中，为了精确地控制机床移动部件的运动，需要建立相应的坐标系。数控机床的坐标系采用的是右手笛卡儿坐标系，其基本坐标轴为 X、Y、Z，围绕 X、Y、Z 各轴旋转的各轴为 A、B、C。在右手笛卡儿坐标系中大拇指指向 X 轴正向，食指指向 Y 轴正向，中指指向 Z 轴正向。而利用右手螺旋定则则可以判定三个基本坐标轴 X、Y、Z 与三个旋转轴 A、B、C 的关系以及三个旋转轴 A、B、C 的正方向，如图 10-7 所示。

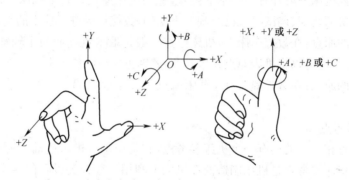

图 10-7　数控机床右手笛卡儿坐标系与右手螺旋定则

2. 坐标系方向

对于不同的机床在实际加工过程中，有的时候是工件静止不动而刀具相对运动，有的时候是刀具不动而工件相对运动，这样就给编程人员确定坐标造成了困难。因此规定，不论机床的实际运动状况如何，一律以工件相对静止而刀具运动来确定编程坐标。这一原则可以确保编程人员在不知道机床具体情况下，根据图纸就能确定机床的加工过程。

在确定机床坐标轴时，一般是先确定 Z 轴，然后再确定 X 轴，最后确定 Y 轴以及其他各轴。

Z 轴的判断：Z 轴的运动方向是由传递切削动力的主轴所决定的。因此 Z 轴一定平行于主轴轴线，而 Z 轴的正方向为刀具离开零件的方向。

X 轴的判断：X 轴平行于工件的装夹平面。在确定 X 轴的方向时，要考虑以下两种情况。

(1) 如果工件旋转（如车床），则刀具离开工件的方向为 X 轴的正方向。

(2) 如果刀具旋转（如铣床），则观察者面对主轴向机床立柱看，X 正方向为右方。

Y 轴的判断：在确定了 X、Z 轴的正方向后，可以根据右手笛卡儿坐标系来确定 Y 轴的正方向。

图 10-8 展示了车床、铣床的坐标轴方向。

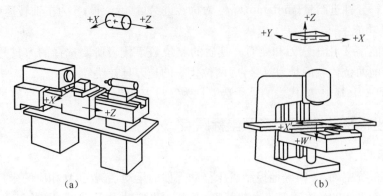

图 10-8 车、铣床坐标轴方向

3. 坐标原点

1）机床原点

现代的数控机床一般都有一个基准位置，称为机床原点。它是机床上设置的一个固定点。它是在机床装配、调试时就已经确定下来的，数控机床进行加工的基准参考点。

数控车床的原点：在数控车床上，机床原点一般是取卡盘端面与主轴轴线的交点处。通过参数设置法，也可以将机床原点设置在 X、Z 轴正向极限位置上。

数控铣床的原点：在数控铣床上，机床原点一般是取 X、Y、Z 三坐标轴正方向极限交点。

2）机床参考点

与机床原点相对应的还有一个机床参考点，它是用于对机床运动进行检测和控制的固定位置点。机床参考点是机床制造商在机床上利用行程开关设置的一个物理位置点，其坐标值已经输入数控系统的参数中。

3）编程原点

对于数控编程及数控加工来说，还有一个重要的原点就是程序原点，它主要是我们在进行程序编写过程中用于定义工件图纸上几何点坐标尺寸的依据，因此有时也成为工件原点。工件原点一般是利用 G 代码进行指定。

各种坐标点的区别如图 10-9 所示。

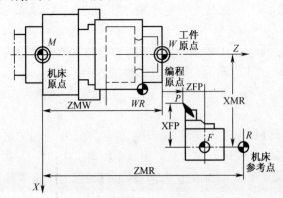

图 10-9 机床原点、机床参考点、编程原点（工件原点）的关系

220

课题3 数控车床操作技能

数控车床是利用计算机数字控制的车床。数控车床是数控系统按照编好的数控程序控制车床中的 X、Z 轴伺服电机旋转,进而通过机械传动装置控制运动部件的动作顺序、位移量及移动速度,再配合主轴的转动速度和转动方向,便能加工出形状不同的回转体类零件。本节,将以配有华中 HTC-21T 数控系统的数控车床为例,介绍数控车床的基本操作技能。

10.3.1 操作界面介绍

1. HNC-21T 数控系统面板(图 10-10)

其界面由以下几个部分构成。

1)液晶显示屏

用于显示机床各种状态的屏幕。

2)程序编辑区域按钮

用于输入、修改、删除程序的按钮。

3)机床控制区域按钮

用于控制机床各种运行状态的按钮。

4)急停开关

用于控制机床急停的旋钮。

5)外部输入端口

具有键盘、USB、RS232 等接口,可用于传入程序或外部控制机床。

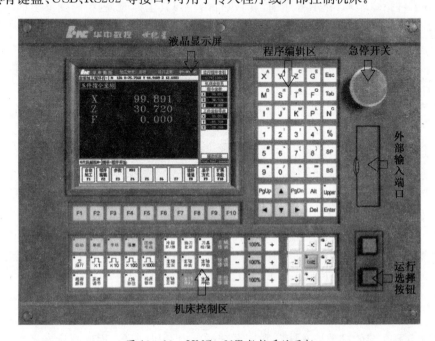

图 10-10 HNC-21T 数控系统面板

6)运行选择按钮

用于选择机床运行状态。

2. HNC-21T 的系统操作界面(图 10-11)

其由以下几个部分构成。

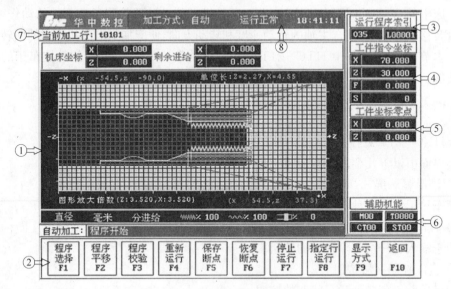

图 10-11　HNC-21T 系统操作界面

(1) 图形显示窗口:可以根据需要,通过功能键 F9 设置窗口显示内容。

(2) 菜单命令条:通过菜单命令条中的功能键 F1～F10 完成不同的系统功能。

(3) 运行程序索引:在自动加工过程中,显示当前执行的程序段号及程序名。

(4) 工件指令坐标:显示程序中当前执行语句刀具坐标值、进给速度及主轴转速。

(5) 工件坐标零点:工件坐标系零点在机床坐标系中的坐标值。

(6) 辅助机能:自动加工过程中正在执行的 M、S、T 代码。

(7) 当前加工行:当前正在或将要加工的程序段。

(8) 当前加工方式、系统运行状态及当前时间。

① 当前加工方式可以根据机床控制面板上相应的按键可以在自动、单段、手动、增量、回零、急停和复位等之间切换。

② 运行状态:系统工作状态在"运行正常"和"出错"间切换。

③ 系统时间:显示当前系统时间。

华中数控系统 HNC-21T 的菜单命令条具有多级菜单功能,其操作界面中最重要的一块是菜单命令条。系统功能的操作主要是通过菜单命令条中的功能键 F1～F10 来完成。由于每个功能包括不同的操作,菜单采用层次结构,即在主菜单下选择一个菜单项后,数控装置会显示该功能下的子菜单,用户可以根据该子菜单的内容选择所需的操作,当需要返回主菜单时,按下 F10 键就可以,如图 10-12 所示。

10.3.2　上电开机、关机及急停等操作

本节主要介绍的是数控车床及数控系统的上电开机、复位、返回机床参考点、急停、超

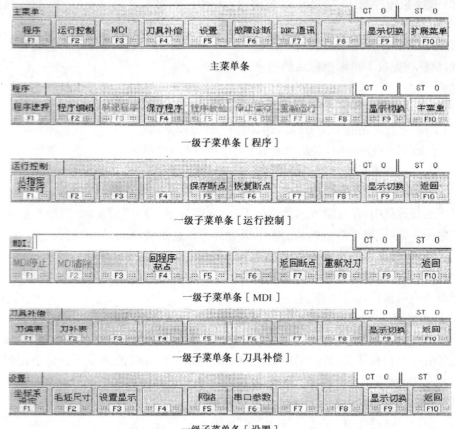

图 10-12 HNC-21T 的主要菜单结构及多级菜单层次

程解除及关机等操作。

1. 上电开机

数控机床上电开机的步骤：

（1）检查机床状态是否正常。

（2）若"急停"按钮未按下，则按下"急停"按钮。

（3）接通机床总电。

（4）按下"NC ON"按键，接通数控系统电源。

接通数控系统电源后，系统会自动执行开机自检程序，待数控面板上液晶屏中工作方式显示为"急停"时，代表机床及系统上电开机完成。

2. 复位

当数控系统上电开机完成后，操作系统界面中的系统工作方式为"急停"，此时可以根据"急停"按钮上所示的箭头方向旋转，"急停"开关即可弹起时系统复位，并接通伺服电源。系统默认进入"回参考点"方式，工作方式变为了"回零"。

3. 返回机床参考点

控制机床运动的前提是建立机床坐标系，为此，在上电及复位后首先应该进行的是机床各坐标轴回机床参考点的操作。操作方法如下：

（1）按下机床控制区中的"回零"按钮，查看工作方式是否为"回零"。

（2）按下机床控制区中的"＋X"按键，待 X 轴回到参考点后，"＋X"按键指示灯亮，代表 X 轴已经回到了机床参考点。

（3）按照同样的方法按下"＋Z"按键，当"＋Z"指示灯亮后，表明 Z 轴也回到了机床参考点，这样就完成了机床坐标系的建立。

注意：

（1）每次开机上电后，必须先完成各轴的返回参考点操作。

（2）回参考点应先沿＋X 方向运动，再沿＋Z 方向运动。

（3）在回参考点过程中，若出现超程，则应按住机床控制区中的"超程解除"按钮，向相反方向手动移动该轴使其退出超程状态。

4. 急停

机床运行过程中，在危险或紧急情况下，应立即按下"急停"旋钮，此时数控机床会立即进入急停状态，伺服进给电机及主轴电机会立即停止运转，防止危险情况进一步扩大；当松开"急停"按钮后，数控机床会进入复位状态。

在解除"急停"前，必须先确认故障原因已经排除，并且在解除"急停"后，最好是重新执行回参考点的操作，以保证机床坐标的正确性。

5. 超程解除

当手动控制机床坐标轴运动过程中，有时会出现"超程"报警，这是因为在机床坐标轴的两端各有一个行程开关，其作用是防止伺服机构发生相互碰撞而损坏。每当伺服机构碰到行程开关的极限限位时，数控系统就会出现"出错"报警（此时"超程解除"按键指示灯亮），系统会自动进入紧急停止状态，如果要推迟超程状态，方法如下：

（1）按下机床控制区中的"手动"或"增量"按钮，将工作方式置为"手动"或"增量/手摇"。

（2）一直按压"超程解除"按钮，直到"急停"继电器松开。

（3）在"手动"或"增量/手摇"方式下，使该超程轴沿相反方向移动，退出超程状态。

（4）松开"超程解除"按钮。

若显示屏上运行状态栏"运行正常"取代了"出错"，则表示恢复正常，可以继续操作。

6. 关机

数控机床的关机步骤与开机步骤相反，具体方法如下：

（1）按下数控系统面板上的"急停"按钮，断开伺服驱动电机电源及主轴电机电源。

（2）按下"NC OFF"按钮，断开数控系统电源。

（3）稍等待一会儿之后再断开机床总电源。

以上介绍的就是数控车床开关机及基本操作。

10.3.3　数控车床的手动操作

数控车床的手动操作（图 10 - 13）主要包括以下一些内容。

（1）手动移动机床坐标轴（手动、增量、手摇）。

（2）手动控制主轴（正转、反转、停止、点动）。

（3）机床锁住、刀位选择与转换、冷切液开/关。

1. 机床状态选择

机床状态选择按键主要包括自动、单段、手动、增量、回参考点五个，其功能如下：

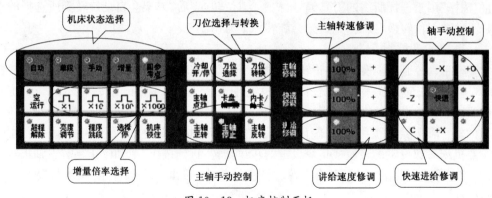

图 10-13 机床控制面板

自动：当按下"自动"按键时（"自动"按键灯亮），机床进入自动加工准备状态，系统读取以选择好的程序，按照程序进行自动加工零件。

单段：在"自动"状态时，数控系统控制机床按照所选定程序加工零件，由于数控程序由许多程序段落组成，因此当按下"单段"按键后（"单段"指示灯亮），程序执行完成一段指令后会暂停等待，若再次按下"单段"按键（"单段"指示灯灭），则程序除遇到暂停指令外，会一直执行直至程序结束。

手动：当按下"手动"按键后（"手动"指示灯亮），机床进入手动控制状态，此时可以通过机床控制面板上的按键控制机床的各轴运动及运动的快慢，主轴的转动停止、转动方向及转速的快慢，刀具的选择等。

增量：当按下"增量"按键后（"增量"指示灯亮），此时系统操作界面中的状态会显示"增量"或"手摇"，若状态显示为"增量"，则系统处于"增量"进给方式，可通过机床操作面板上的轴手动控制按钮控制机床各坐标轴的移动，移动速度的快慢由"增量倍率选择"按钮决定；若机床状态显示为"手摇"，则系统处于"手摇"进给方式，此时可以通过手轮控制机床各坐标轴运动，运动速度快慢亦可根据"增量倍率选择"按钮决定。

回参考点：当按下"回参考点"按键后（回参考点指示灯亮），此时机床处于回参考点状态，这是机床开机后必须先完成的一项操作，具体步骤前节已经介绍，这里就不再复述。

2. 增量倍率选择

增量倍率选择主要有四个按键，为"X1"、"X10"、"X100"、"X1000"，增量倍率按键与增量值对应关系如下表所列：

增量倍率按键	X1	X10	X100	X1000
增量值(mm)	0.001	0.01	0.1	1

在增量进给时，增量值由"×1"、"×10"、"×100"和"×1000"四个增量倍率按键控制，分别对应的增量值为"0.001mm"、"0.01mm"、"0.1mm"和"1mm"。在手轮进给时，增量由"×1"、"×10"和"×100"三个增量倍率按键控制，分别对应的增量值为"0.001mm"、"0.01mm"和"0.1mm"。

3. 刀位选择与转换

到位选择与转换由"刀位选择"与"刀位转换"两个按键组成，在"手动"状态下，按下

225

"刀位选择"用于选择所需的刀具编号,按下"刀位转换"后,刀架会自动旋转到所选择的刀具,若只按"刀位转换"按键,则刀架会旋转一个刀位。

4. 主轴手动控制

主轴手动控制主要有"主轴正转"、"主轴反转"、"主轴停止"、"主轴点动"这四个按键。

(1) 主轴正转:在"手动"状态下,按下"主轴正转"按键("主轴正转"指示灯亮),主轴则按照机床参数设定的转速或指令设定的转速正转,直到按压"主轴停止"或"主轴反转"。

(2) 主轴反转:在"手动"状态下,按下"主轴反转"按键("主轴反转"指示灯亮),主轴则按照机床参数设定的转速或指令设定的转速反转,直到按压"主轴停止"或"主轴正转"。

(3) 主轴停止:在"手动"状态下,按下"主轴停止"按键("主轴停止"指示灯亮),主轴停止转动。

(4) 主轴点动:在"手动"方式下,按住"主轴点动"按键("主轴点动"指示灯亮)不放,则主轴按照指定速度旋转,若松开"主轴点动"按键("主轴点动"指示灯灭),则主轴停止转动。

(5) 主轴转速修调:主轴在正转或反转过程中均可通过主轴转速修调按键进行转速调节。

(6) 快速进给修调:各轴在运动过程中,可以通过快速进给修调按键调节快速运动速率。

(7) 进给速度修调:各轴在运动过程中,可以通过进给速度修调按键调节进给速度速率。

(8) 轴手动控制:轴手动控制按键主要是用于控制车床各运动轴的运动。

① "−X"键:在手动方式下,按此键 X 轴向负方向运动。

② "+X"键:在手动方式下,按此键 X 轴向正方向运动。

③ "−Z"键:在手动方式下,按此键 Z 轴向负方向运动。

④ "+Z"键:在手动方式下,按此键 Z 轴向正方向运动。

⑤ "快进"键:在手动方式下按此键后,再按坐标轴移动键,可使坐标轴快速移动。

⑥ "−C"键和"+C"键:这两个键在车削中心上有效,用于手动进给 C 轴。

(9) 其他按键。

① 冷切开/停:在手动状态下,按一下"冷切开/停"按键,冷切液开启(机床默认冷切液关闭),再按下"冷切开/停"按键,冷切液关闭,如此循环。

② 空运行:在自动加工状态下,按下"空运行"按键,机床运动速度为机床参数设置值(快速运动速度),此时机床坐标轴移动速度快,用于快速模拟加工情况,检验程序正确性。

③ 超程解除:此按键作用在前面已经介绍过,此处不再复述。

④ 亮度调节:按此键可调节显示屏的亮度。

⑤ 程序跳段:"程序跳段"作用是用于在自动加工过程中,跳过某些不愿执行的程序段,当按下"程序跳段"按键后("程序跳段"指示灯亮),系统在自动执行过程中,若遇到程序中出现"/"符号,则系统自动跳过带有"/"符号的程序段,再次按下"程序跳段"按键后,系统完全执行所有程序。

⑥ 选择停:当按下"选择停"按键后("选择停"指示灯亮),则系统在自动执行过程中,若遇到指令 M01,则会执行 M01 暂停指令;再次按下"选择停"按键后("选择停"指示灯

灭),则系统在自动执行过程中,若遇到指令 M01,则不会执行 M01 暂停指令。

⑦ 机床锁住:在手动状态下,按下"机床锁住"按键("机床锁住"指示灯亮),此时再进行手动操作,则机床实际位置并不移动,但显示屏上坐标轴位置信息会发生变化。

10.3.4 试切对刀操作及刀具偏置值输入

1. 准备工作

装夹好工件、刀具后,按下"主轴正转"按键,设置机床状态为"手动",通过"刀具选择与转换"按键,选中所需要进行加工的刀具。

2. 对刀

通过"轴手动控制"按键,快速移动刀具接近工件,到达工件附近后,可转为"增量"控制方式对工件进行轴向及径向的试切,具体操作如下:

(1) 试切工件端面:移动刀具,让刀具刀尖碰触工件端面,保持 Z 向不动,沿 X 方向退出,按下"主轴停"按键使主轴停转,按下系统操作界面中主菜单中的 F4 按键,进入"刀偏补偿",再按 F1 按键,进入"刀偏表",将光标移动至指定的刀偏号一栏"试切长度"处,按下"Enter"键,输入"0",再按下"Enter"键确定,完成 Z 轴试切对刀,如图 10-14 所示。

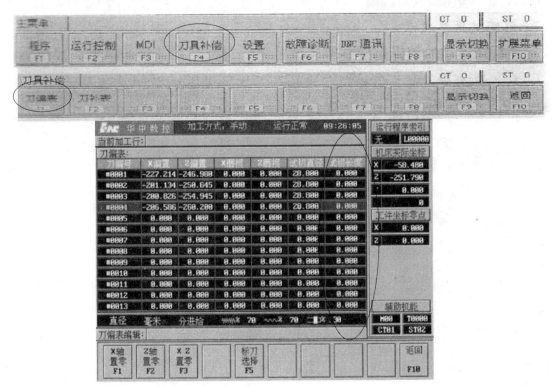

图 10-14 Z 轴对刀

(2) X 轴对刀:移动刀具,试切工件外圆,保持 X 向不动,沿 Z 向退出,按下"主轴停"按键,使主轴停转,用游标卡尺测量工件试切处直径,记下游标卡尺上数值,在"刀偏表"中"试切直径"处,按下"Enter"键,输入游标卡尺上的数值,再按下"Enter"键确认,完成 X

轴对刀。其余刀具对刀操作及刀偏值输入类同,如图 10-15 所示。

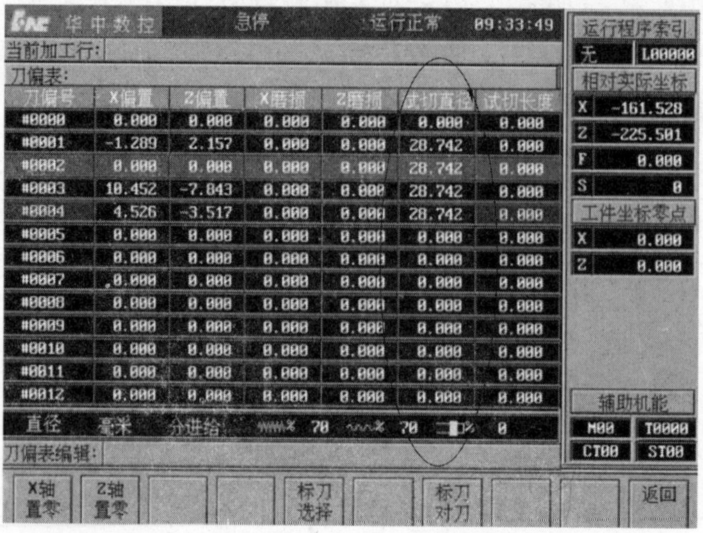

图 10-15　其余刀具对刀

10.3.5　程序输入与编辑

数控机床加工零件是通过已经输入数控系统的程序对机床进行控制,从而加工出符合图纸要求的零件,因此,数控程序的输入及编辑也是一项操作数控机床的重要技能。

1. 程序选择

在系统操作界面主菜单功能条下,按 F1 键进入"程序"子菜单,再按 F1 键进入"程序选择"子菜单,如图 10-14 所示。

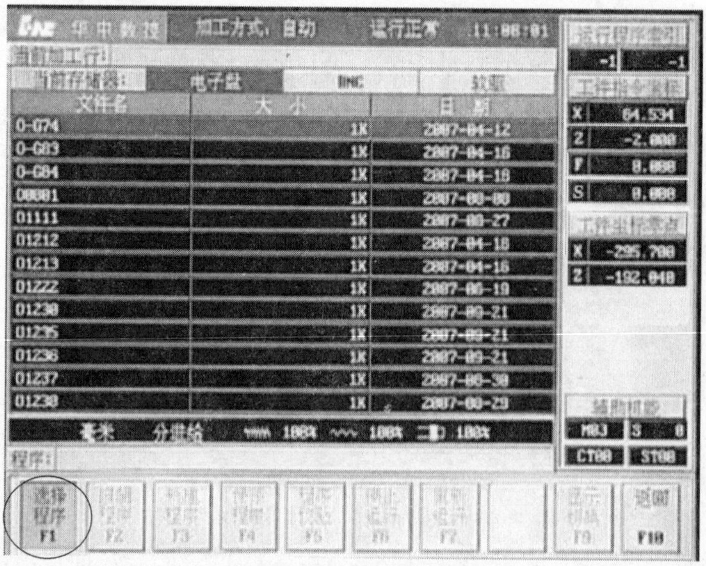

图 10-16　程序选择

在"程序选择"菜单下,可以从"电子盘"、"DNC"、"软驱"三个方面选择零件程序输入到机床内存中,进行自动运行加工以及对程序文件进行编辑、存储和传递等操作。其中"电子盘"是指机床本身的存储器,"DNC"是指利用 RS232 接口电缆与外部计算机连接,"软驱"是指通过 USB 接口将 U 盘与系统连接。

2. 程序编辑

在系统操作界面主菜单功能条下,按 F1 进入"程序"子菜单,再按 F2 进入"程序编辑"了菜单,如图 10-17 所示。

在"程序编辑"菜单下,可以对零件的程序进行编辑、新建与保存等操作。此时用到的按键就是系统面板的程序编辑区中的按键。以下简单介绍程序编辑区中一些主要按键的功能,如图 10-18 所示。

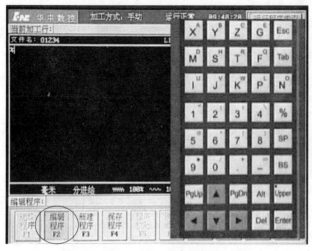

图 10-17 程序编辑

图 10-18 主要按键的功能介绍

(1)"ESC"键:按此键可取消当前系统界面中的操作。

(2)"Tab"键:按此键可跳转到下一个选项。

(3)"SP"键:按此键光标向后移并空一格。

(4)"BS"键:按此键光标向前移并删除前面字符。

(5)"Upper"键:上档键。按下此键后,上档功能有效,这时可输入"字母"键与"数字"键右上角的小字符。

(6)"Enter"键:回车键,按此键可确认当前操作。

(7)"Alt"键:替换键,也可与其他字母键可组成快捷键。

(8)"Del"键:按此键可删除当前字符。

(9)"PgDn"键与"PgUp"键:向后翻页与向前翻页。

(10)"▲"键、"▼"键、"◀"键与"▶"键:按这四个键可使光标上、下、左、右移动。

(11)"字母"键、"数字"键和"符号"键:按这些键可输入字母、数字以及其他字符,其中一些字符需要配合"Upper"键才能被输入。

通过以上的按键,就能够将已经编写好的数控加工程序输入到数控系统中,从而让系统控制机床进行零件的数控加工,当然,也可以通过以上的按键对已经存储在系统中的程序进行编辑和修改,达到数控加工灵活性的特点。

10.3.6 程序运行

当将数控加工程序输入数控系统后,就可以让机床按照数控程序对零件进行加工,因此,如何让数控机床按照加工程序正确的加工出符合图纸要求的零件是接下来将要介绍的内容。

1. 选择加工程序

在系统操作界面主菜单下,按 F1 键进入"程序"子菜单,再按 F1 键进入"程序选择"子菜单,如图 10-19 所示。

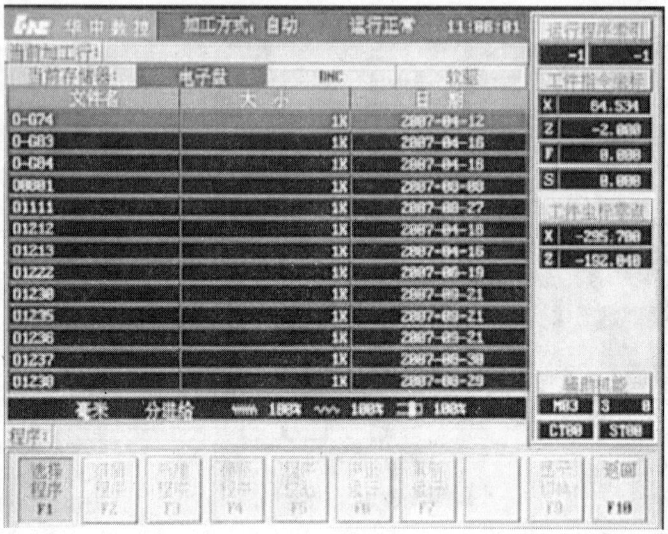

图 10-19 程序选择

之前介绍过,在程序选择中,既可以从数控系统内存中调用已有程序,也可以通过 RS232 接口从外部计算机通过 DNC 方式传送加工程序,还可以通过 USB 接口插入 U 盘读入 U 盘中的加工程序。所以只需选择好所需的加工程序后,按下"Enter"键,程序就会被选中并调入加工缓冲区。

2. 程序校验

程序校验是用于对调入加工缓冲区的零件程序进行校验,并提示可能的错误。一般来说,新编写好的程序在加工之前都必须先进行校验运行,判断程序正确无误后再启动自动运行进行零件的正常加工。

程序校验运行的操作步骤如下:

(1)调入需要加工校验的数控程序。

(2)按下机床控制面板上的"自动"键,让系统进入自动加工方式。

(3)在系统操作界面主菜单中按 F1 键进入"程序"子菜单下,再按下 F5 键进入"程序校验",此时系统操作界面的工作方式显示为"程序校验"。

(4)按下数控系统面板上的运行选择按钮"循环启动",此时程序校验开始。

(5)若程序正确,校验完成后,光标将自动返回程序开头,并且系统操作界面中的工作方式显示为"自动";若程序有错,命令行将会用红色标记处程序的错误行,并且在显示方式中显示"出错"。

注意：

（1）在进行校验程序过程中，机床并不会跟随程序进行运动。

（2）为了确保加工程序的正确，可以通过图形显示的方式来观察运行校验的图形结果是否和图纸相一致。

3. 自动加工

当所需的加工程序校验无误后，就可以进行正式的零件加工。

（1）按下机床操作面板上的"自动"按键进入自动加工方式。

（2）按下数控系统面板上的"循环启动"按钮，机床开始按照调入的数控程序进行运动加工零件。

在自动加工过程中，如果需要暂停运行，可以按下数控系统面板上的"进给保持"按钮，数控机床进入暂停状态，进给轴不动，主轴继续运转，冷切液保持原来状态。当暂停完成后需要继续进行加工，则可以再次按下"循环启动"，机床将继续运行直到程序结束。

在自动加工过程中，如果需要中止程序运行，可以按照下列步骤操作。

（1）在【程序】子菜单中，按 F6 键"停止运行"，此时系统提示是否停止运行程序。

（2）按下字母"Y"键，则系统会中止程序运行，并解除当前运行程序的模态信息。

4. 单段运行

按下机床控制面板上的"单段"按键，系统处于单段自动运行方式，此时程序将逐段执行，按下系统操作面板上的"循环启动"按钮，机床执行一段程序段，执行完成后，机床运动轴减速并停止，等待操作人员，当操作人员再按下"循环启动"按钮后，机床又执行下一个程序段，执行完成之后又再次停止，如此反复，直到程序全部执行完毕或解除"单段"模式。

5. 加工运行时的人为干预

1）进给速度修调

在"自动"方式或"MDI"运行方式下，当加工程序中的 F 代码编写的进给速度过快或过慢时，可以用进给修调按钮进行相应的减缓或增快进给速度。

当按压进给修调按钮"100％"时，进给修调倍率置为 100％，即为程序中所给进给速度为机床实际进给速度，当按一下"＋"按键，进给修调倍率会递增 10％，当按一下"－"按键，进给修调倍率递减 10％。例如：程序中进给速度 F100，当按下"100％"按钮后，机床实际进给速度为 100mm/min，当按一下"＋"按钮后，机床实际进给速度为 110mm/min，若再按两下"－"按钮后，则机床此时的实际进给速度为 90mm/min。

2）快速进给修调

在"自动"方式或"MDI"运行方式下，可以用快速进给修调按钮调节 G00 快速定位时的速度。

当按压快速进给修调按钮"100％"时，快速进给修调倍率置为 100％，当按一下"＋"按键，快速进给修调倍率会递增 10％，当按一下"－"按键，快速进给修调倍率递减 10％。

3）主轴修调

在"自动"方式或"MDI"运行方式下，当加工程序中的 S 代码编写的主轴转速过快或过慢时，可以用主轴修调按钮进行相应的减缓或增快主轴转速。

当按压进给修调按钮"100％"时，主轴修调倍率置为 100％，即为程序中所给主轴速度为机床实际主轴转速，当按一下"＋"按键，主轴修调倍率会递增 5％，当按一下"－"按键,主轴修调倍率递减 5%。例如:程序中主轴转速 S1000,当按下"100%"按钮后,机床主轴实际转速为 1000 r/min,当按一下"+"按钮后,机床主轴实际转速为 1050 r/min,若再按两下"一"按钮后,则机床主轴此时的实际转速为 950 r/min。

以上介绍的就是华中 HNC-21T 数控车床的操作技能。

课后实训内容:

(1) 数控车床的基本操作。

(2) 数控车床的对刀操作及刀具偏置值的输入。

(3) 利用数控车床进行零件加工程序的校验与试切加工。

课题 4　数控铣床操作技能

数控铣床与数控车床类似,也是利用数字信号对机床进行控制。数控铣床具有加工精度高、能作直线和圆弧插补以及在加工过程中能进行多轴联动等功能特点,并且能完成基本的铣削、镗削、钻削、攻螺纹等工作,故数控铣床常用于加工各种形状复杂的凸轮、样板及模具零件等。本节以配有华中 HNC-21M 数控系统的铣床为例,介绍数控铣床的基本操作。

10.4.1　操作界面介绍

HNC-21M 数控系统面板界面由以下几个部分构成。

(1) 液晶显示屏:用于显示机床各种状态。

(2) 程序编辑区域按钮:用于输入、修改、删除程序。

(3) 机床控制区域按钮:用于控制机床各种运行状态。

(4) 急停开关:用于控制机床急停。

(5) 外部输入端口:具有键盘、USB、RS232 等接口,可用于传入程序或外部控制机床。

(6) 运行选择按钮:用于选择机床运行状态,如图 10-20 所示。

1. HNC-21M 的系统操作界面

HNC-21M 的系统操作界面(图 10-21)由以下几个部分构成:

(1) 图形显示窗口。可以根据需要,用功能键 F9 设置窗口的显示内容。

(2) 菜单命令条。可通过菜单命令条中的功能键 F1~F10 来完成系统功能的操作。

(3) 运行程序索引。自动加工中的程序名和当前程序段行号。

(4) 选定坐标系下的坐标值。坐标系可在机床坐标系/工件坐标系/相对坐标系之间切换。

(5) 工件坐标系零点。工件坐标系零点在机床坐标系下的坐标。

(6) 倍率修调。主轴修调:当前主轴修调倍率。进给修调:当前进给修调倍率。快速修调:当前快进修调倍率。

(7) 辅助机能。自动加工中的 M、S、T 代码。

(8) 当前加工程序行。当前正在或将要加工的程序段。

(9) 当前加工方式、系统运行状态及当前时间。工作方式:系统工作方式根据机床控

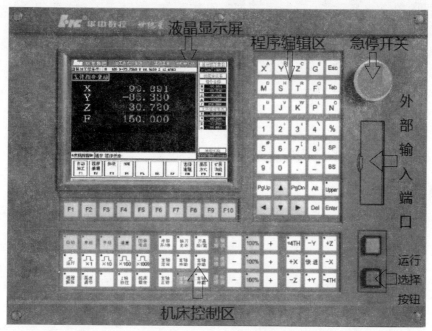

图 10-20　HNC-21M 数控系统面板

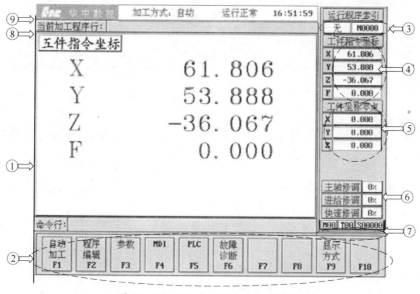

图 10-21　HNC-21M 系统操作界面

制面板上相应按键的状态可在自动(运行)、单段(运行)、手动(运行)、增量(运行)、回零、急停、复位等之间切换。运行状态:系统工作状态在"运行正常"和"出错"之间切换。系统时钟:当前系统时间。

　　与华中 HNC-21T 操作界面类似,华中数控系统 HNC-21M 的菜单命令条具有多级菜单功能,其操作界面中最重要的一块是菜单命令条。系统功能的操作主要是通过菜单命令条中的功能键 F1~F10 来完成。由于每个功能包括不同的操作,菜单采用层次结构,即在主菜单下选择一个菜单项后,数控装置会显示该功能下的子菜单,用户可以根据

233

该子菜单的内容选择所需的操作,当需要返回主菜单时,按下 F10 键就可以,如图 10-22 所示。

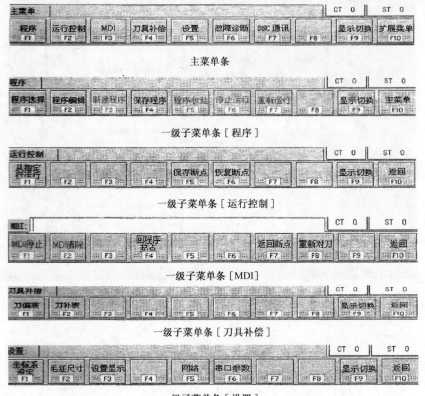

图 10-22　HNC-21M 的主要菜单结构及多级菜单层次

2. 程序编辑区按键功能(图 10-23)

(1)"ESC"键:按此键可取消当前系统界面中的操作。

(2)"Tab"键:按此键可跳转到下一个选项。

(3)"SP"键:按此键光标向后移并空一格。

(4)"BS"键:按此键光标向前移并删除前面字符。

(5)"Upper"键:上档键。按下此键后,上档功能有效,这时可输入"字母"键与"数字"键右上角的小字符。

(6)"Enter"键:回车键,按此键可确认当前操作。

(7)"Alt"键:替换键,也可与其他字母键组成快捷键。

图 10-23　程序编辑区按键功能介绍

(8)"Del"键:按此键可删除当前字符。

(9)"PgDn"键与"PgUp"键:向后翻页与向前翻页。

(10)"▲"键、"▼"键、"◀"键与"▶"键:按这四个键可使光标上、下、左、右移动。

234

（11）"字母"键、"数字"键和"符号"键：按这些键可输入字母、数字以及其他字符，其中一些字符需要配合"Upper"键才能被输入。

3. 机床控制区按键功能

将在后面详细介绍。

10.4.2 上电开机、关机及急停等操作

本节主要介绍的是数控机床及数控系统的上电开机、复位、返回机床参考点、急停、超程解除及关机等操作。

1. 上电开机

数控机床上电开机的步骤：

（1）检查机床状态是否正常。

（2）若"急停"按钮未按下，则按下"急停"按钮。

（3）接通机床总电。

（4）按下"NC ON"按键，接通数控系统电源。

接通数控系统电源后，系统会自动执行开机自检程序，待数控面板上液晶屏中工作方式显示为"急停"时，代表机床及系统上电开机完成。

2. 复位

当数控系统上电开机完成后，操作系统界面中的系统工作方式为"急停"，此时可以根据"急停"按钮上所示的箭头方向旋转，"急停"开关即可弹起时系统复位，并接通伺服电源。系统默认进入"回参考点"方式，工作方式变为了"回零"。

3. 返回机床参考点

控制机床运动的前提是建立机床坐标系，为此，在上电及复位后首先应该进行的是机床各坐标轴回机床参考点的操作。操作方法如下：

（1）按下机床控制区中的"回零"按钮，查看工作方式是否为"回零"。

（2）按下机床控制区中的"$+Z$"按键，待 Z 轴回到参考点后，"$+Z$"按键指示灯亮，代表 X 轴已经回到了机床参考点。

（3）按照同样的方法按下"$+X$"、"$+Y$"按键，当"$+X$"、"$+Y$"指示灯亮后，表明 X 轴与 Y 轴也回到了机床参考点，这样就完成了机床坐标系的建立。

注意：

（1）每次开机上电后，必须先完成各轴的返回参考点操作。

（2）回参考点应先沿 $+Z$ 方向运动，将刀具抬起，再沿 $+X$、$+Y$ 方向运动。

（3）在回参考点过程中，若出现超程，则应按住机床控制区中的"超程解除"按钮，向相反方向手动移动该轴使其退出超程状态。

4. 急停

机床运行过程中，在危险或紧急情况下，应立即按下"急停"旋钮，此时数控机床会立即进入急停状态，伺服进给电机及主轴电机会立即停止运转，防止危险情况进一步扩大；当松开"急停"按钮后，数控机床会进入复位状态。

在解除"急停"前，必须先确认故障原因已经排除，并且在解除"急停"后，最好是重新执行回参考点的操作，以保证机床坐标的正确性。

5. 超程解除

当手动控制机床坐标轴运动过程中,有时会出现"超程"报警,这是因为在机床坐标轴的两端各有一个行程开关,其作用是防止伺服机构发生相互碰撞而损坏。每当伺服机构碰到行程开关的极限限位时,数控系统就会出现"出错"报警(此时"超程解除"按键指示灯亮),系统会自动进入紧急停止状态,如果要推迟超程状态,方法如下:

(1) 按下机床控制区中的"手动"或"增量"按钮,将工作方式置为"手动"或"增量/手摇"。

(2) 一直按压"超程解除"按钮,直到"急停"继电器松开。

(3) 在"手动"或"增量/手摇"方式下,使该超程轴沿相反方向移动,退出超程状态。

(4) 松开"超程解除"按钮。

若显示屏上运行状态栏"运行正常"取代了"出错",则表示恢复正常,可以继续操作。

6. 关机

数控机床的关机步骤与开机步骤相反,具体方法如下:

(1) 按下数控系统面板上的"急停"按钮,断开伺服驱动电机电源及主轴电机电源。

(2) 按下"NC OFF"按钮,断开数控系统电源。

(3) 稍等待一会儿之后再断开机床总电源。

10.4.3 数控铣床的手动操作

数控铣床床的手动操作主要包括以下一些内容。

(1) 手动移动机床坐标轴(手动、增量、手摇)。

(2) 手动控制主轴(正转、反转、停止、点动)。

(3) 机床锁住、刀位选择与转换、冷切液开/关。

数控铣床手动操作(图 10 - 24)主要由机床控制面板和手摇发生器(手轮)共同完成。

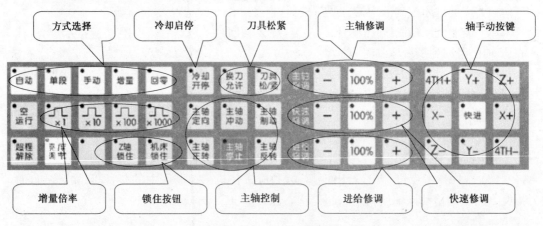

图 10 - 24 机床控制面板

1. 方式选择按键

方式选择按键的作用是把数控铣床的操作方式进行了分类,在每一种操作方式下,只能进行相应的操作。方式选择按键共有五个,分别是"自动"操作方式、"单段"操作方式、"手动"操作方式、"增量"操作方式和"回零"操作方式。

（1）"自动"操作方式：按此键进入自动运行方式，在自动方式下可进行连续加工工件、模拟校验加工程序。

（2）"单段"操作方式：在自动运行方式下按此键进入单程序段执行方式，这时按一下"循环启动"键只运行一个程序段。

（3）"手动"操作方式：按此键进入手动操作方式。在手动方式下通过机床操作键可进行手动换刀、移动机床各轴、手动控制主轴正反转及停止、冷却开停等操作。

（4）"增量"操作方式：按此键进入增量/手轮进给方式。在增量方式下，按一下相应的坐标轴移动键或手轮摇一个刻度时，坐标轴将按设定好的增量值移动一个增量值。

（5）"回参考点"操作方式：按此键进入手动返回机床参考点方式。

2."空运行"键

在自动方式下按一下"空运行"键，机床处于空运行状态，空运行状态下程序中的 F 指令被忽略，坐标轴以最大的快速移速度移动。空运行目的是校验程序的正确性，所以在实际切削时应关闭此功能，否则可能会造成危险。

3."增量倍率"键

在增量进给和手轮进给时，要进行增量值的设置，增量值的设置是通过"增量倍率"键来完成的：

增量倍率按键	X1	X10	X100	X1000
增量值/mm	0.001	0.01	0.1	1

在增量进给时，增量值由"×1"、"×10"、"×100"和"×1000"四个增量倍率按键控制，分别对应的增量值为"0.001mm"、"0.01mm"、"0.1mm"和"1mm"。在手轮进给时，增量由"×1"、"×10"和"×100"三个增量倍率按键控制，分别对应的增量值为"0.001mm"、"0.01mm"和"0.1mm"。

4."超程解除"键

当发生超程报警时，这时"超程解除"键上的指示灯亮，系统处于紧急停止状态，这时应先松开急停按钮并把工作方式选择为手动或手轮方式，再按住"超程解除"键不放，手动把发生超程的坐标轴向相反方向退出超程状态，然后放开"超程解除"键，这时显示屏上运行状态栏显示为"运行正常"，超程状态解除。需要注意的是在移动坐标轴时要注意移动方向和移动速度，以免发生撞机事故。

5."亮度调节"键

按此键可调节显示屏的亮度。

6.锁住按键

锁住按键由两个按键组成，分别是"机床锁住"键与"Z轴锁住"键。

（1）"机床锁住"键：禁止机床的所有运动。在自动运行开始前，按下"机床锁住"键，进入机床锁住状态，在机床锁住状态运行程序时，显示屏上的坐标值发生变化，但坐标轴处于锁住状态因此不会移动。此功能用于校验程序的正确性。每次执行此功能后须再次进行回参考点操作。

（2）"Z轴锁住"键：禁止刀具运动。在手动运行前，按一下"Z轴锁住"按键（"Z轴锁住"指示灯亮），此时再手动移动 Z 轴，显示屏上的坐标值发生变化，但 Z 轴实际上不会运动。

7. "冷却开停"键

按此键可控制冷却液的开关。

8. 刀具更换键

刀具更换键由两个按键组成,分别是"换刀允许"键、"刀具松/紧"键。以上两个按键都需在手动方式下进行操作。

(1)"换刀允许"键:按此键可使刀具松/紧操作有效("换刀允许"指示灯亮)。

(2)"刀具松/紧"键:按一下此键可以松开刀具(默认为夹紧),再按一下又为夹紧刀具,如此循环。

当主要换刀的时候,首先按下"手动"按键,使机床处于手动控制方式。

9. 主轴控制按键

主轴控制按键共有 6 个按键,分别是"主轴正转"键、"主轴反转"键、"主轴停止"键、"主轴冲动"键、"主轴定向"键以及"主轴制动"键。以上六个按键都需在手动方式下进行操作:

(1)"主轴正转"键:按此键主电机以机床参数设定值正转("主轴正转"指示灯亮)。

(2)"主轴反转"键:按此键主电机以机床参数设定值反转("主轴反转"指示灯亮)。

(3)"主轴停止"键:按此键可使旋转的主轴停止转动。

(4)"主轴冲动"键:在手动方式下,当"主轴制动"无效时("主轴制动"指示灯灭),按一下"主轴冲动"按键("主轴冲动"指示灯亮),主电机以机床参数设定的转速和时间旋转一定的角度。

(5)"主轴定向"键:如果机床上具有换刀机构,通常就需要将主轴进行定向,因为在换刀时,主轴上的刀具必须完成定位,否则容易造成刀具或者换刀机构损坏。在手动方式下,当"主轴制动"无效时,按一下"主轴定向"按键,主轴会立刻执行主轴定向功能,在定向完成后,主轴定向的指示灯亮,表明主轴已经准确的停止在某一固定位置上。

(6)"主轴制动"键:在手动方式下,当主轴处于停止状态时,按一下"主轴制动"按键("主轴制动"指示灯亮),此时主电机被锁定在当前位置。

10. 速率修调按键

速率修调按键分别是"主轴修调"、"快速修调"和"进给修调"。

(1)"主轴修调"键:在自动方式或 MDI 方式下,按"主轴修调"键可调整程序中指定的主轴速度,按下"100%"键主轴修调倍率被置为 100%,按一下"+"键主轴修调倍率递增 5%,按一下"-"键主轴修调倍率递减 5%。在手动方式时这些按键可调节手动时的主轴速度。

(2)"快速修调"键:在自动方式或 MDI 方式下按"快速修调"键可调整 G00 快速移动时的速度,按"100%"键快速修调倍率被置为 100%,按一下"+"键快速修调倍率递增 10%,按一下"-"键快速修调倍率递减 10%。在手动连续进给方式下这些按键可调节手动快移速度。

(3)"进给修调"键:在自动方式或 MDI 方式下按"进给修调"键可调整程序中给定的进给速度,按"100%"键进给修调倍率被置为 100%,按一下"+"键进给修调倍率递增 10%,按一下"-"键进给修调倍率递减 10%。在手动进给方式下这些按键可调节手动进给速度。

11. 轴手动按键

轴手动按键由 9 个按键组成,分别是"＋X"、"－X"、"＋Y"、"－Y"、"＋Z"、"－Z"、"＋4TH"、"－4TH"。

(1)"＋X"键:在手动方式下,按此键 X 轴向正方向运动。

(2)"　X"键:在手动方式下,按此键 X 轴向负方向运动。

(3)"＋Y"键:在手动方式下,按此键 Y 轴向正方向运动。

(4)"－Y"键:在手动方式下,按此键 Y 轴向负方向运动。

(5)"＋Z"键:在手动方式下,按此键 Z 轴向正方向运动。

(6)"－Z"键:在手动方式下,按此键 Z 轴向负方向运动。

(7)"＋4TH"和"－4TH"键:当机床安装有第四轴时,在手动方式下,按下"＋4TH"或"－4TH"可以使第四轴沿正方向或负方向旋转。

12."循环启动"键和"进给保持"键

在自动方式或 MDI 方式下按下"循环启动"键可自动运行加工程序,按下"进给保持"键可使程序暂停运行。

13."急停"按钮

紧急情况下按此按钮后数控系统进入急停状态,控制柜内的进给驱动电源被切断,此时机床的伺服进给及主轴运转停止工作。要想解除急停状态,可顺时针方向旋转按钮,按钮会自动跳起,数控系统进入复位状态,解除急停状态后,需要进行回零操作。在启动和退出系统之前应按下"急停"按钮以减少电流对系统的冲击。

10.4.4 坐标系设定

数控铣床在进行零件加工之前,必须进行工件坐标系的设定,一般也称为对刀,所以掌握坐标系设定的技能是数控加工中重要的一项技能。

1. 准备工作

利用平口钳或其他夹具将工件固定在工作台上,选择合适的刀具配以刀套用夹头锁紧。按下机床控制面板上的"手动"按键,将机床方式设为"手动",再按下"主轴正转"按键,使主轴正向旋转。

2. 对刀

通过"轴手动控制"按键,使刀具快速移动接近工件,到达工件附近后,可转为"增量"或"手摇"控制方式对工件进行轴向及径向的试切,具体操作如下:

(1) Z 轴对刀:手轮控制 Z 轴,使刀具轻触工件上端面,在系统操作界面主菜单中按 F5 进入"设置"子菜单,再按下 F1 进入"坐标系设定"页面,按下 F1 进入"G54 坐标系"设置,在系统软件界面坐标系中,输入机床实际坐标 Z 值,按下"Enter"键,完成 Z 轴对刀,如图 10 - 25 所示。

(2) X 轴对刀:若需将工件坐标 X 轴零点设在工件中心,则操作方法为:用手轮控制刀具,轻触工件左侧面,此时记录下机床实际坐标值(假设为 X_a),接着再轻触工件右侧面,再记录下此时机床实际坐标值(假设为 X_b),将两坐标值相加并取其 1/2(假设为 X_c ＝$(X_a＋X_b)/2$),将计算出的数值 X_c 输入"G54 坐标系"中,完成 X 轴对刀。

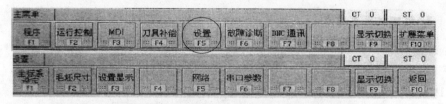

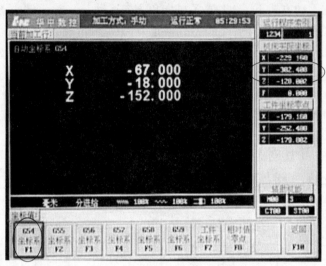

图 10-25 Z 轴对刀

（3）Y 轴对刀：Y 轴对刀与 X 轴对刀类似，用手轮控制刀具，轻触工件前面，此时记录下机床实际坐标值（假设为 Y_a），接着再轻触工件后面，再记录下此时机床实际坐标值（假设为 Y_b），将两坐标值相加并取其 $\frac{1}{2}$（假设为 $Y_c=(Y_a+Y_b)/2$），将计算出的数值 Y_c 输入"G54 坐标系"中，完成 Y 轴对刀。

完成以上操作后，铣床工件坐标系就设定完成，之后才能进行零件的自动加工。

10.4.5 程序输入与编辑

数控机床加工零件是通过已经输入数控系统的程序对机床进行控制，从而加工出符合图纸要求的零件，因此，数控程序的输入及编辑也是一项操作数控机床的重要技能。

1. 程序输入（新建程序）

在系统操作界面主菜单功能条下，按 F1 键进入"程序"子菜单，再按 F2 键进入"程序选择"子菜单，再按 F3 键进入"新建程序"子菜单，在输入提示行中输入新的文件名（文件名必须以字母 O 开头），然后按下"Enter"键确认输入，之后显示屏页面切换到"编辑程序"页面，在此页面就可以进行新程序的输入，当程序编辑完成后，按下 F4 键进入"保存程序"子菜单，再按下"Enter"键就可以将刚刚输入的程序保存起来。具体操作如图 10-26 所示。

按下 F4 键进入"保存程序"子菜单后再按下"Enter"键就可以保存当前程序。

2. 程序编辑

在系统操作界面主菜单功能条下，按 F1 键进入"程序"子菜单，再按 F2 键进入"程序编辑"子菜单，如图 10-27 所示。

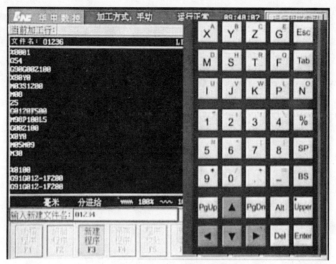

输入新的文件名,必须以字母 O 开头

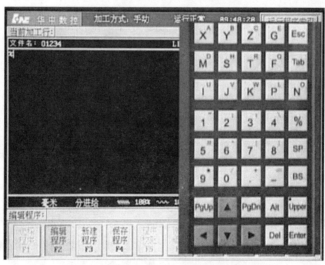

输入程序内容、程序名以%作为开头

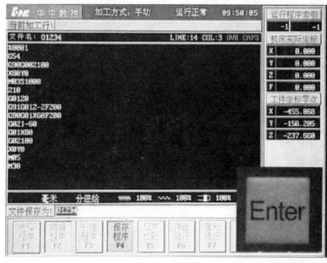

图 10-26　程序输入

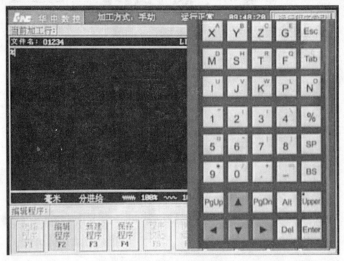

图 10-27 程序编辑

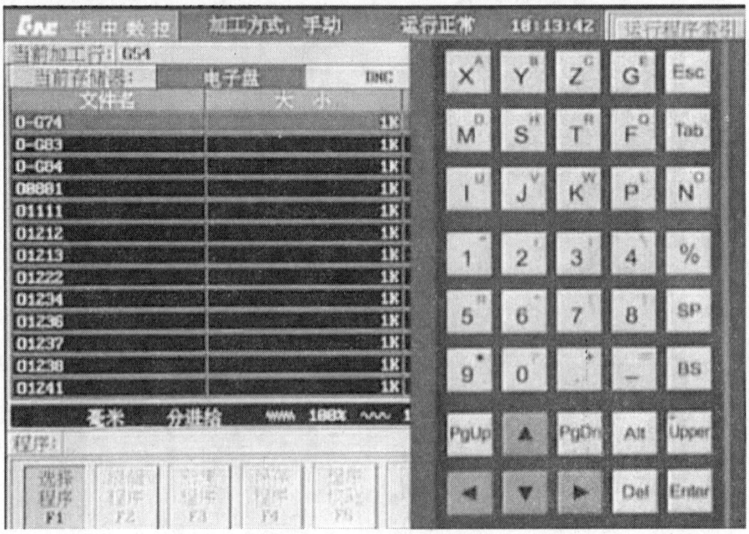

图 10-28 程序选择

在"程序编辑"菜单下,可以对零件的程序进行编辑、新建、与保存等操作。此时用到的按键就是系统面板中的程序编辑区中的按键。

3. 程序选择

在系统操作界面主菜单功能条下,按 F1 键进入"程序"子菜单,再按 F1 键进入"程序选择"子菜单,如图 10-28 所示。

在"程序选择"菜单下,可以从"电子盘"、"DNC"、"软驱"三个方面选择零件程序输入到机床内存中,进行自动运行加工以及对程序文件进行编辑、存储和传递等操作。选择方法为按下"程序编辑区"中的翻页键或光标控制键。其中"电子盘"是指机床本身的存储器,"DNC"是指利用 RS232 接口电缆与外部计算机连接,"软驱"是指通过 USB 接口将 U 盘与系统连接。

通过以上的按键,就能够将已经编写好的数控加工程序输入到数控系统中,从而让系统控制机床进行零件的数控加工,当然,也可以通过以上的按键对已经存储在系统中的程序进行编辑和修改,达到数控加工灵活性的特点。

10.4.6 程序运行

当将数控加工程序输入数控系统后,就可以让机床按照数控程序对零件进行加工,因此,如何让数控机床按照加工程序正确地加工出符合图纸要求的零件是接下来将要介绍的内容。

1. 选择加工程序

在系统操作界面主菜单下,按 F1 键进入"程序"子菜单,再按 F1 键进入"程序选择"子菜单,如图 10-29 所示。

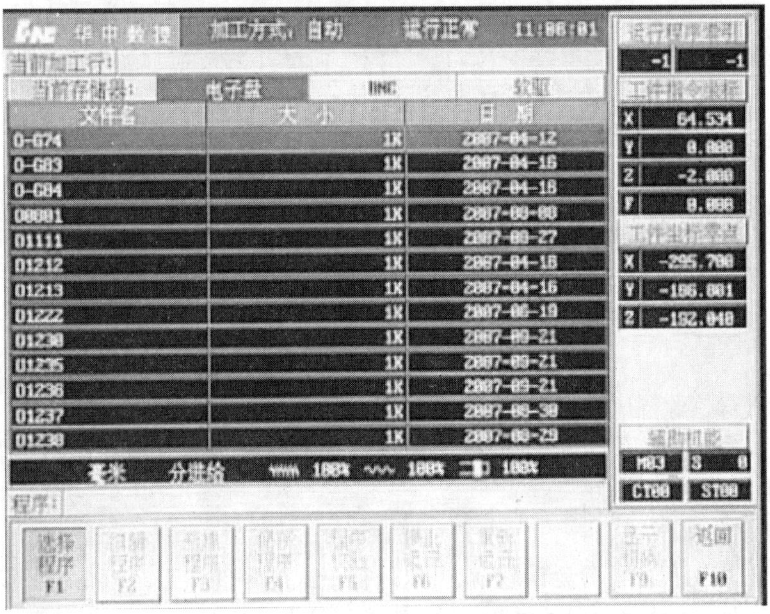

图 10-29 选择加工程序

之前介绍过,在程序选择中,既可以从数控系统内存中调用已有程序,也可以通过RS232 接口从外部计算机通过 DNC 方式传送加工程序,还可以通过 USB 接口插入 U 盘读入 U 盘中的加工程序。所以只需选择好所需的加工程序后,按下"Enter"键,程序就会被选中并调入加工缓冲区。

2. 程序校验

程序校验是用于对调入加工缓冲区的零件程序进行校验,并提示可能的错误。一般来说,新编写好的程序在加工之前都必须先进行校验运行,判断程序正确无误后再启动自动运行进行零件的正常加工。

程序校验运行的操作步骤如下:

(1)调入需要加工校验的数控程序。

(2)按下机床控制面板上的"自动"键,让系统进入自动加工方式。

(3)在系统操作界面主菜单中按 F1 键进入"程序"子菜单下,如图 10-30 所示,再按下 F5 键进入"程序校验",此时系统操作界面的工作方式显示为"程序校验"。

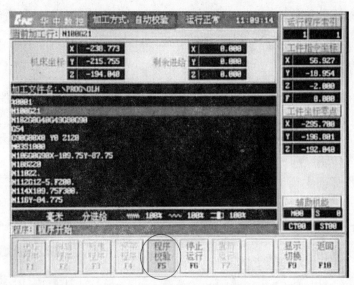

图 10-30　程序校验

（4）按下数控系统面板上的运行选择按钮"循环启动"，此时程序校验开始。

（5）若程序正确，校验完成后，光标将自动返回程序开头，并且系统操作界面中的工作方式显示为"自动"；若程序有错，命令行将会用红色提示处错误行号，并提示可能的错误原因。

注意：

（1）在进行校验程序过程中，机床并不会跟随程序进行运动。

（2）为了确保加工程序的正确，可以通过图形显示的方式来观察运行校验的图形结果是否和图纸相一致。

3．自动加工

当所需的加工程序校验无误后，就可以进行正式的零件加工。

（1）按下机床操作面板上的"自动"按键进入自动加工方式。

（2）按下数控系统面板上的"循环启动"按钮，机床开始按照调入的数控程序进行运动加工零件。

在自动加工过程中，如果需要暂停运行，可以按下数控系统面板上的"进给保持"按钮，数控机床进入暂停状态，进给轴不动，主轴继续运转，冷切液保持原来状态。当暂停完成后需要继续进行加工，则可以再次按下"循环启动"，机床将继续运行直到程序结束。

在自动加工过程中，如果需要中止程序运行，可以按照下列步骤操作。

（1）在"程序"子菜单中，按 F6"停止运行"，此时系统提示是否停止运行程序。

（2）按下字母"Y"键，则系统会中止程序运行，并解除当前运行程序的模态信息。

4．单段运行

按下机床控制面板上的"单段"按键，系统处于单段自动运行方式，此时程序将逐段执行，按下系统操作面板上的"循环启动"按钮，机床执行一段程序段，执行完成后，机床运动轴减速并停止，等待操作人员，当操作人员再按下"循环启动"按钮后，机床又执行下一个程序段,执行完成之后又再次停止,如此反复,直到程序全部执行完毕或解除"单段"模式。此方法多用于新程序的加工试运行。

5. 加工运行时的人为干预

1)进给速度修调

在"自动"方式或"MDI"运行方式下,当加工程序中的 F 代码编写的进给速度过快或过慢时,可以用进给修调按钮进行相应的减缓或增快进给速度。

当按压进给修调按钮"100%"时,进给修调倍率置为 100%,即为程序中所给进给速度为机床实际进给速度,当按一下"+"按键,进给修调倍率会递增 10%,当按一下"−"按键,进给修调倍率递减 10%。例如:程序中进给速度 F100,当按下"100%"按钮后,机床实际进给速度为 100mm/min,当按一下"+"按钮后,机床实际进给速度为 110mm/min,若再按两下"−"按钮后,则机床此时的实际进给速度为 90mm/min。

2)快速进给修调

在"自动"方式或"MDI"运行方式下,可以用快速进给修调按钮调节 G00 快速定位时的速度。

当按压快速进给修调按钮"100%"时,快速进给修调倍率置为 100%,当按一下"+"按键,快速进给修调倍率会递增 10%,当按一下"−"按键,快速进给修调倍率递减 10%。

3)主轴修调

在"自动"方式或"MDI"运行方式下,当加工程序中的 S 代码编写的主轴转速过快或过慢时,可以用主轴修调按钮进行相应的减缓或增快主轴转速。

当按压进给修调按钮"100%"时,主轴修调倍率置为 100%,即为程序中所给主轴速度为机床实际主轴转速,当按一下"+"按键,主轴修调倍率会递增 5%,当按一下"−"按键,主轴修调倍率递减 5%。例如:程序中主轴转速 S1000,当按下"100%"按钮后,机床主轴实际转速为 1000r/min,当按一下"+"按钮后,机床主轴实际转速为 1050r/min,若再按两下"−"按钮后,则机床主轴此时的实际转速为 950r/min。

以上就是华中 HNC‑21M 数控铣床的基本操作技能。

课后实训内容:

(1)数控铣床的基本操作。

(2)数控铣床的工件坐标系设定。

(3)利用数控铣床进行零件加工程序的校验与试切加工。

课题 5　电火花成型机床加工原理及操作方法简介

电火花加工是一种有别于车削、铣削之类的加工方法,它是利用电、热能进行加工的方法,因此电火花加工又称为放电加工。其早在 20 世纪 40 年代就开始研究并逐步应用于生产加工中。

10.5.1　电火花加工的原理和机床组成

电火花的加工原理主要是基于在加工过程中,工件与工具电极之间不断产生脉冲性的火花放电,靠放电时在局部、瞬间产生的高温将金属熔化,而达到对零件的尺寸和表面要求的加工方法,因此也称为放电加工或电蚀加工,如图 10-31 所示。

根据电火花加工原理得知,电火花加工机床一般需要由四个部分组成,即脉冲电源、自动进给调节机构、工作液循环过滤系统及机床本体,如图 10-30 所示。

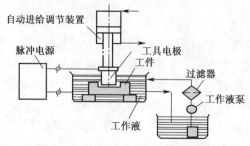

图 10-31　电火花加工原理示意图

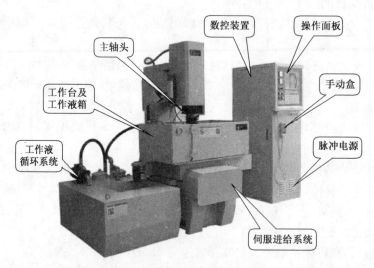

图 10-32　数控电火花机床结构

10.5.2　电火花加工的特点

(1) 电火花适合于加工任何难切削材料的加工。由于电火花的加工是靠放电时的电、热作用实现的,因此适合电火花机床加工的材料主要取决于材料的导电性及其热学性能,而与材料的力学性能无关。这样就可以实现用硬度较低的工具对硬度高的工件进行加工。目前电火花机床上常用的工具电极多为纯铜(紫铜)或石墨,因此,工具电极较容易加工。

(2) 电火花加工可以加工特殊及形状复杂的表面。由于在加工过程中工具电极与工件没有发生直接的接触,不产生切削力,因此,电火花加工适用于工件刚度低及精细加工。可以简单地将电极的形状复制到工件上。

(3) 电火花加工由于是靠放电时的高温对工件进行熔化而加工,因此电火花的加工速度较慢。往往电火花加工前要先安排机械加工来去除大部分的余量,以此来提高生产效率。

(4) 电火花加工过程中,电极会在尖角处或底面出现损耗,影响加工成型精度,因此加工一段时间后,需要检验电极是否合格。

由于电火花加工的特点,因此,电火花在现代加工领域的应用也是日益扩大。

10.5.3 数控电火花成型加工的操作方法

下面以北京阿奇夏米尔电火花成型机床(图 10-33)为例介绍数控电火花成型机床的基本操作方法。

1. 开机

(1) 打开机床电源总开关 1。

(2) 沿箭头方向旋转释放控制面板上的红色急停开关 2。

(3) 按下控制面板上的绿色按钮 3,接通系统电源,启动系统。

2. 返回机床参考点(图 10-32)

(1) 确定加工区域内无障碍物。

(2) 进入"加工准备"页面。

(3) 点击"移动"图标按钮。

(4) 将移动"方式"设定为"相对"。

(5) 点击各轴按钮(X、Y、Z、C),使全部按钮及数据显示区变为黄色,数据显示为"原点"。

(6) 按下"CYCLE START"按钮执行此功能。

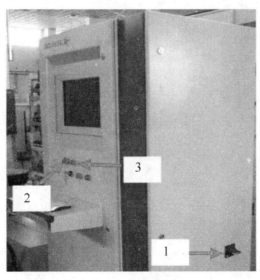

图 10-33 开机

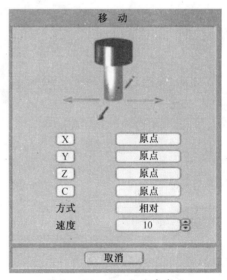

图 10-34 返回机床参考点

注意:

(1) 所有轴回原点时的先后顺序应该为:先 Z 轴,接下来是 X 轴、Y 轴,最后是 C 轴。

(2) 每次开机后,必须执行回原点的操作,否则执行自动功能时会有错误提示。

3. 安装工件

(1) 检测工件外形尺寸及形状后,将工件放在工作台上,用百分表校正工件与 X、Y 轴方向的平行度。

(2) 将工件固定在工作台上。

4. 工具电极的安装

(1) 根据工件的尺寸和外形选择合适的电极夹具。

(2) 装夹及校正电极。

(3) 调整电极的角度和轴心线。

5. 工件位置测量(X、Y 和 Z 方向)

(1) 在机床主轴插入一根电极或标准棒。

(2) 使用手控盒将电极或标准棒轻触工件左侧。

(3) 在 X 轴工件坐标处单击,输入当前主轴位置,最后点击确定确认(Y、Z 轴相类似,不再另外说明)。

6. 存储工件零点(图 10-35～图 10-37)

(1) 找完零点后进入"创建加工"页面 1。

(2) 进入"相对零点"页面 2。

(3) 在"名称"中选择要执行的程序 3。

(4) 在"相对于"中选择参考的坐标系 4。

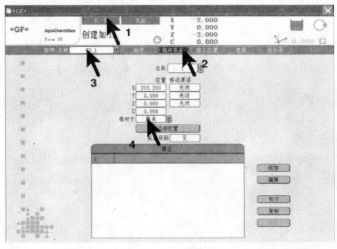

图 10-35　操作 1

图 10-36　操作 2

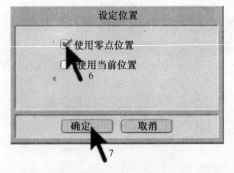

图 10-37　操作 3

(5) 选择"当前位置"5。

248

（6）选择"使用零点位置"6。

（7）选择"确定"7。

7. 程序检查（图 10-38）

（1）选择"程序"页 1。

（2）确定复选框"程序检查"被选中 2。

（3）在程序步骤中选择"自动编程开始"3。

（4）选择"设为开始"4。

（5）按下位于控制面板上的"Start"键开始执行程序检查。

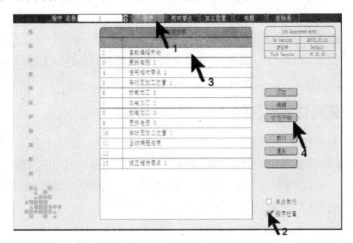

图 10-38　程序检查

8. 加工工件（图 10-39）

（1）选择"程序"页 1。

图 10-39　加工工件

（2）确定复选框"程序检查"没有被选中 2。

（3）在程序步骤中选择"自动编程开始"3。

（4）选择"设为开始"4。

（5）按下位于控制面板上的"Start"键开始执行程序加工工件。

9. 加工后清理

当加工工程结束后,移走工件并进行相应的清扫工作,最后关闭系统电源及机床总电源。

课后实训内容:

(1) 了解数控电火花成形机床的基本操作。

(2) 了解数控电火花成型机床的坐标系设定。

课题6　电火花线切割机床加工原理及操作方法简介

电火花线切割加工是在电火花加工基础上发展起来的一种新的工艺形式,它是利用线状电极(钼丝、钨丝或铜丝)靠火花放电对工件进行切割,所以称为电火花线切割,简称为线切割。

10.6.1　电火花线切割机床的工作原理与组成

电火花线切割机床的工作原理如图 10-40 所示。被切割工件作为工件电极接脉冲电源正极,电极丝作为工具电极接脉冲电源负极。当来一个电脉冲时,在电极丝与工件之间就发生短路产生一次的火花放电,在瞬间温度可高达 5000℃以上,高温使工件局部发生熔化甚至是汽化,这样就就达到对工件进行加工的目的。

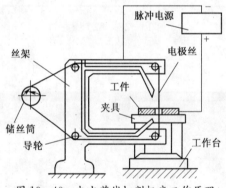

图 10-40　电火花线切割机床工作原理

数控电火花线切割机床的组成如图 10-41 所示。

数控电火花线切割机床一般由机床本体、脉冲电源、数控系统、工作液循环装置等组成。

10.6.2　电火花线切割机床的加工特点

(1) 直接利用现状的电极丝做电极,不需要制作专用的电极,可以节约电极的设计、制造费用。

(2) 可以加工用传统切削加工方法难以加工或无法加工的形状复杂的工件。对于数控电火花线切割机床,只要编制不同的控制程序,就能够对不同形状的工件实现自动化加工。

(3) 利用电蚀加工原理,电极丝与工件不产生直接的接触,没有切削力的影响,因此工件的变形小,电极丝、夹具不需要很高的强度。

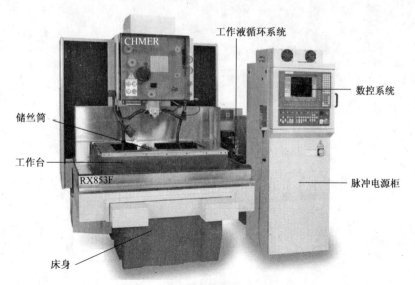

图 10-41　数控电火花线切割机床组成

（4）在传统的加工中，刀具硬度必须比工件硬度大，而电火花线切割中，电极丝的硬度不必比工件硬度大，可以节省辅助时间和刀具的费用。

（5）直接利用电、热能进行加工，可以方便地对影响加工精度的加工参数进行调整，有利于提高加工精度，实现加工的自动化。

（6）由于电火花线切割加工是利用电蚀方法加工零件，因此不能够加工非导电材料。

（7）与传统加工方法相比，由于电火花线切割的效率低，加工成本高，不适合对形状简单的大批量零件进行加工。

10.6.3　数控电火花线切割的操作方法

下面以中国台湾庆鸿慢走丝线切割机（图 10-42）为例，介绍数控电火花线切割机床的基本操作方法。

1. 开机

（1）打开电源总开关。

（2）电源箱旋转开关转到开的位置。

（3）旋开红色急停开关。

（4）按下绿色（Ready）按钮。

2. 上丝操作

（1）将丝盘套在上丝电机上，并用螺母锁紧。

（2）将丝盘上电极丝一端拉出绕过上丝介轮、导轮，并将丝头固定在储丝筒端部紧固螺钉上。

（3）剪掉多余丝头，顺时针转动储丝筒几圈后，打开上丝电机开关，拉紧电极丝。

（4）转动储丝筒，将丝缠绕至 10mm～15mm 宽度，松开储丝筒停止按钮。

（5）调整储丝筒左右行程档块，按下储丝筒开启按钮开始绕丝。

（6）接近极限位置时，按下储丝筒停止按钮。

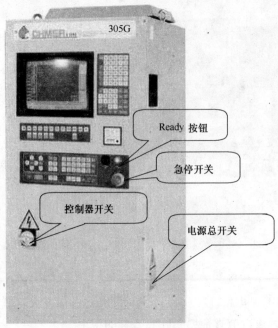

图 10-42 庆鸿慢走丝线切割机

（7）拉紧电极丝,关掉上丝电机,剪掉多余电极丝并固定好丝头,上丝完成。

绕线方式如图 10-43 所示。

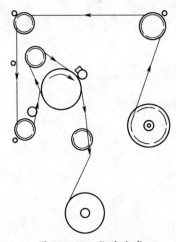

图 10-43 绕线方式

3. 返回机床原点

按下"MAN"按键,接着按下"F1 寻机械原点"按键,按下各轴方向键进行回参考点。当各轴回到参考点后,屏幕上坐标前得※会消失,如图 10-44 所示。

4. 电极丝垂直校正

（1）擦净工作台面和校正快表面,将校正块放在工作台上。

（2）移动机床 X 轴使电极丝接近校正块,并有轻微的放电火花。

（3）目测电极丝和校正块接触长度上的火花均匀程度,移动 U 轴,直到上下火花均匀

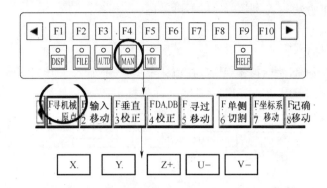

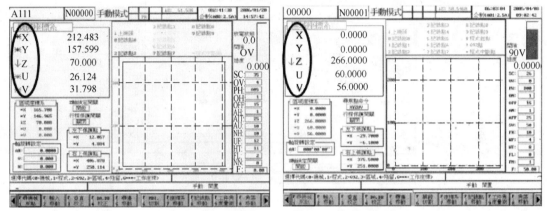

图 10-44 操作 1

一致,这时电极丝在 X 坐标方向上垂直,此时记录下 U 轴机械坐标值。

（4）将 U 轴机械坐标值输入到系统中,按"垂直校正 F3",在"垂直(U、V)点"中输入 U 数值,按"ENTER"键确定;如图 10-45 所示。

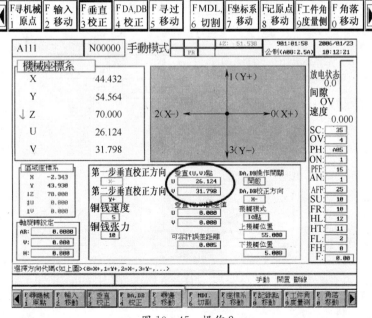

图 10-45 操作 2

(5) Y 轴校正方法与 X 轴相类似，不再复述。

5. 加工零件

1) Z 轴高度锁定

按下"MAN"按键，然后按下"F1"，在输入状态栏中输入 1 开启 Z 轴锁定开关（输入开关状态 0＝关闭，1＝开启），开启后 Z 轴坐标坐标会出现 ↓ 且颜色变为红色，表示 Z 轴已经锁定，Z 轴无法再低于此设定高度，如图 10－46 所示。

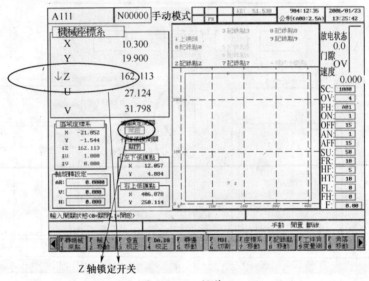

图 10－46　操作 3

2) 调用加工程序并执行

在操作面板中按下"FILE"，按下"开启程序 F1"，输入程序名称，按下"ENTER"键，再按下"F1 确定执行"，调用程序完成后，按下操作面板上"AUTO"按键开始自动加工，如图 10－47 所示。

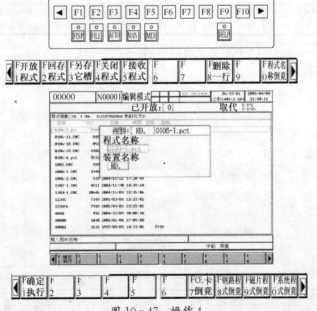

图 10－47　操作 4

课后实训内容:

(1) 了解数控电火花线切割机床的基本操作。

(2) 了解数控电火花线切割机床的坐标系设定。

课题 7　数控机床的安全操作

数控机床是一种自动化程度较高、结构较复杂的先进加工设备,为了充分发挥机床的优越性,提高生产效率,操作人员除了要熟悉掌握数控机床的性能,做到熟练操作外,还必须严格遵守数控机床的安全操作规程,这样不仅是保障人身和设备安全的需要,也是保证数控机床能够正常工作、达到技术性能、充分发挥加工优势的需要。因此,在数控机床的使用中,必须要遵守其安全操作规程。

10.7.1　数控车床及车削加工中心的安全操作规程

数控车床及车削加工中心主要用于回转体类零件的加工,安全操作规程主要如下:

(1) 操作机床前,一定要穿戴好劳保用品,不要戴手套操作机床。

(2) 操作前必须熟知每个按钮的作用以及操作注意事项。

(3) 使用机床时,应当注意机床各个部位警示牌上所警示的内容。

(4) 机床周围的工具要摆放整齐,要便于拿放。

(5) 加工前必须关上机床的防护门。

(6) 刀具装夹完毕后,应当采用手动方式进行试切。

(7) 机床运转过程中,不要清除切屑,要避免用手接触机床运动部件。

(8) 清除切屑时,要使用一定的工具,应当注意不要被切屑划破手脚。

(9) 要测量工件时,必须在机床停止状态下进行。

(10) 工作结束后,应注意保持机床及控制设备的清洁,要及时对机床进行维护保养。

操作中特别注意事项:

(1) 机床在通电状态时,操作者千万不要打开和接触机床上示有闪电符号的、装有强电装置的部位,以防被电击伤。

(2) 在维护电气装置时,必须首先切断电源。

(3) 机床主轴运转过程中,务必关上机床的防护门,关门时务必注意手的安全,避免造成伤害。

(4) 在打雷时,不要开机床。因为雷击时的瞬时高电压和大电流易冲击机床,造成烧坏模块或丢失改变数据,造成不必要的损失。

(5) 做到文明生产,加工操作结束后,必须打扫干净工作场地、擦拭干净机床、并且切断系统电源后才能离开。

10.7.2　数控铣床及加工中心的安全操作规程

数控铣床及加工中心主要用于非回转体类零件的加工,特别是在模具制造业应用广泛。其安全操作规程如下:

(1) 开机前,应当遵守以下操作规程:

① 穿戴好劳保用品,不要戴手套操作机床。

② 详细阅读机床的使用说明书,在未熟悉机床操作前,切勿随意动机床,以免发生安全事故。

③ 操作前必须熟知每个按钮的作用以及操作注意事项。

④ 注意机床各个部位警示牌上所警示的内容。

⑤ 按照机床说明书要求加装润滑油、液压油、切削液,接通外接气源。

⑥ 机床周围的工具要摆放整齐,要便于拿放。

⑦ 加工前必须关上机床的防护门。

(2) 在加工操作中,应当遵守以下操作规程:

① 文明生产,精力集中,杜绝酗酒和疲劳操作;禁止打闹、闲谈、睡觉和任意离开岗位。

② 机床在通电状态时,操作者千万不要打开和接触机床上示有闪电符号的、装有强电装置的部位,以防被电击伤。

③ 注意检查工件和刀具是否装夹正确、可靠;在刀具装夹完毕后,应当采用手动方式进行试切。

④ 机床运转过程中,不要清除切屑,要避免用手接触机床运动部件。

⑤ 清除切屑时,要使用一定的工具,应当注意不要被切屑划破手脚。

⑥ 要测量工件时,必须在机床停止状态下进行。

⑦ 在打雷时,不要开机床。因为雷击时的瞬时高电压和大电流易冲击机床,造成烧坏模块或丢失改变数据,造成不必要的损失。

(3) 工作结束后,应当遵守以下操作规程:

① 如实填写好交接班记录,发现问题要及时反映。

② 要打扫干净工作场地,擦拭干净机床,应注意保持机床及控制设备的清洁。

③ 切断系统电源,关好门窗后才能离开。

10.7.3　特种加工机床的安全操作规程

生产中应用较为广泛的特种加工机床主要包括电火花成形加工机床和电火花线切割加工机床。因此,这里主要针对这两种特种加工机床的安全操作规程加以阐述。

1. 电火花成形加工机床的安全操作规程

(1) 开机前,要仔细阅读机床的使用说明书,在未熟悉机床操作前,切勿随意动机床,以免发生安全事故。

(2) 加工前注意检查放电间隙,即必须使接在不同极性上的工具和工件之间保持一定的距离以形成放电间隙。一般为 0.01mm～0.1mm。

(3) 工具电极的装夹与校正必须保证工具电极进给加工方向垂直于工作台平面。

(4) 保证加在液体介质中的工件和工具电极上的脉冲电源输出的电压脉冲波形是单向的。

(5) 要有足够的脉冲放电能量,以保证放电部位的金属熔化或汽化。

(6) 放电必须在具有一定绝缘性能的液体介质中进行。

(7) 操作中要注意检查工作液系统过滤器的滤芯,如果出现堵塞时要及时更换,以确保工作液能自动保持一定的清洁度。

（8）对于采用易燃类型的工作液，使用中要注意防火。

（9）做到文明生产，加工操作结束后，必须打扫干净工作场地，擦拭干净机床，并且切断系统电源后才能离开。

2. 电火花线切割加工机床的安全操作规程

由于电火花线切割加工是在电火花成形加工基础上发展起来的，它是用线状电极（钼丝或铜丝）通过火花放电对工件进行切割。因此，电火花线切割加工机床的安全操作规程与电火花成形加工机床的安全操作规程大部分相同。此外，操作中还要注意：

（1）在绕线时要保证电极丝有一定的预紧力，以减少加工时线电极的振动幅度，提高加工精度。

（2）检查工作液系统中装有去离子树脂筒，以确保工作液能自动保持一定的电阻率。

（3）在放电加工时，必须使工作液充分地将电极丝包围起来，以防止因电极丝在通过大脉冲电流时产生的热而发生断丝现象。

（4）加强机床机械装置的日常检查、防护和润滑。

参 考 文 献

[1] 上海市科学技术交流站. 金属切削手册. 上海:上海人民出版社,1974.

[2] 北京第一通用机械厂. 机械工人切削手册. 北京:机械工业出版社,1970.

[3] 金禧德. 金工实习. 北京:高等教育出版社,2001.

[4] 柴增田. 金工实训. 北京:北京大学出版社,2009.

[5] 吴林禅. 金属切削原理与刀具. 北京:机械工业出版社,1995.

[6] 顾维邦. 金属切削机床. 北京:机械工业出版社,1983.

[7] 郭永环,等. 金工实习. 北京:中国林业出版社,北京大学出版社,2006.

[8] 陈君若. 制造技术工程实训. 北京:机械工业出版社,2003.

[9] 国家经贸委安全生产局. 金属焊接与切割作业. 北京:气象出版社,2002.

[10] 中国机械工程学会焊接学会. 焊接手册(第一卷):焊接方法与设备. 北京:机械工业出版社,1992.

[11] 中国机械工程学会焊接学会. 焊接手册(第二卷):材料的焊接. 北京:机械工业出版社,1992.

[12] 中国机械工程学会焊接学会. 焊工手册:埋弧焊、气体保护焊、电渣焊、等离子弧焊. 北京:机械工业出版社,1992.

[13] 杨文杰. 金属材料热加工设备. 哈尔滨:哈尔滨工业大学出版社,2007.

[14] 上海市中等专业学校. 车工. 北京:机械工业出版社,1998.

[15] 劳动部培训司. 车工工艺学. 北京:中国劳动出版社,1984.

[16] 姚为民. 金工实习与考级. 北京:高等教育出版社,1997.

[17] HNC-21T世纪星车削数控装置操作说明书. 武汉华中数控股份有限公司.

[18] HNC-21M世纪星铣削数控装置操作说明书. 武汉华中数控股份有限公司.

[19] 北京阿奇火花机说明书. 北京阿奇夏米尔技术服务有限责任公司.

[20] CHMER(庆鸿)线切割操作说明书. 庆鸿机电工业股份有限公司.

[21] 周志强. 数控加工实训. 北京:电子工业出版社,2006.

[22] 周伯伟. 金工实习. 第2版. 南京:南京大学出版社,2007.

[23] 董丽华. 金工实训教程. 北京:电子工业出版社,2006.